建筑施工用电

主编 廖丽平 丁雅萍 孙 谦

主审 肖 川

西南交通大学出版社
·成 都·

图书在版编目（CIP）数据

建筑施工用电 / 廖丽平，丁雅萍，孙谦主编. —成都：西南交通大学出版社，2020.10
ISBN 978-7-5643-7816-5

Ⅰ. ①建… Ⅱ. ①廖… ②丁… ③孙… Ⅲ. ①建筑施工－用电管理－高等职业教育－教材 Ⅳ. ①TU731.3

中国版本图书馆 CIP 数据核字（2020）第 210308 号

Jianzhu Shigong Yongdian
建筑施工用电

主编 廖丽平 丁雅萍 孙 谦

责任编辑 张少华
封面设计 原谋书装

出版发行 西南交通大学出版社
（四川省成都市金牛区二环路北一段 111 号
西南交通大学创新大厦 21 楼）
邮政编码 610031
发行部电话 028-87600564 028-87600533
网址 http://www.xnjdcbs.com
印刷 四川玖艺呈现印刷有限公司

成品尺寸 185 mm × 260 mm
印张 16.5
字数 341 千
版次 2020 年 10 月第 1 版
印次 2020 年 10 月第 1 次
定价 49.80 元
书号 ISBN 978-7-5643-7816-5

课件咨询电话：028-81435775

前言
PREFACE

现代学徒制是深化产教融合、对学生以技能培养为主的现代人才培养模式。本书根据国务院《关于加快发展现代职业教育的决定》和教育部《关于开展现代学徒制试点工作的意见》的精神，以工程机械运用技术专业现代学徒制试点建设“校企联合，编著基于工作任务的校本教材”的建设任务为指导而编写的。

本书从建筑工程现场实际出发，紧扣《施工现场临时用电安全技术规范》(JGJ 46—2005)，针对建筑施工临时用电的典型作业，采用项目化教学，满足工程机械运用类专业学生在建筑施工临时用电方面的知识需求。书中内容主要涉及施工现场临时用电密切相关的负荷计算、配电系统、临时用电施工组织设计、施工现场常用机械安全用电及防护，以增强学生临时用电施工组织设计和临时用电安全管理的能力。

当今新技术、新规范更新速度较快，传统教材时效性不足。本书采用活页式结构，教师可以自由插入新知识，与时俱进，实现个性化教学。同时，本书编排时，以任务为载体，以活页的形式将任务贯穿起来，强调在理论知识基础上的实践和应用，注重培养学生较强的实践能力。

本书由四川建筑职业技术学院廖丽平、丁雅萍、孙谦担任主编，肖川担任主审。四汇建设集团有限公司何云辉提供了教材相关的施工技术资料。其中项目一、项目二由丁雅萍编写，项目三、项目六由廖丽平编写，项目四由申永强、唐子雷共同编写，项目五由刘勇彪编写，项目七由孙谦、赵坤阳共同编写，项目八由刘婷编写，全书由廖丽平统稿。

由于编写人员知识水平的局限性，书中疏漏与不足之处在所难免，敬请广大读者不吝赐教，提出宝贵意见。

编　者

2020 年 9 月

目录
CONTENTS

项目一 建筑电气基础知识

任务一 交流电路

知识目标

- 了解发电、输电和配电的基本知识。
- 理解三相交流电的产生及其应用。
- 了解星形连接电流、电压的关系及中性线的作用。

能力目标

- 能理解正弦交流电的物理量含义。
- 能够利用有效值进行有关交流电功率计算。

任务导入

现代大型的火力发电厂通常建在能源基地或交通便利的郊区，而水电站、风电站等则只能建立在资源分布点，这些发电厂发出的电能通过输电线路向负荷中心输送。发电厂、输电线路、电站及配电、用电设备构成了电力系统（见图 1.1）。在发电和输电过程中，交流电比直流电的使用要方便很多，损耗更小，成本也低廉很多；配电时，交流电器的灭弧能力强于直流电器；在用电方面，最典型的就是交流鼠笼式异步电动机了，相对直流电机，它价格低廉、工作可靠、性能稳定、维护简单方便。因此多数情况下，在生产和生活中使用的都是交流电，即使需要直流电，也往往由交流电转换而成。

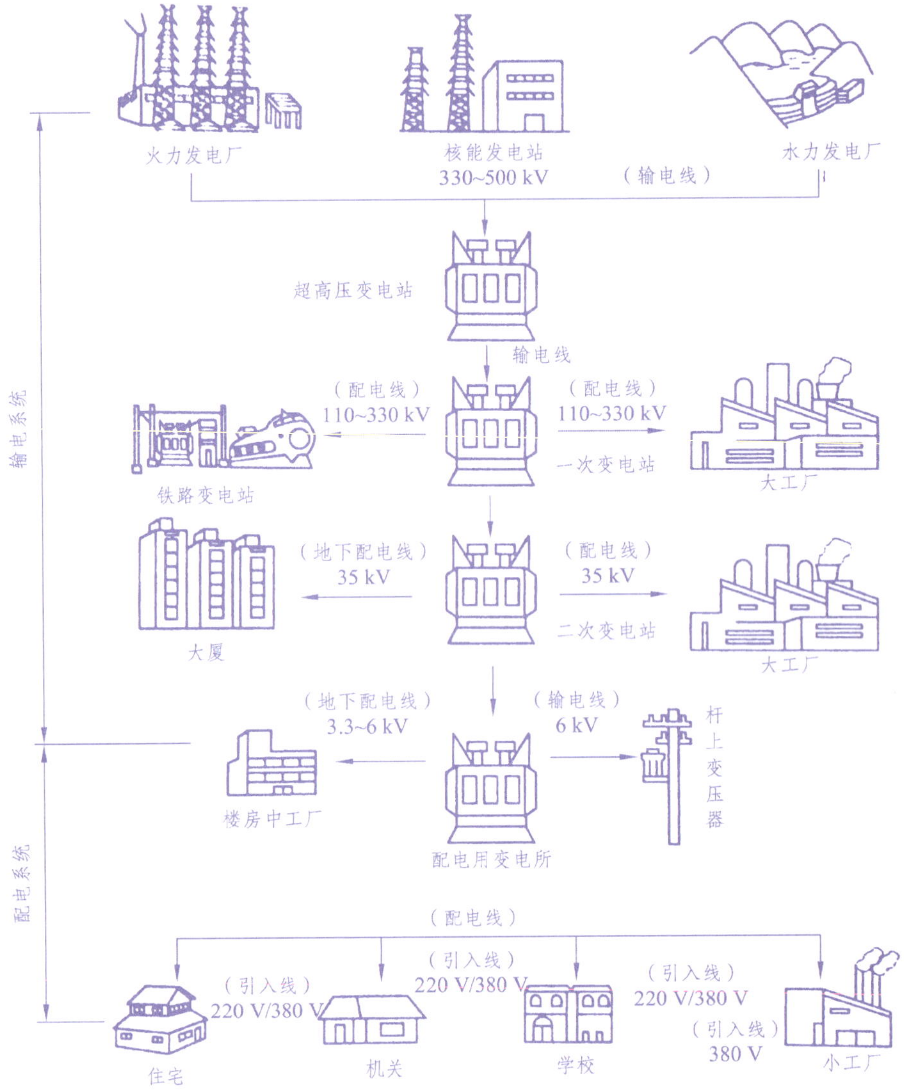

图 1.1　电力系统构成

学习指引

为了更好地了解临时用电配电系统的电力性质，我们需要掌握正弦交流电的特点、三要素、电路表示法以及三相交流电的使用与计算。

知识链接

一、正弦交流电的产生

1．正弦交流电的特点

所谓交流电是指电流（及电压、电动势）的大小和方向随时间的变化而变化

（见图 1.2）。交变电流、交变电压和交变电动势统称为交流电。通常将交流电分为正弦交流电和非正弦交流电两大类。正弦交流电的交流量随时间按正弦规律变化。

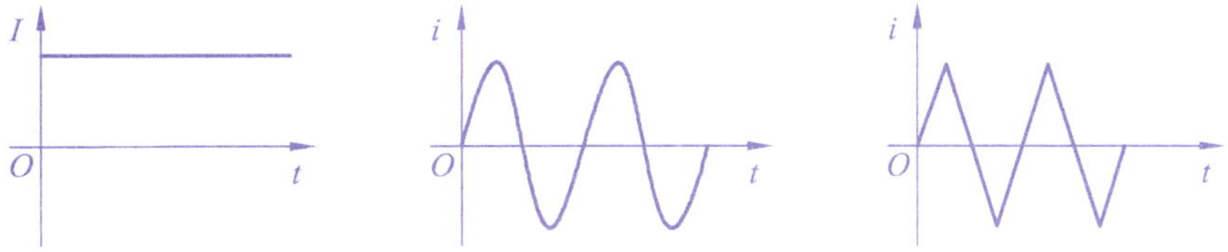

（a）直流　　（b）交流正弦波　　（c）交流三角波

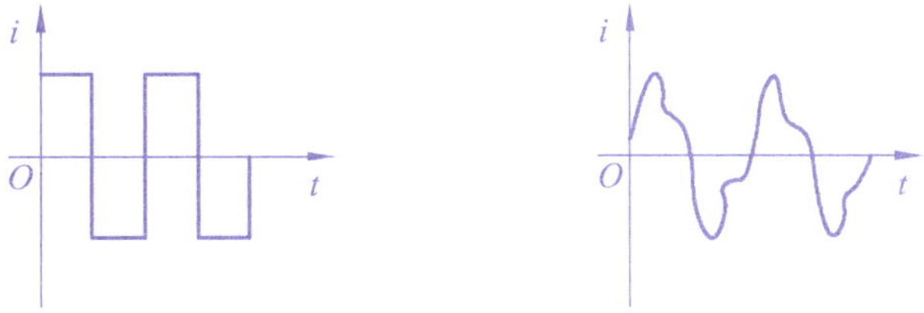

（d）交流方波　　（e）任意交流波形

图 1.2　直流电和交流电波形

正弦交流电（如无特别说明都简称交流电）的特点如下：

（1）变化的瞬时性。

正弦交流电的大小和方向时时刻刻都在变化。

（2）变化的周期性。

正弦交流电每隔一定时间又做重复的变化。

（3）变化的规律性。

2．正弦交流电的产生

正弦交流电是随着时间按正弦规律变化的。

正弦交流电在工农业生产以及日常生活中应用广泛，是由于它具有便于远距离传输和分配，交流发电机结构简单、运行可靠、维修方便、节省材料、具有更低的电磁干扰等优点。

正弦交流电是由交流发电机产生的，图 1.3 所示是最简单的交流发电机示意图。它由定子和转子组成。定子有 N，S 两个固定磁极。转子是一个可以转动的钢质圆柱体，其上紧绕着一匝导线。导线两端分别接到两个相互绝缘的铜环上，铜环与连接外电路的电刷相接触。

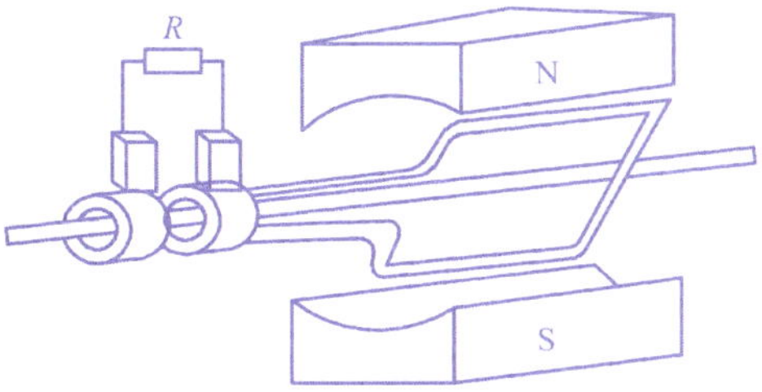

图 1.3　最简单的交流发电机示意图

当用原动机（如水轮机或汽轮机）拖动电枢转动时，由于运动导线切割磁感应线而在线圈中产生感应电动势。为了得到正弦波形的感应电动势，应采用特定形式的磁极，使磁极与电枢之间的空隙中的磁感应强度按下列规律分布：

（1）磁感应线垂直于电枢表面。

（2）磁感应强度 B 在电枢表面按正弦规律分布。

二、正弦交流电的三要素

1. 周期、频率、角频率

从图 1.2（b）所示的正弦交流电流波形图可以看出，电流从零开始随时间延长而增至最大值，然后逐渐减到零；以后由零开始反向增至最大值，然后再回到零。这样，交流电流就变化一次。交流电就按照这样的规律周而复始地变化，变化一次叫作一周。交流电变化一周所需要的时间叫作周期，用字母 T 表示，单位是秒（s），较小的单位有毫秒（ms）和微秒（μs）。

周期的长短表示交流电变化的快慢，周期越小，说明交流电变化一周所需的时间越短，交流电的变化越快；反之，交流电的变化越慢。

频率是指在 1 s 内交流电变化的次数，用字母 f 表示，单位为赫兹，简称赫，用 Hz 表示。当频率很高时，可以使用千赫（kHz）、兆赫（MHz）、吉赫（GHz）等单位。

频率和周期一样，是反映交流电变化快慢的物理量。它们之间的关系为

$$\left.\begin{aligned} f &= \frac{1}{T} \\ T &= \frac{1}{f} \end{aligned}\right\} \tag{1.1}$$

我国农业生产及日常生活中使用的交流电标准频率为 50 Hz。通常把 50 Hz 的交流电称为工频交流电。

交流电变化的快慢除了用周期和频率表示外，还可以用角频率表示。所谓角频率就是交流电每秒变化的角度，用字母 ω 表示，单位是弧度/秒（rad/s）。

周期、频率和角频率的关系是

$$\omega = \frac{2\pi}{T} = 2\pi f \tag{1.2}$$

2. 瞬时值、最大值、有效值

正弦交流电（简称交流电）的电动势、电压、电流，在任意瞬间的数值叫交流电的瞬时值，用小写字母 e，u，i 表示。

瞬时值中最大的值称为最大值。最大值也称为振幅或峰值。在波形图中，曲

线的最高点对应的纵轴值即表示最大值。用 E_m、U_m、I_m 分别表示电动势、电压、电流的最大值。它们之间的关系为

$$\left.\begin{array}{l} e = E_m \sin \omega t \\ u = U_m \sin \omega t \\ i = I_m \sin \omega t \end{array}\right\} \quad (1.3)$$

由此可知，交流电的大小和方向是随时间变化的，瞬时值在零值与最大值之间变化，没有固定的数值。因此，不能随意用一个瞬时值来反映交流电的做功能力。如果选用最大值，就夸大了交流电的做功能力，因为交流电的瞬时值在绝大部分时间内都比最大值要小。这就需要选用一个数值，能等效地反映交流电做功的能力。为此，引入了交流电的有效值这一概念。

正弦交流电的有效值是这样定义的：如果一个交流电通过一个电阻，在一个周期内所产生的热量，和某一直流电流在相同时间内通过同一电阻产生的热量相等，那么，这个直流电的电流值就称为交流电的有效值。正弦交流电的电动势、电压、电流的有效值分别用字母 E、U、I 表示。通常所说的交流电的电动势、电压、电流的大小都是指它的有效值，交流电气设备铭牌上标注的额定值、交流电仪表所指示的数值也都是有效值。今后在谈到交流电的数值时，如无特殊注明，都是指有效值。

理论计算和实验测试都可以证明，它们之间的关系为

$$\left.\begin{array}{l} E = \dfrac{E_m}{\sqrt{2}} = 0.707E_m \\ U = \dfrac{U_m}{\sqrt{2}} = 0.707U_m \\ I = \dfrac{I_m}{\sqrt{2}} = 0.707I_m \end{array}\right\} \quad (1.4)$$

3. 相位、初相和相位差

如图 1.4 所示，两个相同的线圈固定在同一个旋转轴上，它们相互垂直，以相同的角速度做逆时针旋转。在 AX 和 BY 线圈中产生的感应电动势分别为 e_1 和 e_2，如图 1.5 所示。

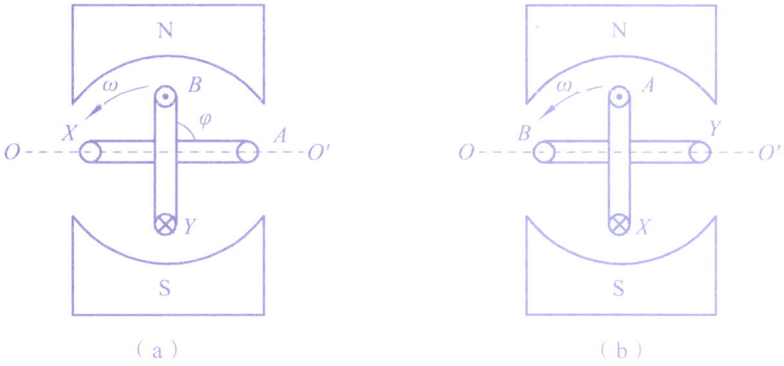

图 1.4　两个线圈中电动势变化情况

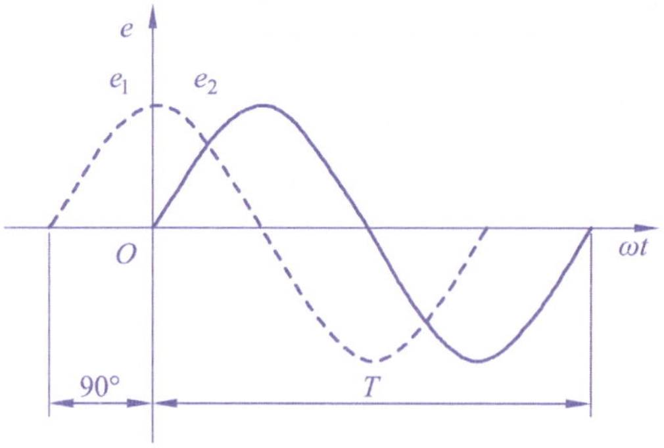

图 1.5　两个线圈中的电动势波形

当 $t=0$ 时，AX 线圈平面与中性面之间的夹角 $\varphi_1=0°$，BY 线圈平面与中性面之间的夹角 $\varphi_2=90°$。在任意时刻两个线圈的感应电动势分别为

$$e_1=E_m\sin(\omega t+\varphi_1)$$
$$e_2=E_m\sin(\omega t+\varphi_2)$$

式中，$\omega t+\varphi_1$ 和 $\omega t+\varphi_2$ 是表示交流电变化进程的一个角度，称为交流电的相位或相角，它决定了交流电在某一瞬时所处的状态。$t=0$ 时的相位叫初相位或初相。它是交流电在计时起始时刻的电角度，反映了交流电的初始值。例如，AX，BY 线圈的初相分别是 $\varphi_1=0°$，$\varphi_2=90°$。在 $t=0$ 时，两个线圈的电动势分别为 $e_1=0$，$e_2=E_m$。两个频率相同的交流电的相位之差叫相位差。令上述 e_1 的初相位 $\varphi_1=0°$，e_2 的初相位 $\varphi_2=90°$，则两个电动势的相位差为

$$\Delta\varphi=(\omega t+\varphi_2)-(\omega t+\varphi_1)=\varphi_2-\varphi_1 \tag{1.5}$$

可见，相位差就是两个电动势的初相差。

从如图 1.6 所示可以看到，初相分别为 φ_1 和 φ_2 的频率相同的两个电动势的同向最大值，不能在同一时刻出现。就是说 e_2 比 e_1 超前 φ 角度达到最大值，或者说 e_1 比 e_2 滞后 φ 角度达到最大值。

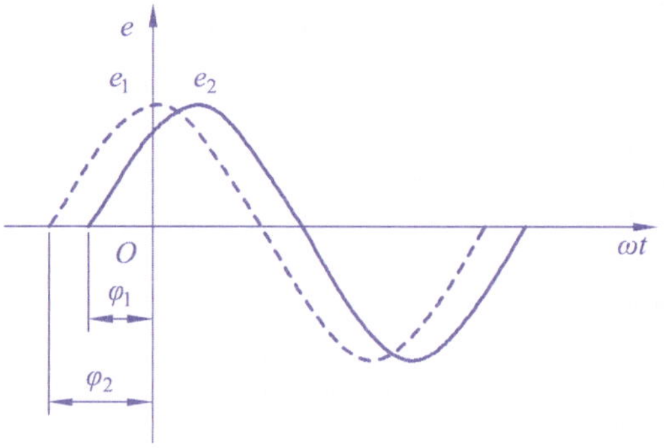

图 1.6　相位差

综上所述，一个交流电变化的快慢用频率表示；其变化的幅度，用最大值表示；其变化的起点用初相表示。

如果交流电的频率、最大值、初相确定后，就可以准确确定交流电随时间变化的情况。因此，频率、最大值和初相称为交流电的三要素。

三、正弦交流电的表示法

正弦交流电的表示方法有三角函数式法和正弦曲线法两种。它们能真实地反映正弦交流电的瞬时值随时间的变化规律，同时也能完整地反映出交流电的三要素。

1. 三角函数式法

正弦交流电的电动势、电压、电流的三角函数式为

$$e = E_{\mathrm{m}} \sin(\omega t + \varphi_e)$$
$$u = U_{\mathrm{m}} \sin(\omega t + \varphi_u)$$
$$i = I_{\mathrm{m}} \sin(\omega t + \varphi_i)$$

若知道了交流电的频率、最大值和初相，就能写出三角函数式，用它可以求出任一时刻的瞬时值。

2. 正弦曲线法-波形法

正弦曲线法就是利用三角函数式相对应的正弦曲线，来表示正弦交流电的方法。

在图 1.7 中，横坐标表示时间 t 或者角度 ωt，纵坐标表示随时间变化的电动势瞬时值。图中正弦曲线反映出正弦交流电的初相 $\varphi=0$，e 的最大值 E_{m}，周期 T 以及任一时刻的电动势瞬时值。这种图也叫作波形图。

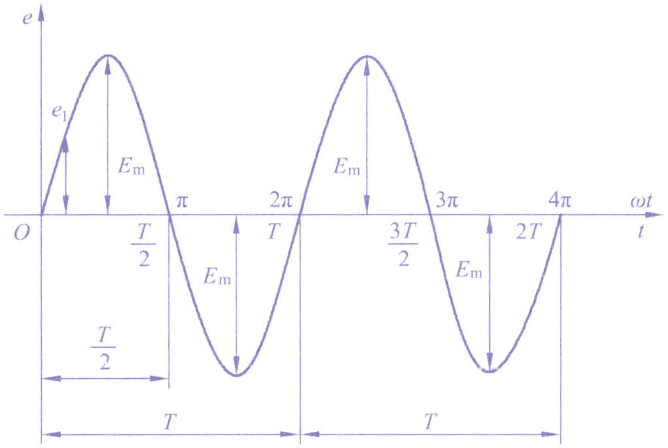

图 1.7　正弦曲线表示方法

四、单相交流电路

在直流电路中，电路的参数只有电阻 R。而在交流电路中，电路的参数除了

电阻 R 以外，还有电感 L 和电容 C。它们不仅对电流有影响，而且还影响了电压与电流的相位关系。因此，研究交流电路时，在确定电路中数量关系的同时，必须考虑电流与电压的相位关系，这是交流电路与直流电路的主要区别。本节只简单介绍纯电阻、纯电感、纯电容电路。

1．纯电阻电路

纯电阻电路是只有电阻而没有电感、电容的交流电路，如白炽灯、电烙铁、电阻炉组成的交流电路都可以近似看成是纯电阻电路，如图 1.8 所示。在这种电路中对电流起阻碍作用的主要是负载电阻。

加在电阻两端的正弦交流电压为 u，在电路中产生了交流电流 i，在纯电阻电路中，电压和电流瞬时值之间的关系，符合欧姆定律，即

$$i = u / R \tag{1.6}$$

由于电阻值不随时间变化，则电流与电压的变化是一致的。就是说，电压为最大值时，电流也同时达到最大值；电压变化到零时，电流也变化到零，如图 1.9 所示。纯电阻电路中，电流与电压的这种关系称为“同相”。

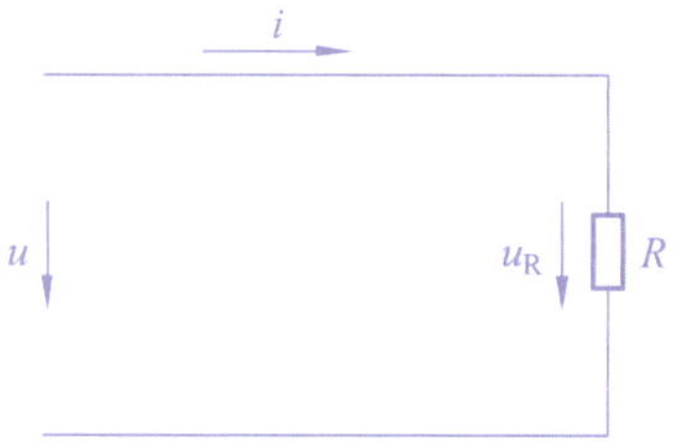

图 1.8　纯电阻电路

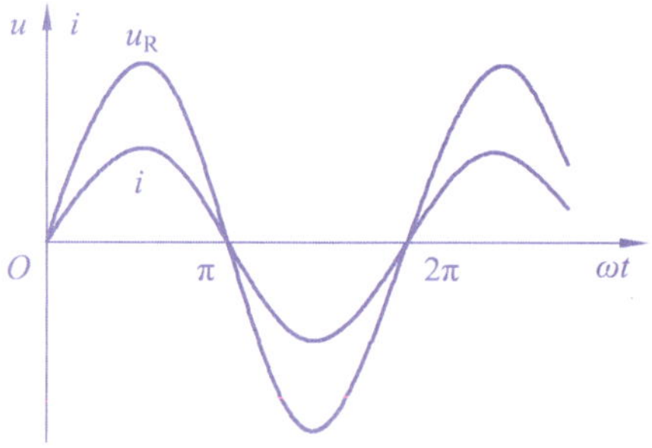

图 1.9　纯电阻电路的波形图

通过电阻的电流有效值为

$$I = U / R \tag{1.7}$$

在纯电阻电路中，电流通过电阻所做的功与直流电路的计算方法相同，即

$$P = UI = I^2 R = U^2 R \tag{1.8}$$

2．纯电感电路

纯电感电路是只有电感而没有电阻和电容的电路，如由电阻很小的电感线圈组成的交流电路，都可近似看成是纯电感电路，如图 1.10 所示。

在如图 1.11 所示的纯电感电路中，如果线圈两端加上正弦交流电压，则通过线圈的电流 i 也要按正弦规律变化。由于线圈中电流发生变化，在线圈中就产生自感电动势，它必然阻碍线圈电流变化。经过理论分析证明，由于线圈中自感电动势的存在，使电流达到最大值的时间，要比电压滞后 90°，即 1/4 周期。也就是

说，在纯电感电路中，虽然电压和电流都按正弦规律变化，但两者不是同相的，如图 1.11 所示，正弦电流比线圈两端正弦电压滞后 90°，或者说，电压超前电流 90°。

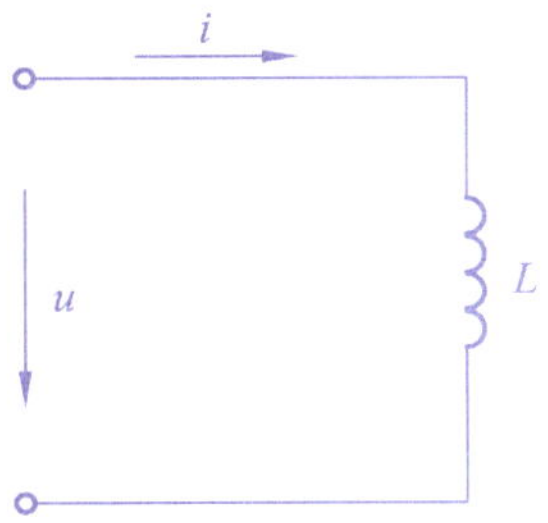

图 1.10　纯电感电路

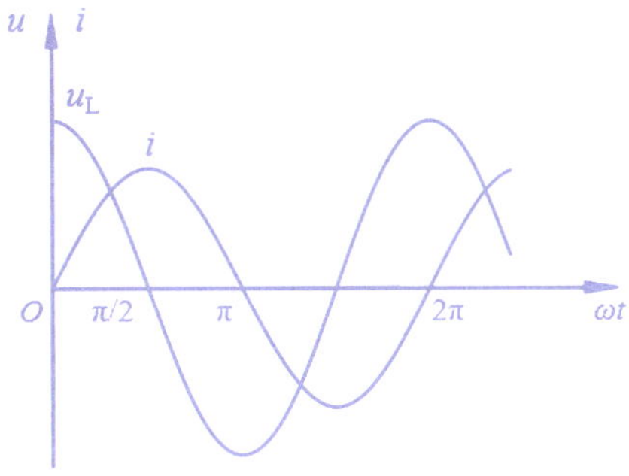

图 1.11　纯电感电路的波形图

理论证明，纯电感电路中线圈端电压的有效值 U，与线圈通过电流的有效值之间的关系是

$$I=U/\omega L=U/X_L \tag{1.9}$$

ωL 是电感线圈对角频率为 ω 的交流电所呈现的阻力，称为感抗，用 X_L 表示，即

$$X_L=\omega L=2\pi fL \tag{1.10}$$

式中，X_L——感抗（Ω）；

f——频率（Hz）；

L——电感（H）。

感抗是用来表示电感线圈对交流电阻碍作用的物理量。感抗的大小，取决于通过线圈电流的频率和线圈的电感量。对于具有某一电感量的线圈而言，频率越高，感抗越大，通过的电流越小；反之，感抗越小，通过的电流越大。收音机中的高频扼流圈不让高频电流通过，只让低频电流通过，就是这个道理。在直流电路中，由于频率为零，故线圈的感抗也为零，线圈的电阻很小，可以把线圈看成是短路的。

3．纯电容电路

电容器是由两个金属板中间隔着不同的介质（云母、绝缘纸等）组成的。它是存放电荷的容器。电容器中的两个金属板叫电容器的两个极板。

如果把电容器的两个极板分别与直流电路两端连接，如图 1.12 所示，则两极板间有电压，在极板间建立了电场。在电场力作用下，驱使自由电子运动，使两个极板分别带上数量相等符号相反的电荷。与电源正极相连的极板带正电荷，与电源负极相连的极板带负电荷。实验证明，极板上存有电

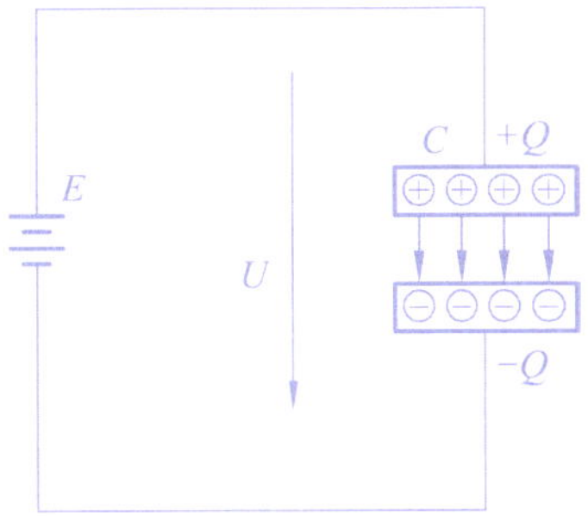

图 1.12　电容器接入电源

荷 Q 越多，则极板间的电压 U 越高，二者成正比。因此，将电容器的电量 Q 与极板间电压的比值叫作电容器的电容量，简称电容，用字母 C 表示，即

$$C=\frac{Q}{U} \tag{1.11}$$

式中，Q ——上、下任意极板上的电量（C）;

U ——两极板间的电压（V）;

C ——电容量（F）。

当电容器极板间电压为 1 V，极板上电量为 1 C 时，电容器的电容量为 1 F，在实际应用中，由于法拉单位过大，所以经常使用微法（μm）和皮法（pF）作为电容的单位。

电容器在电工和电子技术中应用广泛。如在电力系统中用它改善系统的功率因数，在电子技术中用它进行滤波、耦合、隔直、旁路、选频等。在这里只简单介绍电容在交流电路的作用。

纯电容电路是只有电容而没有电阻、电感的电路，如电介质损耗很小，绝缘电阻很大的电容器组成的交流电路，可近似看成纯电容电路。

在如图 1.13 所示的纯电容电路中，电容器接上交流电源。在电压升高的过程中，电容器充电，在电压降低的过程中，电容器放电。由于电容器端电压按正弦规律变化，致使电容器不断地进行充电、放电，于是在电路中形成按正弦规律变化的电流。理论分析表明：电路中电流达到同方向最大值的时间，比电容器的端电压超前 90°，即提前 1/4 周期。也就是说在纯电容电路中，虽然电流与电压都按正弦规律变化，但两者的相位不同，如图 1.14 所示，纯电容电路中的电流超前电压 90°。

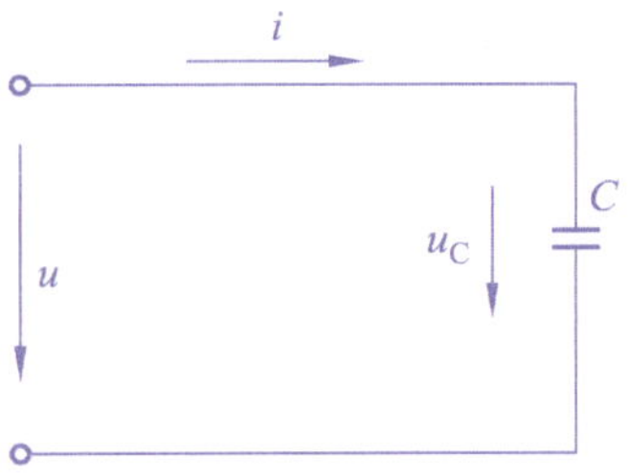

图 1.13　纯电容电路

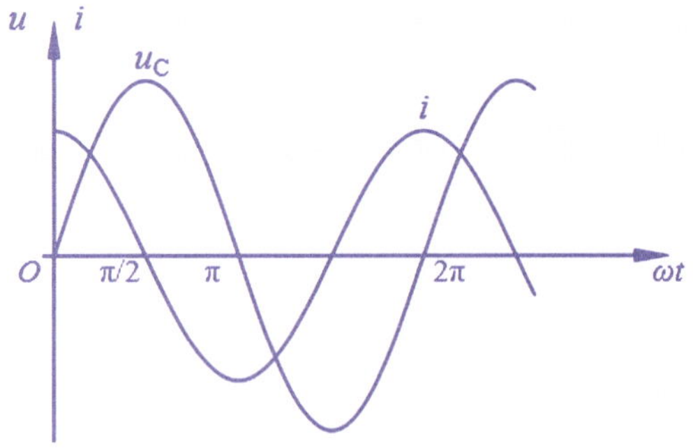

图 1.14　纯电容电路的波形图

在纯电容电路中，电容两端电压的有效值 U 与电路电流有效值 I 之间的关系是

$$I=\frac{U}{\frac{1}{\omega C}}=\frac{U}{X_C} \tag{1.12}$$

$1/\omega C$ 是电容对角频率为 ω 的交流电所呈现的阻力，称为容抗，用 X_C 表示，即

$$X_C = 1/\omega C = 1/2\pi fC \tag{1.13}$$

容抗是用来表示电容器对电流阻碍作用大小的一个物理量，单位是欧姆，用 Ω 表示。容抗的大小与频率及电容量成反比。当电容器的容量一定时，频率越高，容抗越小，电流越大；反之，频率越低，容抗越大，电流越小。在直流电路中，由于电流频率为零，因此，容抗为无限大。这表明，电容器在直流电路中相当于开路。但在交流电路中，随着电流频率的增加，容抗逐渐减小。因此，电容器在交流电路中相当于通路。这就是电容器隔断直流、通过交流的原理。

五、三相交流电路

在单相交流电路的电源电路上有两根输出线，而且电源只有一个交变电动势。如果在交流电路中三个电动势同时作用，每个电动势大小相等，频率相同，但初相不同，则称这种电路为三相制交流电路。其中，每个电路称为三相制电路的一相。

三相制电路应用广泛，其电源是三相发电机。和单相交流电相比，三相交流电具有以下优点：

（1）三相发电机比尺寸相同的单相发电机的输出功率大。

（2）三相发电机的结构和制造与单相发电机相比并不复杂，且使用方便，维修简单，运转时振动也很小。

（3）在条件相同、输送功率相同的情况下，三相输电线比单相输电线可节约 25% 左右的线材。

1. 三相电动势的产生

三相交流电是由三相发电机产生的，如图 1.15 所示是三相发电机的结构示意图。它由定子和转子组成。在定子上嵌入三个绕组，每个绕组叫一相，合称三相绕组。绕组的一端分别用 U1，V1，W1 表示，叫作绕组的始端，另一端分别用 U2，V2，W2 表示，叫绕组的末端。三相绕组始端或末端之间的空间角为 120°。转子为电磁铁，磁感应强度沿转子表面按正弦规律分布。

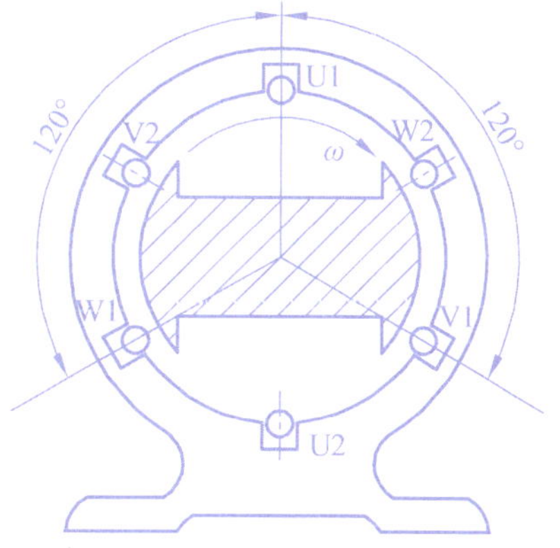

图 1.15　三相交流发电机结构示意图

当转子以匀角速度 ω 逆时针方向旋转时，在三相绕组中分别感应出振幅相等，频率相同，相位互差 120° 的三个感应电动势，这三相电动势称为对称三相电动势。三个绕组中的电动势分别为

$$\left.\begin{aligned} e_U &= E_m \sin(\omega t) \\ e_V &= E_m \sin(\omega t - 120°) \\ e_W &= E_m \sin(\omega t + 120°) \end{aligned}\right\}$$

显而易见，V 相绕组的 e_V 比 U 相绕组的 e_U 落后 120°，W 相绕组的 e_W 比 V 相绕组的 e_V 落后 120°。

如图 1.16 所示是三相电动势波形图。由图可见三相电动势的最大值、角频率相等，相位差 120°。电动势的方向是从末端指向始端，即 U2 到 U1，V2 到 V1，W2 到 W1。

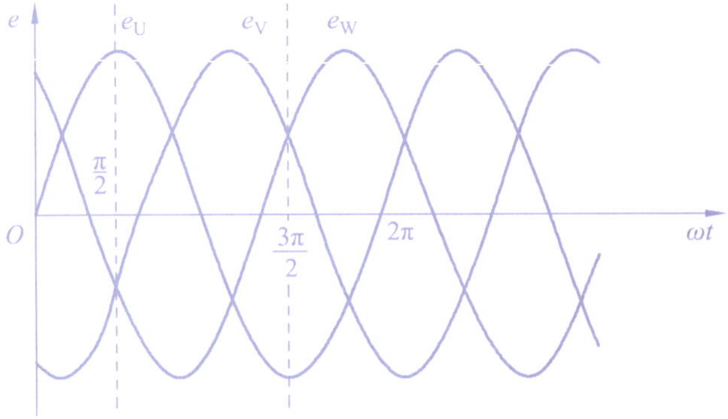

图 1.16　三相交流电动势波形图

在实际工作中经常提到三相交流电的相序问题，所谓相序就是指三相电动势达到同向最大值的先后顺序。在图 1.16 中，最先达到最大值的是 e_U，其次是 e_V，最后是 e_W；它们的相序是 U—V—W，该相序称为正相序，反之是负序或逆序，即 W—V—U。通常三相对称电动势的相序都是指正相序，用黄、绿、红三种颜色分别表示 U，V，W 三相。

2．三相电源绕组的连接

三相发电机的每相绕组都是独立的电源，便是三个独立的单相电路，构成三相六线制，有六根输电线，既不经济又没有实用价值。在现代供电系统中，发电机三相绕组通常用星形连接或三角形连接两种方式。但是，发电机绕组一般不采用三角形接法而采用星形接法。

将发电机三相绕组的末端 U2，V2，W2 连在一起，成为一个公共点，再将三相绕组的始端 U1，V1，W1 引出，接负载的三根输电线。这种接法称为星形接法或 Y 形接法，如图 1.17 所示。公共点称作电源中点，用字母 N 表示。从始端引出的三根输电线叫作相线或端线，俗称火线。从电源中点 N 引出的线叫作中线。中线通常与

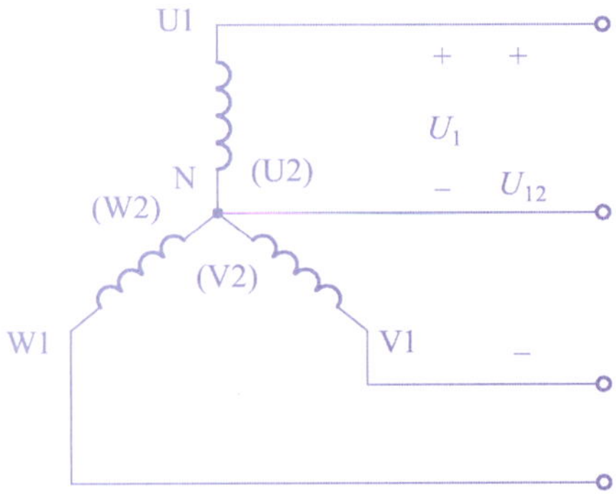

图 1.17　三相绕组的星形接法

大地相连接，因此，把接地的中点叫零点，把接地的中线叫零线。

如果从电源引出四根导线，这种供电方式叫星接三相四线制；如果不从电源中点引出中线，这种供电方式叫星接三相三线制。

电源相线与中线之间的电压叫作相电压，在图 1.17 中用 U_1，U_2，U_3 表示，电压方向是由始端指向中点。

电源相线之间的电压叫作线电压，分别用 U_{12}，U_{13}，U_{23} 表示。电压的正方向分别是从端点 U1 到 V1，V1 到 W1，W1 到 U1。

三相对称电源的相电压相等，线电压也相等，则相电压 U_φ 与线电压 U_L 之间的关系、相电流 I_φ 与线电流 I_L 之间的关系为

$$U_L=\sqrt{3}U_\varphi\approx1.7U_\varphi \tag{1.14}$$

$$I_L=I_\varphi \tag{1.15}$$

公式表明三相对称电源星形连接时，线电压有效值等于相电压有效值的 $\sqrt{3}$ 倍。线电流有效值等于相电流有效值。

将三相发电机的第二绕组始端 V1 与第一绕组的末端 U2 相连、第三绕组始端 W1 与第二绕组的末端 V2 相连、第一绕组始端 U1 与第三绕组的末端 W2 相连，并从三个始端 U1、V1、W1 引出三根导线分别与负载相连，这种连接方法叫作三角形连接或△连接，如图 1.18 所示。

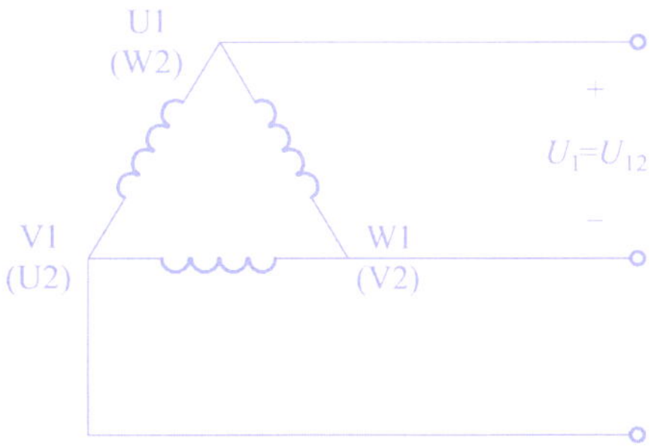

图 1.18　三相绕组的三角形接法

显然这时线电压有效值等于相电压有效值，线电流的有效值等于相电流有效值的 $\sqrt{3}$ 倍，即

$$U_L=U_\varphi \tag{1.16}$$

$$I_L=\sqrt{3}I_\varphi \tag{1.17}$$

3．三相电路的功率

三相电路的有功功率和无功功率分别是三相负载每相有功功率 P 之和与无功功率 Q 之和，当三相负载对称时，各相的有功功率和无功功率相等：

$$P_U=P_V=P_W=U_\varphi I_\varphi\cos\varphi \tag{1.18}$$

$$Q_U=Q_V=Q_W=U_\varphi I_\varphi\sin\varphi \tag{1.19}$$

每相总视在功率：

$$S=\sqrt{P^2+Q^2} \tag{1.20}$$

三相功率与相电压、相电流的关系为

$$\left.\begin{aligned}P&=3U_{\varphi}I_{\varphi}\cos\varphi\\Q&=3U_{\varphi}I_{\varphi}\sin\varphi\\S&=3U_{\varphi}I_{\varphi}\end{aligned}\right\}\tag{1.21}$$

三相对称负载作星形连接时，

$$U_{\mathrm{L}}=\sqrt{3}U_{\varphi}$$
$$I_{\mathrm{L}}=I_{\varphi}$$

三相对称负载作三角形连接时，

$$U_{\mathrm{L}}=U_{\varphi}$$
$$I_{\mathrm{L}}=\sqrt{3}I_{\varphi}$$

因此，三相功率与线电压、线电流的关系为

$$\left.\begin{aligned}P&=\sqrt{3}U_{\mathrm{L}}I_{\mathrm{L}}\cos\varphi\\Q&=\sqrt{3}U_{\mathrm{L}}I_{\mathrm{L}}\sin\varphi\\S&=\sqrt{3}U_{\mathrm{L}}I_{\mathrm{L}}\end{aligned}\right\}\tag{1.22}$$

计算实例

三相对称负载，每相电阻为 6 Ω，感抗为 8 Ω，接线电压为 380 V 的三相交流电源，比较星形连接和三角形连接的三相电功率。

解： 每相绕组的阻抗为

$$|Z|=\sqrt{R^2+X_{\mathrm{L}}^2}=\sqrt{6^2+8^2}=10\ (\Omega)$$

负载功率因数为

$$\cos\varphi=\frac{R}{|Z|}=\frac{6}{10}=0.6$$

（1）星形连接时，由式（1.14）的负载相电压

$$U_{\varphi}=\frac{1}{\sqrt{3}}U_{\mathrm{L}}=\frac{380}{\sqrt{3}}=220\ (\mathrm{V})$$

由式（1.15）得

$$I_{\mathrm{L}}=I_{\varphi}=\frac{U_{\varphi}}{|Z|}=\frac{220}{10}=22\ (\mathrm{A})$$

由式（1.22）的星形连接时三相总有功功率

$$P=\sqrt{3}U_L I_L\cos\varphi=\sqrt{3}\times380\times22\times0.6=8.7\ (\text{kW})$$

（2）若改为三角形连接时，由式（1.16）的负载相电压

$$U_L=U_\varphi=380\ (\text{V})$$

由式（1.17）得负载线电流为

$$I_L=\sqrt{3}I_\varphi=\sqrt{3}\frac{U_\varphi}{|Z|}=\sqrt{3}\times\frac{380}{10}=65.8\ (\text{A})$$

由式（1.22）得三角形连接时三相总有功功率

$$P=\sqrt{3}U_L I_L\cos\varphi=\sqrt{3}\times380\times65.8\times0.6=26\ (\text{kW})$$

可见，同样的负载，三角形连接消耗的有功功率是星形连接时的 3 倍，无功功率和视在功率也有同样的关系。既然负载消耗的功率与连接方式有关，要使负载正常运行，必须正确连接电路。显然在同样电源电压下，错将星形连接接成三角形连接，负载会因为过载而烧毁；反之，错将三角形连接接成星形连接，负载也会因大幅低于其额定功率而无法工作。

任务二　常用低压电气设备

知识目标

- 了解常用低压电器的符号、结构、工作原理及应用场合。

能力目标

- 能够认识各种低压电器设备。
- 能够理解常用低压电器设备型号含义。
- 能够根据负荷正确选用低压电器设备。

任务导入

控制电器按其工作电压的高低，以交流 1 200 V、直流 1 500 V 为界，可划分为高压控制电器和低压控制电器两大类。在工业、农业、交通、国防以及日常用电部门中，大多数采用低压供电，因此低压电器元件设备的质量将直接影响到低压供电系统的可靠性。了解各种低压电器设备作用、技术参数及型号特征有利于正确选择、正确使用，对施工现场临时配电箱的设置具有重要意义。

学习指引

配电箱中常用的低压电器设备有隔离开关、低压断路器、漏电保护器等，为了正确设置配电箱，了解这些电器设备的作用、应用场合、选用方法，以及常用的验电检测仪器工具的使用方法至关重要。

知识链接

低压电器是一种能根据外界的信号和要求，手动或自动地接通、断开电路，以实现对电路或非电对象的切换、控制、保护、检测、变换和调节的元件或设备。

低压电器的种类繁多，分类方法有很多种。

1. 按动作方式分

1）手动电器

手动电器指依靠外力直接操作来进行切换的电器，如刀开关、按钮开关等。

2）自动电器

自动电器指依靠指令或物理量变化而自动动作的电器，如接触器、继电器等。

2. 按用途分

1）低压控制电器

低压控制电器主要在低压配电系统及动力设备中起控制作用，如刀开关、低压断路器等。

2）低压保护电器

低压保护电器主要在低压配电系统及动力设备中起保护作用，如熔断器、热继电器等。

3. 按种类分

低压电器按种类可分为刀开关、熔断器、低压断路器、接触器、继电器、主令电器和自动开关等。本任务将根据种类介绍施工现场常见的低压电器设备与常用的验电工具。

一、低压电气设备

1. 熔断器

低压配电系统中熔断器是起安全保护作用的一种电器，熔断器广泛应用于电网保护和用电设备保护，当电网或用电设备发生短路故障或过载时，可自动切断电路，避免电器设备损坏，防止事故蔓延。熔断器由绝缘底座（或支持件）、触头、熔体等组成，熔体是熔断器的主要工作部分，熔体相当于串联在电路中的一段特殊的导线，当电路发生短路或过载时，电流过大，熔体因过热而熔化，从而切断电路。

常见的熔断器有插入式熔断器、螺旋式熔断器、封闭式熔断器（分有填料熔断器和无填料熔断器两种）、快速熔断器、自复熔断器等（见图 1.19）。应根据使用场合选择熔断器的类型，如电网配电一般用填料式封闭管式熔断器（刀型触头熔断器）；电动机保护一般用螺旋式熔断器。

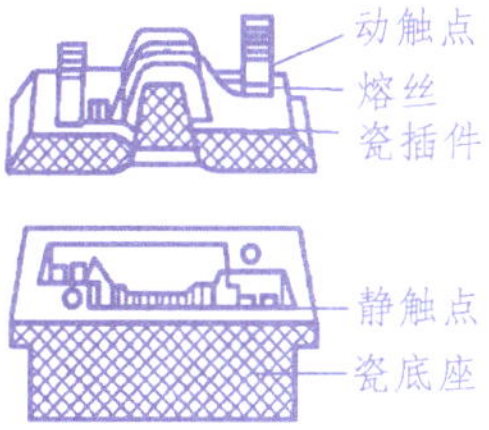

（a）插入式熔断器

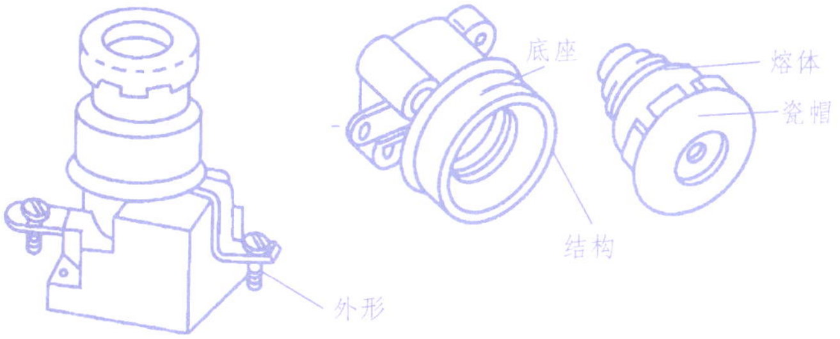

（b）螺旋式熔断器

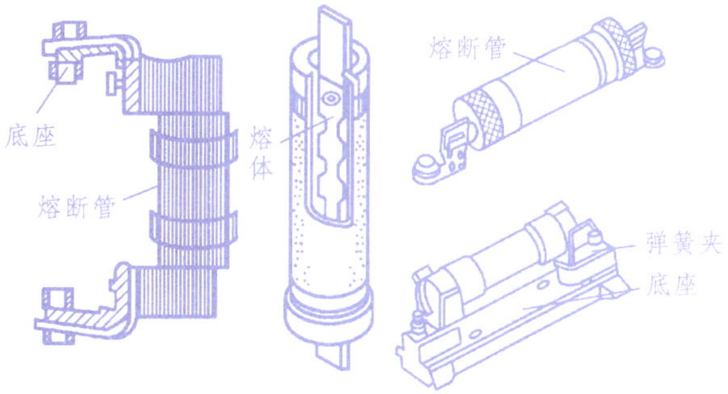

（c）无填料管式熔断器

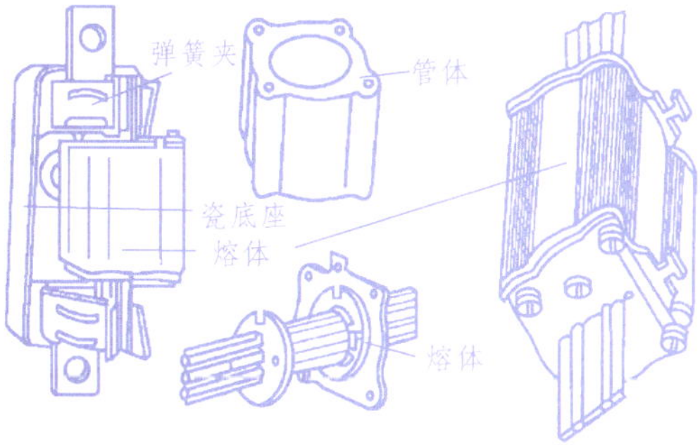

（d）填料式管式熔断器

图 1.19　熔断器常见类型及其基本结构

1）熔断器的主要技术指标

保护特性：流过熔体的电流与熔断时间的关系称作熔断器的保护特性。

分断能力：在额定电压及一定的功率因数下切断短路电流的极限能力。

2）熔断器规格的选择

选择熔断器应满足两个条件，即熔断器的额定电流应大于或等于熔断器正常的工作电流和启动时的尖峰电流。同时应按照短路电流校验其动作的灵敏性和熔断器的分断能力是否满足要求，即熔断器的最大分断能力应大于被保护线路上的最大短路电流。

为了保证前后级熔断器动作的选择性，上级熔断器与下级熔断器的额定电流 I_n 的比等于或大于 1.6，才能满足防止发生越级动作而扩大故障停电范围的需要。当用熔断器保护线路时，要求前一级熔体电流应比下一级熔体电流大 2～3 倍，熔体的额定电流不大于导体允许载流量 250%（从避开电动机启动电流考虑），但对明敷绝缘导线应不大于 150%，否则对导线起不到保护作用。

对于变压器、电炉和照明等负载，熔体的额定电流应略大于或等于负载电流。对于输配电线路，熔体的额定电流应略大于或等于线路的安全电流。在电动机回路中用作短路保护时，应考虑电动机的启动条件，按电动机启动时间的长短来选择熔体的额定电流。选用熔体时还应考虑到环境及工作条件，如封闭程度、空气流动、连接电缆尺寸（长度及截面）、瞬时峰值等方面的变化。

在 20 °C 环境温度下，熔体的实际工作电流不应超过额定电流值。熔体的电流承载能力试验是在 20 °C 环境温度下进行的，实际使用时受环境温度变化的影响。环境温度越高，熔体的工作温度就越高，其寿命也就越短。相反，在较低的温度下运行将延长熔体的寿命。

3）熔断器使用注意事项

（1）熔断器的保护特性应与被保护对象的过载特性相适应，考虑到可能出现的短路电流，选用相应分断能力的熔断器。

（2）熔断器的额定电压要适应线路电压等级，熔断器的额定电流要大于或等于熔体额定电流。

（3）线路中各级熔断器熔体额定电流要相应配合，保持前一级熔体额定电流必须大于下一级熔体额定电流。

（4）熔断器的熔体要按要求使用相配合的熔体，不允许随意加大熔体或用其他导体代替熔体。

2. 隔离开关

隔离开关主要是用来保证电气检修工作安全的。隔离开关能将电气系统中需要修理的部分与其他带电部分可靠地断开，具有明显的分断点，故其触点是暴露在空气中的。由于隔离开关无灭弧装置，所以不允许切断负荷电流和短路电流，否则电弧不仅能烧毁隔离开关，而且可能发生严重的短路故障，同时电弧也会造成工作人员的伤亡。所以隔离开关应设置于电源进线端，在电气线路已经切断电流的情况下，用隔离开关能够可靠地隔断电源，保证在隔离开关以后的配电装置不带电，保证电气检修工作的安全。

施工现场常用的隔离开关主要有 HD 系列刀开关、HR5 系列带熔断器开关、HG 系列熔断器式隔离器（见图 1.20）及有可见分断点、具有隔离功能的断路器等。它们必须是通过国家强制性标准 3C 认证的合格产品，不得采用 HK 系列开关和石板闸刀开关等安全性能差及已被淘汰禁用的产品。应当指出的是，HD 系列刀开关不推荐使用，其原因如下：一是这类刀开关触头压力靠弹簧片保持，长期使用变形压力不稳定造成接触处温度升高，如此恶性循环会造成熔焊或烧毁的情况发生；二是带电触刀裸露不符合国家有关标准的要求，不能通过国家强制性认证产品检测的要求。

（a）HR6 系列　　　　（b）HG 系列

图 1.20　熔断器式隔离开关

隔离开关的额定电流有 30 A、60 A、100 A、200 A、300 A 等多种等级，选择隔离开关应根据电源类别、电压、电流、极数、电动机容量等来考虑。熔断器式隔离开关的型号及含义如图 1.21 所示。

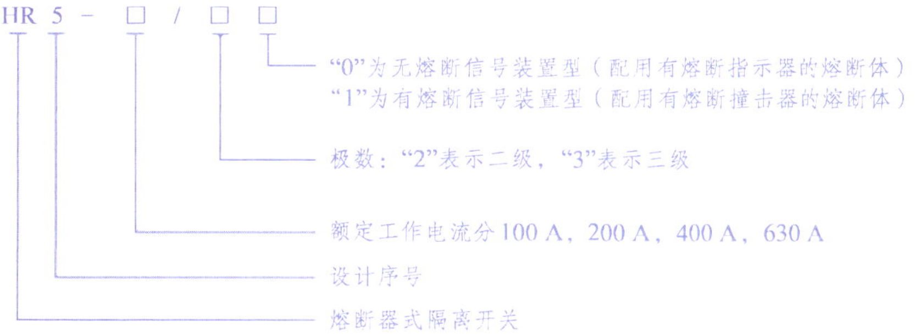

图 1.21　熔断器式隔离开关的型号及含义

隔离开关选用时的选择要点如下：

（1）额定电压不低于配电线路的额定电压。

（2）额定电流大于或等于配电线路的计算电流。

（3）动、热稳定电流大于实际可能承受的短路电流。

隔离开关在配电箱与开关箱中，通常用于空载接通与分断电路，还可以用于直接控制照明和不大于 3.0 kW 的动力线路。若用于启动异步电动机，则其额定电流应不小于电动机额定电流的 3 倍。

一般送电操作时，先合隔离开关，后合断路器或负荷类开关；断电操作时，先断开断路器或负荷类开关，后断开隔离开关。

3．低压断路器

低压断路器，又称自动空气开关。是一种不仅可以接通和分断正常负荷电流和过负荷电流，还可以接通和分断短路电流的开关电器。低压断路器在电路中除起控制作用外，还具有一定的保护功能，如过负荷、短路、欠压和漏电保护等。低压断路器在低压配电系统中占有重要地位，广泛应用于低压配电系统各级馈出线，各种机械设备的电源控制和用电终端的控制和保护。

低压断路器按使用类别分为 A、B 两类，A 类为非选择性；B 类为选择性（带短延时功能）。按设计形式分为框架式断路器（ACB）和塑壳式断路器（MCCB）或模压外壳式（见图 1.22）。按动作速度分为一般型和快速型（限流型断路器）。按触头数目可分为单极、双极和三极等。按用途可分为配电用、电动机保护用、漏电型断路器等。

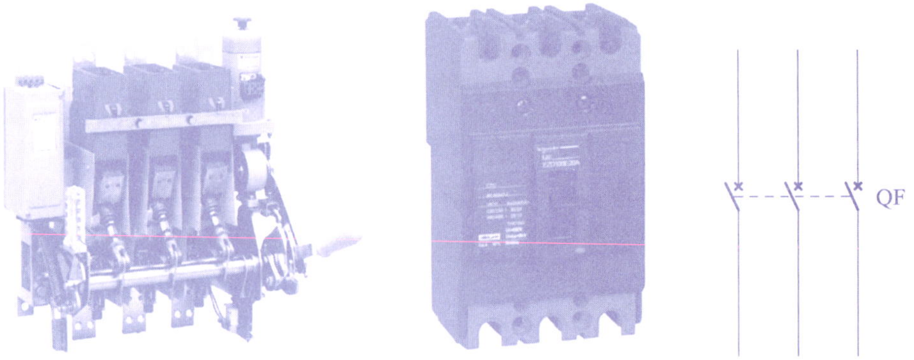

（a）框架式　（b）塑壳式　（c）电路符号

图 1.22　常见低压断路器

低压断路器主要由触点系统、灭弧装置、保护装置和传动结构等组成，保护装置和传动装置组成脱扣器，如图 1.23 所示。

低压断路器的主触点是靠手动操作或电动合闸的。主触点闭合后，自由脱扣机构将主触点锁在合闸位置上。过电流脱扣器的线圈和热脱扣器的热元件与主电路串联，欠电压脱扣器的线圈和电源并联。

当电路发生短路或严重过载时，过电流脱扣器的衔铁吸合，使自由脱扣机构动作；当电路过载时，热脱扣器线圈发热使双金属片上弯曲，推动自由脱扣机构动作；当电路失压或欠压时，失压脱扣器线圈吸力不足，衔铁在弹簧力作用下向上运动，导致自由脱扣机构动作。以上三者都会导致搭钩向上转动，主触点在弹簧的作用断开电路。

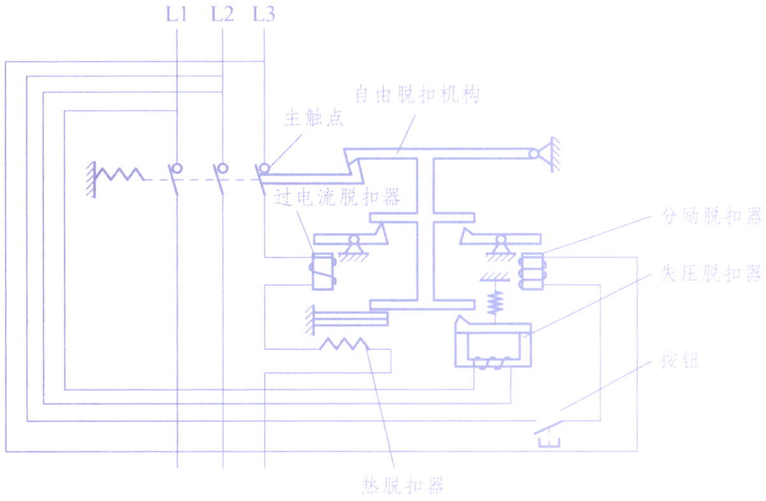

图 1.23　塑壳式低压断路器原理图

用自动空气开关实现短路保护比熔断器更优越，因为当三相电路短路时，很可能只有一相熔断器的熔体熔断，造成缺相运行。而自动空气开关不同，只要短路，自动空气开关就跳闸，将三相电路同时切断，因此它被广泛应用于要求较高的场合。

1）低压断路器的主要指标

低压断路器的主要指标有两个：一是通断能力，即开关在指定的使用和工作条件下，能够在规定的电压下接通和分断的最大电流值即断路器的额定电流 I_n；二是保护特性，分过电流保护（即短路保护）、过载保护和欠电压保护等三种。过电流保护是低压断路器的主要功能之一，能够有选择性地切除电网故障，并对电气设备起到一定的保护作用。过载保护是当负荷电流超过低压断路器额定电流的 1.1 ~ 1.45 倍时，能够在 10 ~ 120 s 内自动分闸。而欠电压保护能够保证当电压小于额定电压的 40% 时自动分断；当电压大于额定电压的 75% 时，则不分断。

低压断路器型号含义如图 1.24 所示。

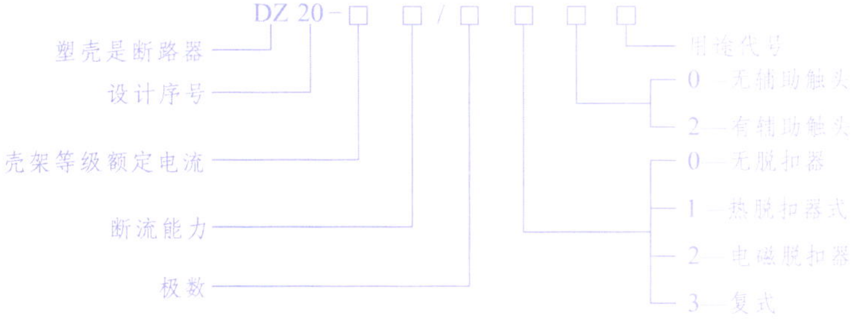

图 1.24　低压断路器型号含义

断流能力：H 为高级型，Y 为一般型，J 为较高型，G 为最高型

2）低压断路器的选择

（1）断路器应根据配电线路不同故障类别和具体工程要求设过负荷保护、短

路保护、接地故障保护、过电压及欠电压保护等。

（2）断路器的额定电流不应小于所在回路的计算电流；断路器应能满足短路条件下的动稳定与热稳定的要求；用于断开短路电流的断路器，应考虑其在短路条件下的分断能力（有极限分断、运行分断），短时耐受电流等因素，以满足能承受系统中可能出现的最大短路电流。

（3）对于配电系统中上下级断路器的配合，应对短路电流倍数以及短路短延时等进行选择整定。

（4）要根据不同负荷性质来选择不同类型的断路器，如配电型的、电动机型的、照明类的、发电机型的、直流型的等。

（5）断路器应适应所在场所的环境条件；特殊环境条件下（如多尘、强腐蚀、火灾、爆炸、湿热、高海拔、盐雾等场所）应选择能满足环境使用要求的断路器。

（6）断路器的附件，如辅助触点、欠/失压、分励线圈，乃至操作方式（电动、手动）操作手柄、安装方式（固定/插拔/抽屉）等也应与使用要求相适应。

（7）断路器的级数选择问题，特别是在三相四线 TN-S、TT 系统中四级断路器的选择应满足行业规范的要求。

为使低压断路器在配电线路过负荷或短路时，能够可靠地保护电缆及导线不至于过热而熔断，应使热脱扣器和过电流脱扣器的整定电流与导线或电缆的允许持续电流配合。临时用电电箱中的低压断路器主要用作配电线路保护，其额定电流 I_n（DZ 型断路器即为长延时热脱扣器的动作电流）可取线路允许载流量的 0.8～1 倍；但同时还应考虑前后断路器之间的配合，由于都采用 DZ 型，一般前一级断路器的额定电流应大于或等于后一级断路器的额定电流。DZ 型断路器用作短路保护的过电流脱扣器的整定电流（瞬时脱扣器电流整定值）在出厂时已根据 I_n 倍数固定，该电流一般情况下能保证断路器在短路时跳闸而电机启动电流是可以避开的。另外，断路器的极限分断能力应大于线路最大短路电流的有效值。

4．漏电保护器

配电线路的故障主要有相间短路及接地故障。由于相间短路产生很大的短路电流，故可用熔断器、断路器等开关设备来自动切断电源。但一般情况下接地故障靠熔断器、断路器难以自动切除，因为熔断器、断路器的保护动作值较大，或者说其灵敏度满足不了要求。故人们利用电器线路或电气设备发生单相接地故障时会产生的剩余电流，切断故障线路或设备电源，这种电子设备就是漏电保护器（见图 1.25）。

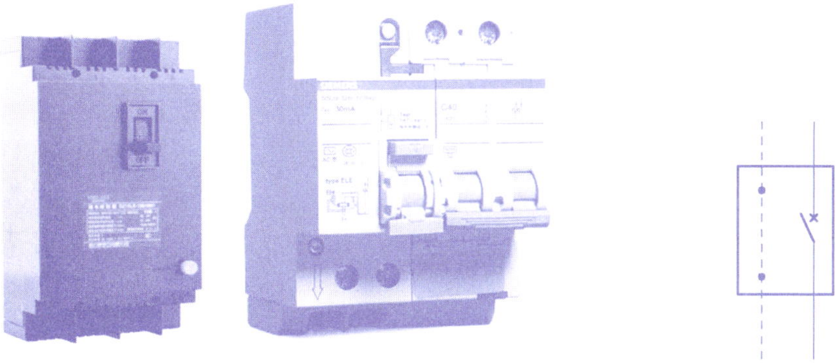

（a）外形图　　（b）电路符号

图 1.25　漏电保护器

漏电保护器，俗称漏电开关，又叫漏电断路器，是用于电路或电器绝缘受损发生对地短路时防止人身触电和电气火灾的保护电器。

如图 1.26 所示，漏电保护器内部装有零序互感器，随时监测火线与零线的电流，正常情况下，电流从火线流到零线，两根电线的电流应该是相等的，在零序互感器上感应出的磁场大小相同，方向相反，相互抵消。漏电时，一部分电流流入大地，导致火线的电流大于零线，零序互感器内的磁场不再平衡，其次级绕组便感应出电压，触发内部的晶闸管，晶闸管导通后接通电磁脱扣器电源，使脱扣器立即自动跳闸关闭电源。漏电后，它能够在 0.1 s 内断开电源，因此可以保证安全。

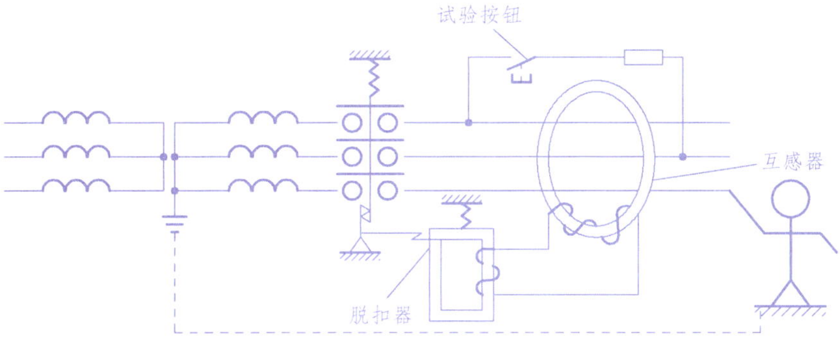

图 1.26　漏电保护器的工作原理

漏电保护器的型号含义如图 1.27 所示。

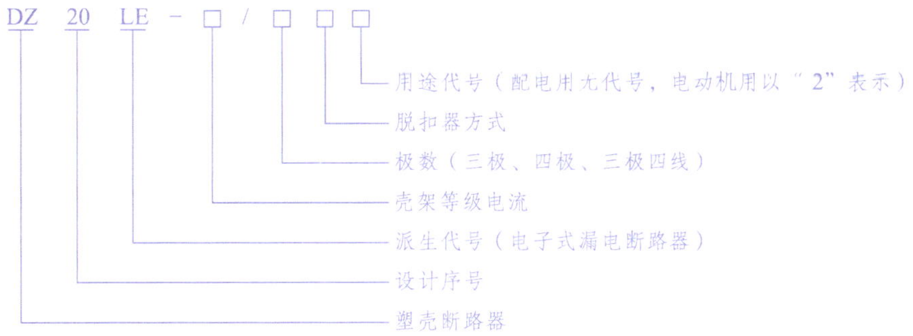

图 1.27　漏电保护器型号含义

漏电保护器按原理可分为电磁式和电子式两种。

电磁式漏电保护装置因全部采用电磁元件，其耐过电流和过电压冲击的能力较强，因而无须辅助电源。当主电路缺相时，装置仍能起漏电保护作用，但其灵敏度不易提高，且制造工艺复杂、价格较高，一般动作电流不小于 30 mA。

电子式漏电保护装置的中间环节使用了由电子元件构成的电子电路，中间环节的电子电路用来对漏电信号进行放大、处理和比较。其特点是灵敏度高、结构简单、体积较小、动作电流和动作时间调整方便、使用耐久，价格较便宜，动作电流可小于 30 mA。但电子式漏电保护装置对使用条件要求严格，抗电磁干扰性能差，耐雷击和操作过电压性能弱，不够稳定，有可能出现误动作。当主电路缺相时，可能会失去辅助电源而丧失保护功能。

现在有一种新型的透明外壳漏电保护器，适用于交流电压 220/380 V，它集漏电保护、过载保护、短路保护、隔离功能、辅助电源故障时断开等功能于一体的组合式漏电保护器（见图 1.28）。其分断时具有可见分断点，并且带有触点断开指示装置。

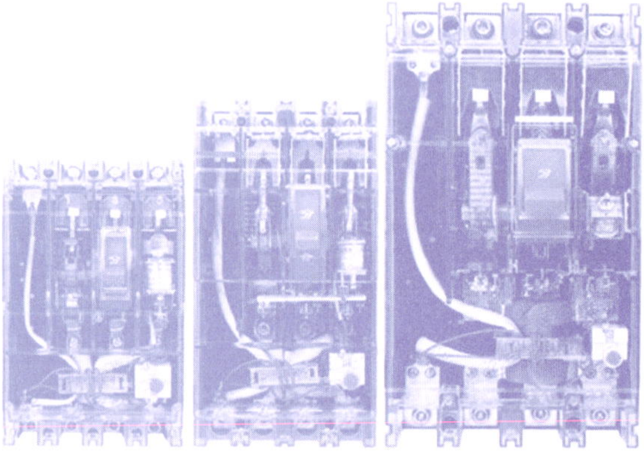

图 1.28　DZ20L 系列组合式漏电保护器

1）漏电保护器的主要技术参数

漏电保护器的主要动作性能参数有额定漏电动作电流、额定漏电动作时间、额定漏电不动作电流。其他参数还有电源频率、额定电压、额定电流等。

（1）额定电压 U_n：一般为 380/220 V 两种。

（2）额定电流 I_n：指漏电保护器长期通过的并能正常接通或分断的电流，有 6 A、10 A、16 A、20 A、32 A、40 A、50 A、63 A 等。

（3）额定漏电动作电流 $I_{\triangle n}$：当漏电电流等于或大于该动作电流值时，漏电保护器必须动作。例如，30 mA 的保护器，当通入电流值达到 30 mA 时，保护器即动作断开电源。

（4）额定漏电不动作电流 $I_{\triangle n0}$：当漏电电流小于该值时，漏电保护器必须不动作，其优选值为动作电流的 1/2。例如，漏电动作电流 30 mA 的漏电保护器，当电流值在 15 mA 以下时，保护器不应动作，否则因灵敏度太高容易误动作，影响用电设备的正常运行。

（5）动作时间：动作时间决定于保护要求，可分为快速型和延时型两种。

快速型：最大分断时间不大于 0.1 s。这种漏电保护器施工现场一般用于开关箱内，作为设备漏电的直接保护。例如 30 mA × 0.1 s 的保护器，从电流值达到 30 mA 起，到主触头分离为止的时间不超过 0.1 s。

延时型：检测到漏电信号后延迟一定时间动作，其延迟动作时间有 0.2 s、0.4 s、0.8 s、1.0 s、1.5 s、2 s，新型漏电保护器的延迟动作时间无级可调。这种漏电保护器只适用于 $I_{\triangle n0} > 0.03$ A，施工现场一般用于分配电箱和总配电箱内作为间接漏电保护。

2）漏电保护器的选用

漏电保护器的选用要依据不同的使用目的和安装场所选用，根据电气设备的环境要求选用漏电保护器。

（1）漏电保护器的防护等级应与使用环境条件相适应。

（2）漏电保护器宜选用无辅助电源型电磁式漏电保护器或辅助电源故障时能自动断开的电子式漏电保护器。当选用辅助电源故障时不能断开的电子式漏电保护器时，应同时设置缺相保护。

（3）在高温或特低温环境中的电气设备应优先选用电磁式漏电保护器。

（4）正确合理地选择漏电保护器的额定漏电动作电流非常重要：一方面在发生触电或泄漏电流超过允许值时，漏电保护器可有选择的动作；另一方面，漏电保护器在正常泄漏电流作用下不应动作，防止供电中断而造成不必要的经济损失。

漏电保护器的额定漏电动作电流应满足以下三个条件：

① 为了保证人身安全，额定漏电动作电流应不大于人体安全电流值，国际上公认不高于 30 mA 为人体安全电流值。

② 为了保证电网可靠运行，额定漏电动作电流应躲过低电压电网正常漏电电流。

③ 为了保证多级保护的选择性，下一级额定漏电动作电流应小于上一级额定漏电动作电流，各级额定漏电动作电流应有级差 112～215 倍。

第一级漏电保护器安装在配电变压器低压侧出口处。总配电箱中的漏电保护器的额定漏电动作电流应大于 30 mA，额定漏电动作时间应大于 0.1 s，但其额定漏电动作电流与额定漏电动作时间的乘积不应大于 30 mA · s。

第二级漏电保护器安装于分支线路出口处，被保护线路较短，用电量不大，漏电电流较小。漏电保护器的额定漏电动作电流应介于上、下级保护器额定漏电动作电流之间，额定漏电动作时间应大于下级保护器，其额定漏电动作电流与额定漏电动作时间的乘积不应大于 30 mA · s。

第三级漏电保护器用于保护单个或多个用电设备，是直接防止人体触电的保护设备。被保护线路和设备的用电量小，漏电电流小，宜选用额定动作电流为 30 mA，动作时间小于 0.1 s 的漏电保护器。

三级配电、二级保护漏电保护器参数设置原则如图 1.29 所示。

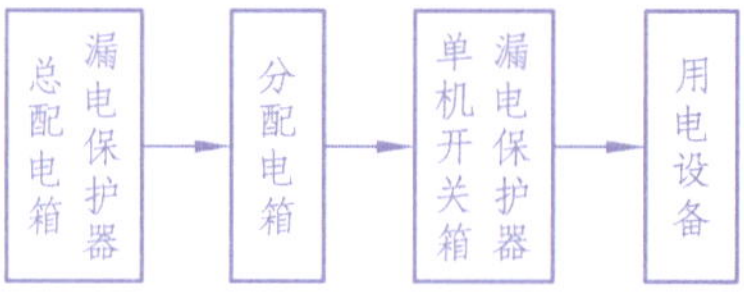

动作电流 $I_{\Delta n总} > 30$ mA
动作时间 $T_{总} > 0.1$ s
$I_{\Delta n总} \times T_{总} \leqslant 30$ mA · s

动作电流 $I_{\Delta n开} \leqslant 30$ mA
动作时间 $T_{开} \leqslant 0.1$ s

图 1.29　三级配电、二级保护漏电保护器参数设置原则

三级配电、三级保护漏电保护器参数设置原则如图 1.30 所示。

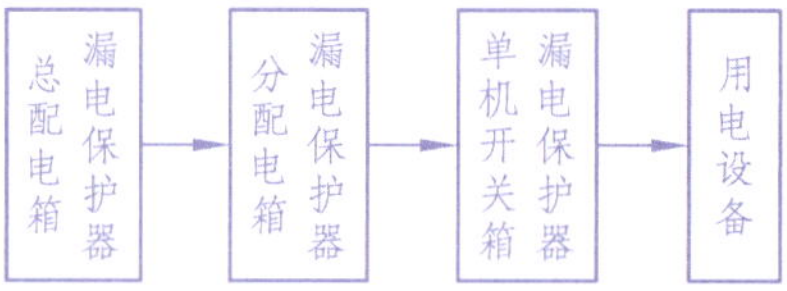

动作电流 $I_{\Delta n总} > I_{\Delta n分}$
动作时间 $T_{总} > T_{分}$
$I_{\Delta n总} \times T_{总} \leqslant 30$ mA · s

动作电流 $I_{\Delta n分} > I_{\Delta n开}$
动作时间 $T_{分} > T_{开}$
$I_{\Delta n分} \times T_{分} \leqslant 30$ mA · s

动作电流 $I_{\Delta n开} \leqslant 30$ mA
动作时间 $T_{开} \leqslant 0.1$ s

图 1.30　三级配电、三级保护漏电保护器参数设置原则

5．交流接触器

接触器（见图 1.31）是一种可实现远距离频繁地控制接通、断开电路的低压电器，一般配合其他电器元件一起组成控制回路，主要控制对象是电动机，也可以控制如电焊机、变压器、电容器组、电热装置、照明及其他电力负载。电动机的主电路电流较大，主电路的通断，一般是通过交流接触器来完成。

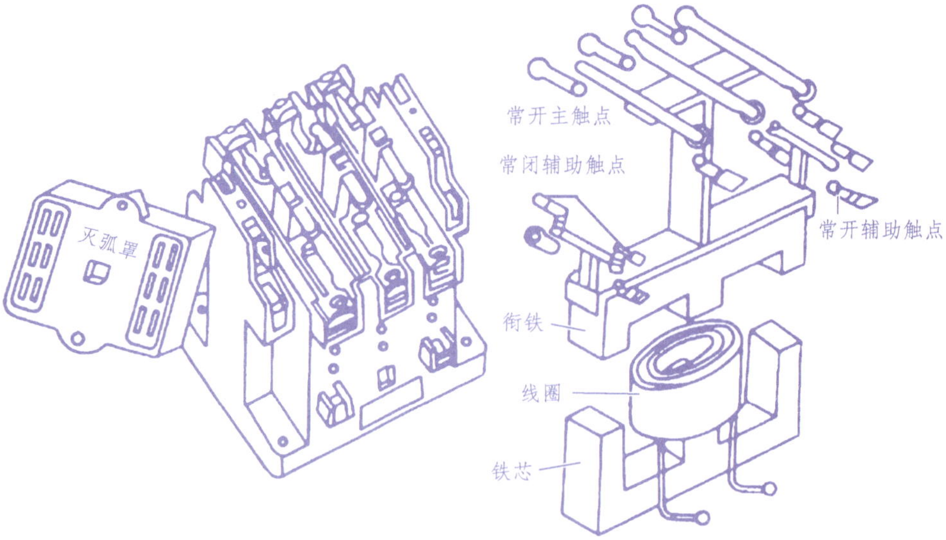

图 1.31　交流接触器

交流接触器主要由电磁机构和触头两大部分组成，如图 1.32 所示。电磁机构的作用是操纵静、动触点的分、合动作，它由励磁线圈、铁心和铁轭组成。与三个主接线柱相连接的动触头与上铁心固结在一起，随上铁心的上下运动而断、通电路。静触头与另一侧三个主接线柱相连接，动、静触头的开、闭实现了电源和负载的断、通。启动按钮和停止按钮与励磁线圈相连接，接入控制电路。

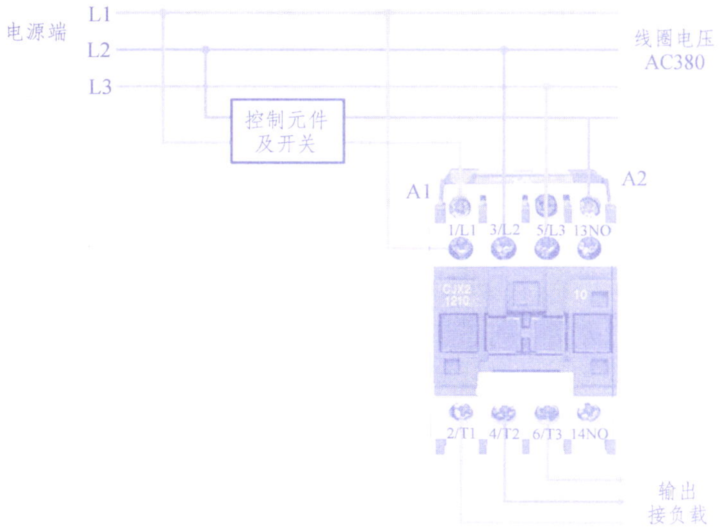

图 1.32　交流接触器接线图

当按下启动按钮接通控制电路，交流接触器励磁线圈通电后产生强磁力，使上铁心带动动触头向静触头移动并迅速吸合，使主电路接通电源，电动机开始运转。此时，与启动按钮并联的常开辅助触头接通并自锁，即使手离开启动按钮，仍保持控制电路的接通，使励磁线圈继续保持通电，主触头继续保持闭合，电动机持续运转。若按下停止按钮，控制电路断开，励磁线圈断电，铁心电磁吸力消失，上铁心在回位弹簧作用下带动动触头向上运动，主电路断开。

接触器的型号及含义如图 1.33 所示。

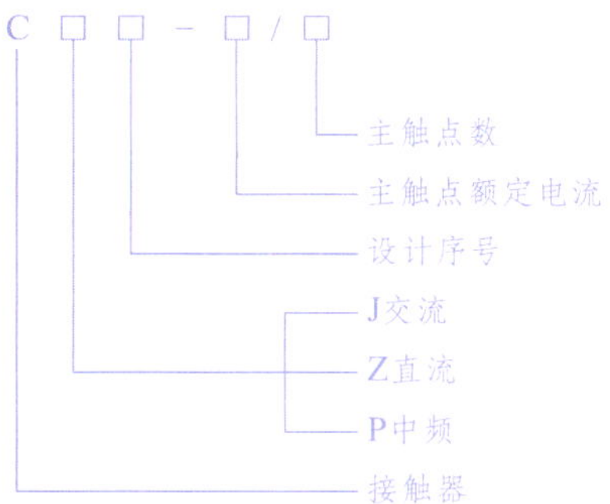

图 1.33　接触器的型号及含义

常用的 CJX2 系列接触器外观如图 1.34 所示。

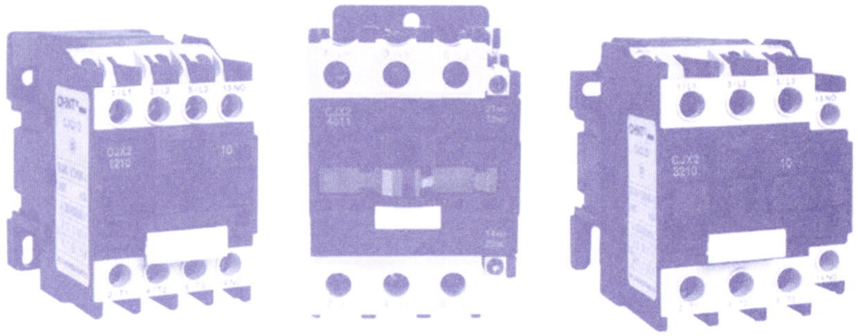

图 1.34　CJX2 系列接触器

交流接触器的选择和使用。

（1）接触器的类型应根据负载电流的类型和负载的轻重来选择，即是交流负载还是直流负载，是轻负载、一般负载还是重负载。

（2）主触头的额定电流可根据经验公式（1.23）计算。

$$I_e \geqslant \frac{P_{e电机}}{(1\sim1.4)}U_{e电机} \tag{1.23}$$

如果接触器控制的电动机启动、制动或反转频繁，一般将接触器主触头的额定电流降一级使用。

（3）接触器铭牌上所标电压是指主触头能承受的额定电压，并非吸引线圈的电压，使用时接触器主触头的额定电压应不小于负载的额定电压。

（4）操作频率就是指接触器每小时通断的次数。当通断电流较大或通断频率过高时，会引起触头严重过热，甚至熔焊。操作频率若超过规定数值，应选用额定电流大一级的接触器。

（5）电磁线圈额定电压不一定等于主触头的额定电压，当线路简单，使用电器少时，可直接选用 380 V 或 220 V 电压的电磁线圈，如线路复杂，使用电器超过 5 h，可用 24 V、48 V 或 110 V 电压的线圈。

（6）按控制回路需求，选择辅助触头的种类和数量。

在安装前，应做到以下几点：

① 检查接触器铭牌及线圈上的技术数据是否符合实际使用要求。

② 擦净铁心端面的防锈油，以免油垢黏滞而造成断电不释放。

③ 检查接线是否正确无误。

④ 在主触头不带电情况下，先使电磁线圈通电分、合数次，确认动作可靠后，方能投入使用。

6．热继电器

热继电器常用于电动机的过载保护和缺相保护，又常和交流接触器组合成磁力起动器。热继电器的外形、内部结构和符号如图 1.35 所示。发热元件由阻值不大的电阻丝绕制而成，也可以采用电阻片。双金属片是由两层膨胀系数不同的金属片压制而成，发热元件串接在电动机定子电路中，电路中流过的电流越大，产生的热量越多，使发热元件内的双金属片温度上升。由于双金属片上层膨胀系数大，下层膨胀系数小，随着温度的上升，双金属片会向下弯曲推动螺钉，使扣板向下移动，从而使钮钩脱开，钮钩在弹簧的作用下转动，动触点和静触点脱离（动触点和静触点组成热继电器的常闭触点），电动机控制回路中接触器线圈断电释放，电动机电源被切断。热继电器动作后，一般不能自动复位，必须等双金属片冷却后，按动复位按钮，钮钩和扣板才能恢复原来的位置。

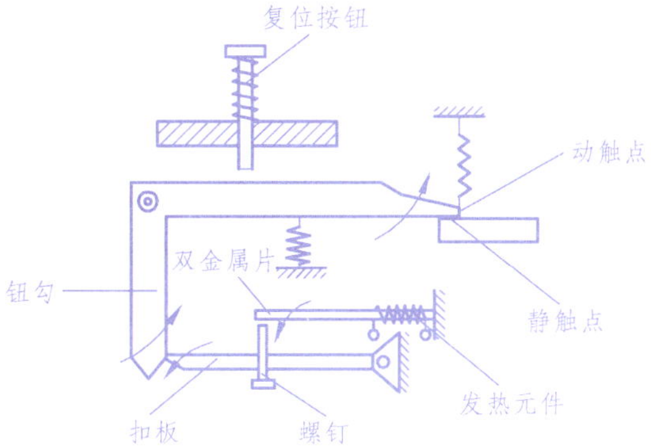

（a）内部结构原理图

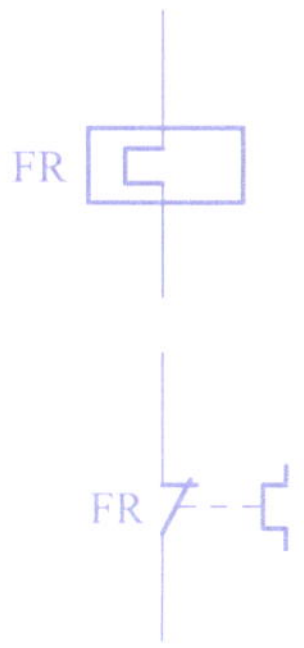

（b）电路符号

图 1.35　热继电器

选择热继电器应考虑以下两点：一是通常情况热继电器的整定电流与电动机的额定电流不相等，一般取整定值为电动机额定电流的 0.95 ~ 1.05 倍；但对于过载能力差的电动机，整定值只能取电动机额定电流的 0.6 ~ 0.8 倍；而对启动时间较长、冲击性负载、拖动不允许停车的机械等情况，发热元件的整定电流要比电动机额定电流高一些。二是频繁启动的电动机不宜采用热继电器保护。

7. 主令电器

主令电器是用来接通和分断控制电路以发布命令或对生产过程作程序控制的开关电器（见图 1.36）。

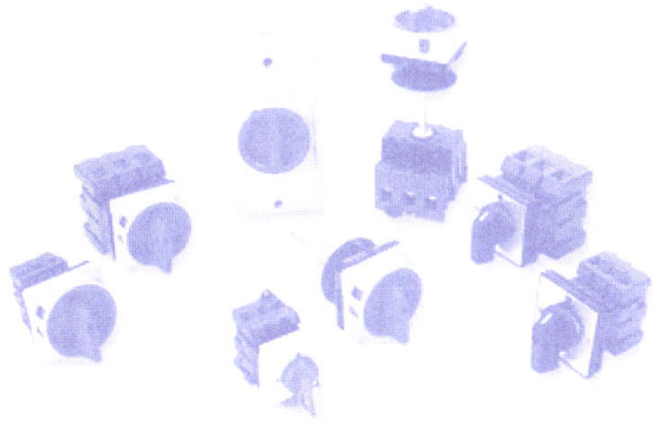

图 1.36　各种主令电器

以上讲到的几种元器件都是配电箱中最基本的元器件，在实际生产过程中还会根据配电箱的不同用途，以及对配电箱的使用要求来增加其他的元器件，如中间继电器、时间继电器、按钮、信号指示灯、KNX 智能开关模块（带容性负载）及后台监控系统、智能消防疏散照明及后台监控系统、电气火灾/漏电监控探测器及后台监控系统、EPS 电源电池等。

二、验电检测工具

1．验电器

验电器分为高、低压两类，主要用途是检查电气设备或线路是否带有电压，高压验电器还可用于测定是否存在高频电场。

1）高压验电器

高压验电器是作为高压设备、导线验电的一种专用安全器具，在装设接地线前必须用高压验电器进行验电以确认无电。

（1）结构、原理。

高压验电器由指示、绝缘和握把三部分组成，如图 1.37 所示。

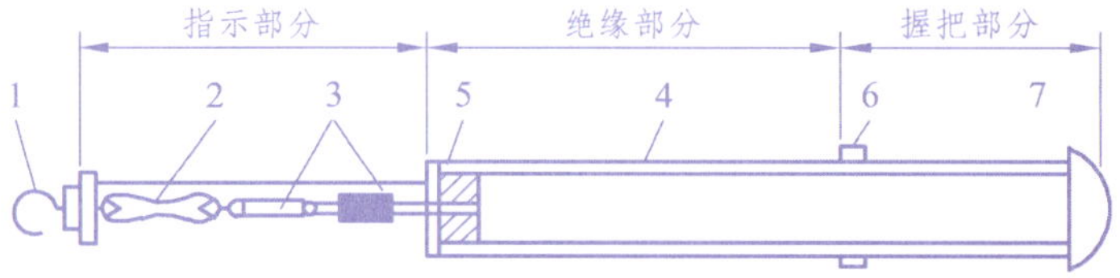

1—工作触头；2—氖灯；3—电容器；4—绝缘筒；5—接地螺丝；6—隔离护环；7—握把。

图 1.37　验电器结构

指示部分包括金属接触电极和指示器；绝缘部分和握把部分一般用环氧玻璃布管制成，其间装有明显的标志或装设护环，两者的最小长度见表 1.1。

表 1.1　高压验电器的最小长度

电压等级/kV	10	35	110
最小有效绝缘长度/m	0.7	0.9	1.3
握把部分最小长度/m	0.12	0.15	0.3

目前常用的高压电器主要有声光型和回转带声光型两种。声光型验电器的特点是当验电器的金属电极接触带电体时，验电器流过的电容电流，会发出声、光报警信号；回转带声光型验电器的特点是利用带电导体尖端放电产生的电风来驱使指示器叶片旋转，同时发出声、光信号，用来检测设备是否带电。

（2）验电器的电气试验。

验电器的电气试验包括交流耐压试验和氖气管清晰发光电压值的测定试验，其目的是鉴定验电器绝缘状况和工作性能是否符合规定要求。

① 交流耐压试验。

验电器的交流耐压试验需分两次进行，一次是对指示部分，另一次是对绝缘部分。

交流耐压试验接线如图 1.38 所示。试验前取出氖气管和电容器，将试验电压分别施加于指示部分和绝缘部分进行两次耐压试验。有些验电器的指示部分与绝缘部分之间的衔接处没有接地端子，试验时可在此处裹包铝箔后连接导线加压。

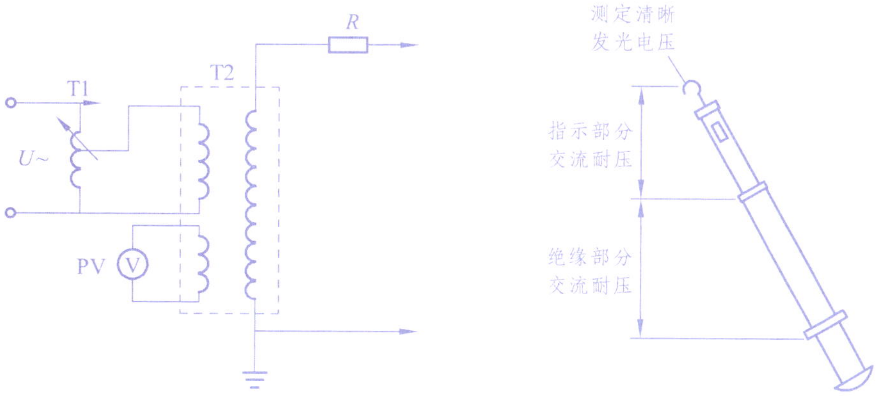

T1—单相调压器；T2—试验变压器；R—限流电阻；PV—交流电压表。

图 1.38　验电器试验接线图

② 清晰发光电压的测定。

试验电压的一端接于验电器的工作触点上，另一端接地，验电器的握把不须接地而悬空。试验时，按一般耐压试验操作步骤调节单相调压器，徐徐升高电压，注意氖气管和电压表指示值，如电压升到某值，氖气管开始发光但不甚清晰，需继续升压，直至发光清晰而稳定，此时电压表指示值即为指示器的清晰发光电压。也有些验电器，开始发光就很清晰，即开始发光电压与清晰发光电压相等。

③ 试验注意事项。

在耐压试验时，若发生放电、闪络或击穿等现象，即为不合格。耐压试验完毕应立即用手抚摸试品，若有局部发热情况，也为不合格，不能继续使用。

验电器的清晰发光电压，不得高于设备额定电压的 25%。在特殊情况下，如使用于 2 ~ 3 kV 电气设备的验电器，因无合适的氖气管，而用较高电压的氖气管代用时，允许清晰发光电压不超过设备额定电压的 40%。

验电器在测定清晰发光电压后，还应检查受邻近带电设备影响的发光距离，要求在以下电压和距离下，指示器不应发光，即 6 kV 及以下为 150 mm；10 kV 及以下为 250 mm，35 kV 及以下为 500 mm。

（3）验电器使用注意事项。

① 验电器应定期进行试验，使用前应先检查验电器的工作电压与被测设备的额定电压是否相符，是否超过有效试验期，绝缘部分有无污垢、损伤、裂纹，绝缘管体有无破损、裂纹，金属触点是否正常，氖气管的玻璃罩是否完好，各段连

接部件是否完整紧固等，如有异常应修复并试验合格后方可使用。

② 利用验电器的自检装置，检查验电器的指示器叶片是否旋转以及声、光信号是否正常。

③ 验电时，工作人员必须戴绝缘手套，并且必须握在握把部分，不得超过护环。

④ 在停电设备上验电前、后，应在有电设备上验电，验证验电器功能是否正常。

⑤ 验电时，应将验电器的金属接触电极逐渐靠近被测设备，一旦验电器开始正常回转，且发出声、光信号，即说明该设备有电。这时，应立即将金属接触电极移开被测设备，以保证验电器的使用寿命。

⑥ 验电时，若指示器的叶片不转动，也未发出声、光信号，则说明验电部位确无电压。

⑦ 在停电设备上验电时，必须在设备进出线两侧各相分别验电，以防在某些意外情况下，可能出现一侧或其中一相带电而未被发现。

⑧ 验电时，验电器不应装接地线，除非在木梯、木杆上验电，不接地不能指示者，才可装接地线。

⑨ 验电器应按电压等级统一编号，用后应装匣放入柜内，保持干燥，避免积灰和受潮。

2）低压验电器

（1）结构、原理。

低压验电器用于检验低压线路、低压设备是否带电，其外形有笔式、螺丝刀式和组合式等。按作用原理分类，它分为氖灯式和晶体显字式等。图 1.39 所示为氖灯笔式低压验电器，它由工作触点、氖灯管、炭精电阻、笔卡、弹簧及导电铜件组成。

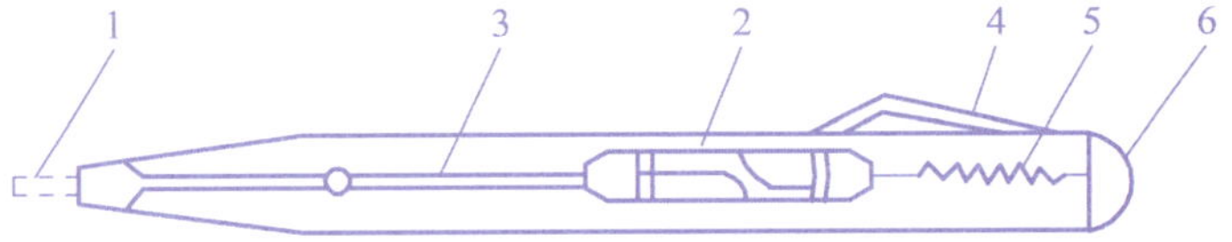

1—工作触点；2—氖灯；3—炭精电阻；4—笔卡；5—弹簧；6—导电铜件。

图 1.39 氖灯笔式低压验电器

低压验电器是利用手持验电器测试带电物体时，微小的电容电流通过验电笔、人体及大地形成回路，使验电器小窗孔氖灯管发光。因此，操作时人的手必须直接触及验电器后端的导电铜件。

（2）使用注意事项。

① 使用前，如要检查氖灯是否损坏时，可用 500 V 兆欧表摇测，若氖灯完好时，轻摇几转后即可启辉；若兆欧表达到稳定转速时，氖灯仍不启辉，则表示氖

灯损坏；若摇表指针为零，则表示氖灯内的两极黏合。

使用低压验电器的前、后，应在确知带电的低电气设备或线路上试验，以证实验电器良好，验电正确。使用低压验电器时，手握笔尾并触及笔尾金属体（见图 1.40）。若使用带有圆珠笔式的验电笔时，手指一定要捏住笔杆中间的金属圆环；否则，当出现氖灯不亮的假象时，往往误认为没电反而引起触电。

图 1.40　验电器的手持方法

测量时手指握住低压验电器笔身，食指触及笔身尾部金属体，低压验电器的小窗口应该朝向自己的眼睛，以便于观察。

验电时，不能将笔尖同时接触在被测的双线上（相线间或相线与零线间），以防短路时电弧伤人。为此，使用螺丝刀式验电笔时，其螺丝刀头上最好套上合适的绝缘套管，使笔尖只留出 1 ~ 2 mm 的金属头，以防止在测试时因不慎而引起带电部分短路。验电笔工作触点与被检查的带电部分接触，如氖管发光，说明带电。氖管越亮，说明电压越高。

② 低压验电器可用来区分相线和零线，接触时氖管发亮的是相线（火线），不亮的是零线。它也可用来判断电压的高低，氖管越暗，则表明电压越低；氖管越亮，则表明电压越高。

③ 当用低压验电器触及电机、变压器等电气设备外壳时，如果氖管发亮，则说该设备相线有漏电现象。

④ 用低压验电器测量三相三线制电路时，如果两根很亮而另一根不亮，说明不亮的那一相有接地现象。在三相四线制电路中，发生当单相接地现象时，用低压验电器测量中性线，氖管也会发亮。

⑤ 用低压验电器测量直流电路时，把低压验电器连接在直流电的正负极之间，氖管里两个电极只有一个发亮，氖管发亮的一端为直流电的负极。

⑥ 低压验电器笔尖与螺钉旋具形状相似，但其承受的扭矩很小，因此，应尽量避免用其安装或拆卸电气设备，以防受损。

⑦ 定期检查试电笔的炭精电阻，若其阻值小 1 MΩ，要及时更换，以保证安全。

2．万用表

万用表是一种带有整流器的，可以测量交、直流电流、电压及电阻等多种电学参量的磁电式仪表。对于每一种电学量，一般都有几个量程（见图 1.41）。它又称多用电表，简称多用表。万用表是由磁电系电流表（表头）、测量电路和选择开关等组成的。通过选择开关的变换，可方便地对多种电学参量进行测量。其电路计算的主要依据是闭合电路欧姆定律。

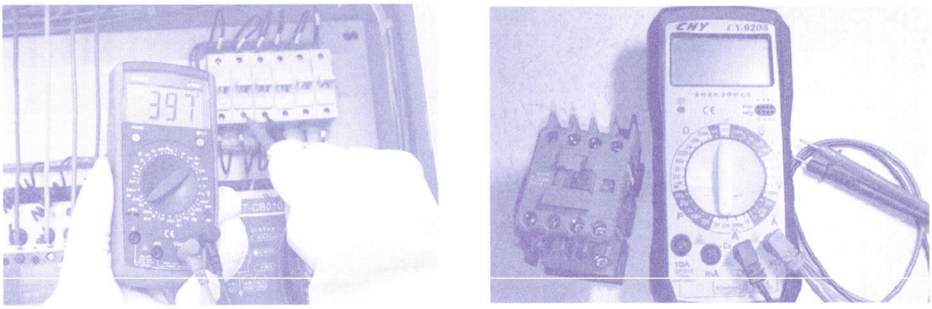

图 1.41　万用表

“一人、一笔、一表”（电工＋电笔＋万用表），是一个电力作业人员的基本配置，在日常的维修保养过程中，万用表发挥着极其重要的作用。

1）使用注意事项

（1）在使用万用表之前，应先进行“机械调零”，即在没有被测电量时，使万用表指针指在零电压或零电流的位置上。

（2）在使用万用表过程中，不能用手去接触表笔的金属部分，这样一方面可以保证测量的准确，另一方面也可以保证人身安全。

（3）在测量某一电量时，不能在测量的同时换挡，尤其是在测量高电压或大电流时更应注意。否则，会使万用表毁坏。如需换挡，应先断开表笔，换挡后再去测量。

（4）万用表在使用时，必须水平放置，以免造成误差。同时，还要注意到避免外界磁场对万用表的影响。

（5）万用表使用完毕，应将转换开关置于交流电压的最大挡。如果长期不使用，还应将万用表内部的电池取出来，以免电池腐蚀表内其他器件。

2）使用方法

（1）使用欧姆挡。

① 选择合适的倍率。

② 使用前要调零。

③ 不能带电测量。

④ 被测电阻不能有并联支路。

⑤ 测量晶体管、电解电容等有极性元件的等效电阻时，必须注意两支笔的极性。

⑥ 用万用表不同倍率的欧姆挡测量非线性元件的等效电阻时，测出电阻值可能不相同。

（2）测直流电流。

① 选择合适的量程挡位。

② 使用万用表电流挡测量电流时，应将万用表串联在被测电路中，因为只有串连接才能使流过电流表的电流与被测支路电流相同。测量时，应断开被测支路，将万用表红、黑表笔串接在被断开的两点之间。特别应注意电流表不能并联接在被测电路中，这样做是很危险的，极易使万用表烧毁。

③ 注意被测电量极性。

④ 正确使用刻度和读数。

3．兆欧表

欧兆表俗称摇表（见图 1.42），是用来测量大电阻和绝缘电阻的，它的计量单位是兆欧（MΩ），故称兆欧表。兆欧表的种类有很多，但其作用大致相同。

（a）指针式兆欧表

（b）数字式兆欧表

图 1.42 兆欧表

（1）兆欧表的选用。

规定兆欧表的电压等级应高于被测物的绝缘电压等级。所以测量额定电压在 500 V 以下的设备或线路的绝缘电阻时，可选用 500 V 或 1 000 V 兆欧表；测量额定电压在 500 V 以上的设备或线路的绝缘电阻时，应选用 1 000 ~ 2 500 V 兆欧表；测量绝缘子时，应选用 2 500 ~ 5 000 V 兆欧表。

一般情况下，测量低压电气设备绝缘电阻时可选用 0 ~ 200 MΩ 量程的兆欧表。

（2）绝缘电阻的测量方法。

兆欧表有三个接线柱，上端两个较大的接线柱上分别标有“接地”（E）和“线路”（L），在下方较小的一个接线柱上标有“保护环”（或“屏蔽”）（G）。

① 线路对地的绝缘电阻。

将兆欧表的“接地”接线柱（即 E 接线柱）可靠地接地（一般接到某一接地

体上），将“线路”接线柱（即 L 接线柱）接到被测线路上，如图 1.43（a）所示。

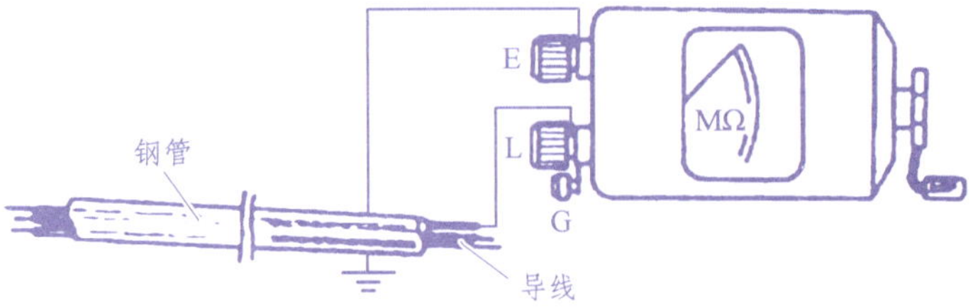

（a）测量线路的绝缘电阻

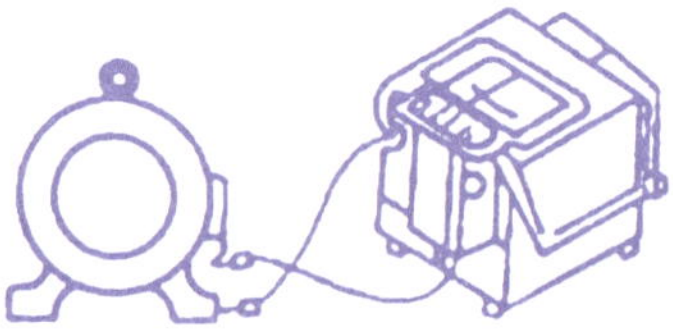

（b）测量电动机绝缘电阻

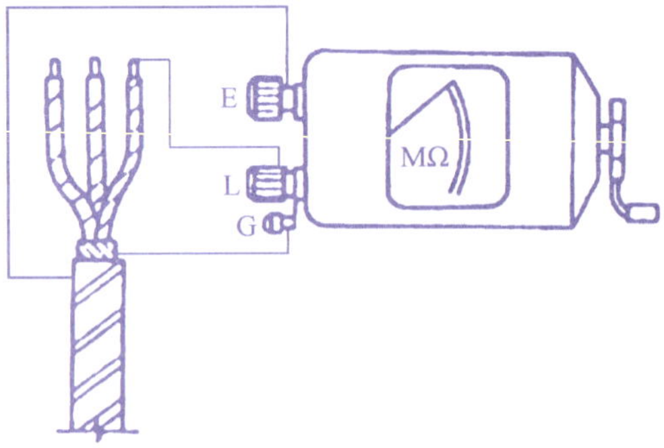

（c）测量电缆绝缘电阻

图 1.43　兆欧表测量接线

连接好后，顺时针摇动兆欧表，转速逐渐加快，保持在约 120 r/min 后匀速摇动，当转速稳定，表的指针也稳定后，指针所指示的数值即为被测物的绝缘电阻值。

实际使用中，E、L 两个接线柱也可以任意连接，即 E 可以与接被测物相连接，L 可以与接地体连接（即接地），但 G 接线柱决不能接错。

② 测量电动机的绝缘电阻。

将兆欧表 E 接线柱接机壳（即接地），L 接线柱接到电动机某一相的绕组上，如图 1.43（b）所示，测出的绝缘电阻值就是某一相的对地绝缘电阻值。

③ 测量电缆的绝缘电阻。

测量电缆的导电线芯与电缆外壳的绝缘电阻时，将接线柱 E 与电缆外壳相连接，接线柱 L 与线芯连接，同时将接线柱 G 与电缆壳、芯之间的绝缘层相连接，如图 1.43（c）所示。

（3）使用注意事项。

① 使用前应作开路和短路试验。使 L、E 两接线柱处在断开状态，摇动兆欧表，指针应指向“∞”；将 L 和 E 两个接线柱短接，慢慢地转动，指针应指向在“0”处。这两项都满足要求，说明兆欧表是好的。

② 测量电气设备的绝缘电阻时，必须先切断电源，然后将设备进行放电，以保证人身安全和测量准确。

③ 兆欧表测量时应放在水平位置，并用力按住兆欧表，防止在摇动中晃动，

摇动的转速为 120 r/min。

④ 引接线应采用多股软线，且要有良好的绝缘性能，两根引线切忌绞在一起，以免造成测量数据的不准确。

⑤ 测量完后应立即对被测物放电，在摇表的摇把未停止转动和被测物未放电前，不可用手去触及被测物的测量部分或拆除导线，以防触电。

4. 接地电阻测试仪

电力系统中电气设备接地的目的是保证人身和电气设备的安全以及设备的正常工作。接地电阻是指埋入地下的接地体电阻和土壤散流电阻。接地电阻测试仪主要用于测量电气设备接地装置以及避雷装置的接地电阻。由于其外形与摇表（兆欧表）相似，故俗称接地摇表（见图 1.44 和图 1.45）。

图 1.44　指针式接地电阻测试仪

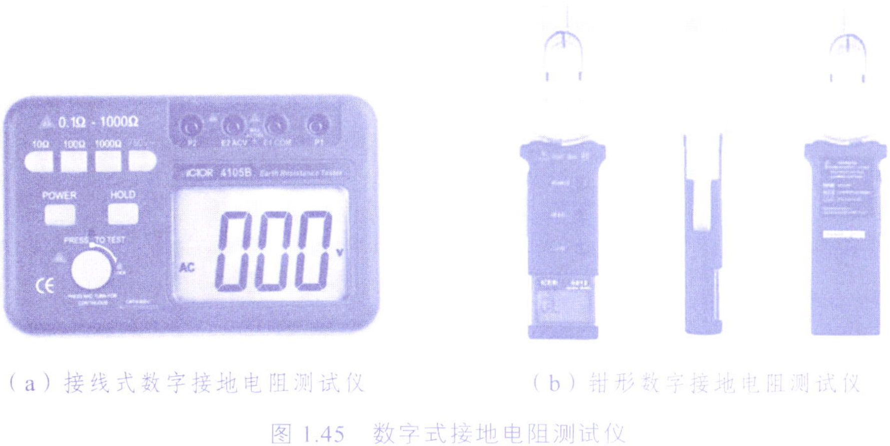

（a）接线式数字接地电阻测试仪　　（b）钳形数字接地电阻测试仪

图 1.45　数字式接地电阻测试仪

接地电阻测试仪主要由手摇交流发电机、电流互感器、电位器以及检流计组成。工作原理：手摇交流发电机 G 手柄，发电机输出电流 I 经电流互感器 TA 的一次侧→接地体 E→大地→电流极→发电机，构成闭合回路。当电流 I 流入大地后，经接地体 E 向四周散开。离接地体越远，电流通过的截面越大，电流密度越小。一般认为，到 20 m 处时，电流密度为零，电位也等于零即到达了电工技术中的零电位。

（1）接地电阻表的使用。

① 拆开接地干线与接地体的连接点。

② 接地电阻测量仪接线，如图 1.46 所示。

③ 将仪表放平，检查检流计指针是否指在中心线上。

⑤ 将倍率开关置于最大倍数上，缓慢摇动发电机手柄，同时转动“测量标度盘”，使检流计指针处于中心线位置上。当检流计接近平衡时，要加快摇动手柄，使发电机转速升至额定转速 120 r/min，同时调节“测量标度盘”，使检流计指针稳定指在中心线位置。此时即可读取数值。

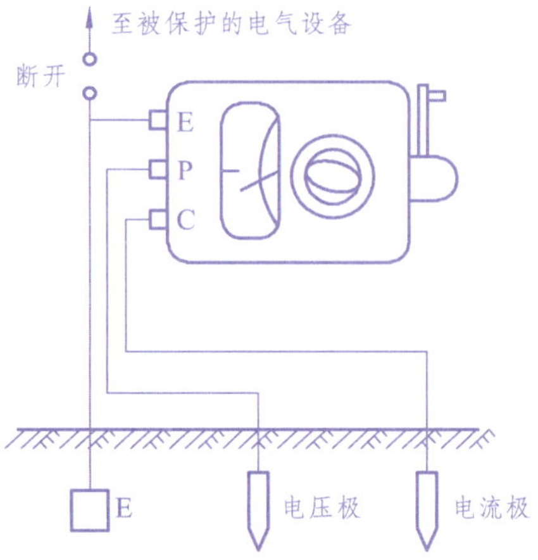

（a）三端钮测量仪

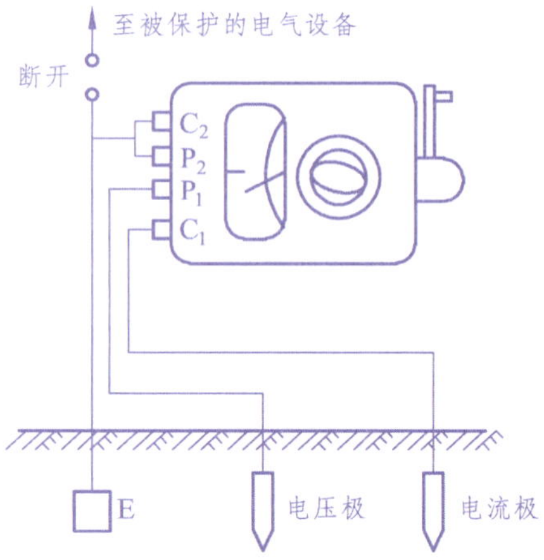

（b）四端钮测量仪

图 1.46　接地电阻测量仪接线

（2）使用注意事项。

① 测量前，首先将两根探测针分别插入地中接地极 E，电位探测针 P 和电流探测针 C 成一直线并相距 20 m，P 插于 E 和 C 之间，然后用专用导线分别将 E、P、C 接到仪表的相应接线柱上。

② 测量前的准备：使用前将设备与接地线断开。将仪表放平，然后进行机械校零。

③ 接地电阻测量仪接线：首先在距离被测接地极 E 40 m 处将电流探针 C 插入土壤约 40 cm，再将电位探针 P 插在被测接地极 E 和电流探针 C 中间，三者成一直线且彼此相距 20 m。最后用导线将 E 与仪表 E 端钮相接，电位探针 P 与仪表的 P 端相接，电流探针 C 与仪表 C 端相连接。

④ 每次测量完毕后，将探针拔出后擦干净，导线整理好以便下次使用。将仪表存放于干燥、避光、无震动的场合。仪表运输及使用时应小心轻放，避免振动，以防轴尖轴承受损而影响指示。

项目二 临时用电配电系统

任务一 临时用电配电系统简介

知识目标

- 掌握三级配电系统。
- 掌握二级漏电保护系统。

能力目标

- 能设置三级配电两级保护系统。

任务导入

国家电网送到施工现场的电力是采用三相四线制的 220/380 V 低压供电系统，而施工现场有许多用电设备，如电焊机、切割机、空气压缩机、电锯、卷扬机、水泵等生产设备，同时还有空调、冰箱、洗衣机、电风扇等生活电器，这些用电设备或电器少则几台、多则几十台上百台。这么多的设备、电器怎样接入供电系统？而且在使用的过程中，如何防止过载发热烧损、短路或者漏电等事故？本任务就将介绍这方面的知识。

学习指引

按照《施工现场临时用电安全技术规范》要求，施工现场从电源进线开始至用电设备之间，应经过三级配电装置配送电力。根据施工现场 220/380 V 三相四线制低压电力供电系统，我们需要掌握如何设置三级配电系统和二级漏电保护系统。

知识链接

建筑施工现场临时用电系统采用电源中性点直接接地的 220/380 V 三相四线制低压电力系统，必须采用三级配电系统，必须采用二级漏电保护系统。

一、三级配电系统

施工现场从电源进线开始至用电设备之间，应经过三级配电装置配送电力。按照 JGJ 46—2005《施工现场临时用电安全技术规范》(下称《规范》)的规定，由总配电箱(一级箱)或配电室的配电柜开始，依次经由分配电箱(二级箱)、开关箱(三级箱)到用电设备。这种分三个层次逐级配送电力的系统就称为三级配电系统，其基本结构形式可用一个系统框图来形象化的描述，如图 2.1 所示。

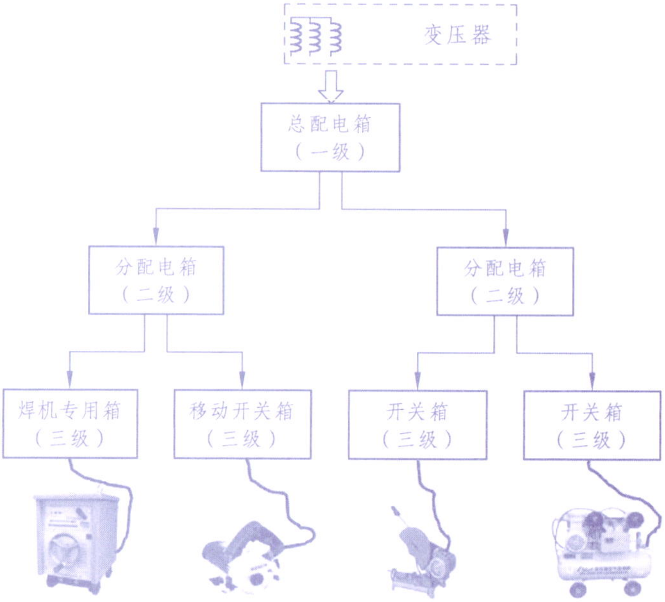

图 2.1　三级配电系统

为保证三级配电系统能够安全、可靠、有效地运行，在实际设置系统时应遵守四项规则：

(1)分级分路规则。

(2)动、照分设规则。

(3)压缩配电间距规则。

(4)环境安全规则。

1．分级分路规则

从一级总配电箱(配电柜)向二级分配电箱配电可以分路。即一个总配电箱(配电柜)可以分若干分路向若干分配箱配电；每一分路也可以分支支接若干分配电箱。

(1)从二级分配电箱向三级开关箱配电同样也可以分路。即一个分配电箱也可以分若干分路向若干开关箱配电，而其每一分路也可以支接或链接若干开关箱。

(2)从三级开关箱向用电设备配电实行所谓“一机一闸”制，不存在分路问题。即每一开关箱只能连接控制一台与其相关的用电设备（含插座），包括一组不超过 30 A 负荷的照明器，或每一台用电设备必须有其独立专用的开关箱。严禁同一个开关电器直接控制两台及两台以上用电设备（含插座）。

（3）按照分级分路规则的要求，在三级配电系统中，任何用电设备均不得超越配电，即其电源线不得直接连接于分配电箱或总配电箱；任何配电装置不得挂接其他临时用电设备。否则，三级配电系统的结构形成和分级分路规则将被破坏。

2. 动、照分设规则

动力配电箱与照明配电箱宜分别设置；若动力与照明合置于同一配电箱内共箱配电，则动力与照明应分路配电。这里所说的配电箱包括总配电箱和分配电箱。

动力开关箱与照明开关箱必须分箱设置，不存在共箱分路设置问题。

3. 压缩配电间距规则

压缩配电间距规则是指除总配电箱、配电室（配电柜）外，分配电箱与开关箱之间，开关箱与用电设备之间的空间间距应尽量缩短。按照《规范》的规定，总配电箱应设在靠近电源的区域，分配电箱应设在用电设备或负荷相对集中的区域，分配电箱与开关箱的距离不得超过 30 m，开关箱与其控制的固定式用电设备的水平距离不宜超过 3 m，如图 2.2 所示。

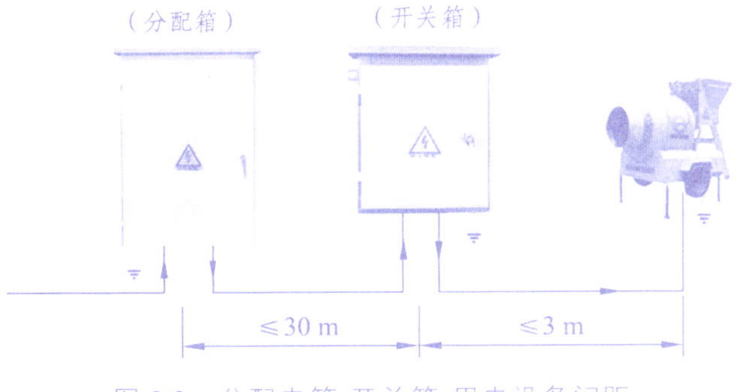

图 2.2　分配电箱-开关箱-用电设备间距

4. 环境安全规则

环境安全规则是指配电系统对其设置和运行环境安全因素的要求。按照《规范》的规定，配电装置应装设在干燥、通风及常温场所，不得装设在有严重损伤作用的瓦斯、烟气、潮气及其他有害介质中，也不得装设在易受外来物撞击、强烈振动、液体浸溅及热源烘烤场所。否则，应予清除或做防护处理。

配电装置周围应有足够 2 人同时工作的空间和通道，不得堆放任何妨碍操作、维修的物品，不得有灌木、杂草。

二、采用二级漏电保护系统

临电系统短路及过载保护有五级，分别是总配电箱内总回路和分回路二级、分配电箱内进线回路和出线回路二级、开关箱内一级。保护电器在一般是采用低压熔断器和低压断路器两类。二级漏电保护系统是指在施工现场基本供配电系统的总配电箱（配电柜）和开关箱，首、末二级配电装置中，设置漏电保护器。其中，总配电箱（配电柜）中的漏电保护器可以设置于总路，也可以设置于各分路。

综上所述，施工现场临时用电的配电系统应满足“三级配电、二级漏电保护、一机一闸、一漏一箱”配电及保护的使用要求。

任务实施

带领学生到某一施工现场，分别找到总配电箱、分配电箱和开关箱，并画出类似图 2.1 的三级配电系统图，注意分配电箱和开关箱应全部找到并画图。

任务二　TN-S 接零保护系统

知识目标

- 了解供电系统接零保护。
- 掌握 TN-S 接零保护系统。

能力目标

- 能管理 TN-S 系统并检查其是否有效。

任务导入

施工现场的各种用电设备和生活电器，它们的外壳基本都是由金属制作的，如果在长期的使用过程中，或者长期处于野外、露天、下雨等恶劣环境中，这些金属外壳带了电，将对设备和人产生危险，重则机毁人亡。如何防止出现外壳带电呢？本任务将介绍这方面的知识。

学习指引

按照《施工现场临时用电安全技术规范》要求，建筑施工现场临时用电专用的电源中性点直接接地的 220/380 V 三相五线制低压电力系统，必须符合下列规定：

（1）采用三级配电系统。

（2）采用 TN-S 接零保护系统。

（3）采用二级漏电保护系统。

知识链接

一、保护接零

在电源中性点直接接地的低压电力系统中，将用电设备的金属外壳与供电系统中的零线或专用零线直接做电气连接，称为保护接零。

1. 作　用

当电气设备的金属外壳带电时，短路电流经零线而成闭合电路，使其变成单相短路故障，因零线的阻抗很小，所以短路电流很大，一般大于额定电流的几倍甚至几十倍，这样大的单相短路将使保护装置迅速而准确的动作，切断事故电源，保证人身安全。其供电系统为接零保护系统，即 TN 系统。

2. 类　型

按保护零线是否与工作零线分开，可将 TN 供电系统划分为 TN-C、TN-S 和 TN-C-S 三种供电系统。

1）TN-C 供电系统

它的工作零线兼做接零保护线。这种供电系统就是平常所说的三相四线制。但是如果三相负荷不平衡时，零线上有不平衡电流，所以保护线所连接的电气设备金属外壳有一定电位。如果中性线断线，则保护接零的漏电设备外壳带电，因此这种供电系统存在着一定缺点。

2）TN-S 供电系统

它是把工作零线 N 和专用保护线 PE 在供电电源处严格分开的供电系统，也称三相五线制（见图 2.3）。它的优点是专用保护线上无电流，此线专门承接故障电流，确保其保护装置动作。应该特别指出，PE 线不许断线，在供电末端应将 PE 线做重复接地。

相线、N 线、PE 线的颜色标记必须符合以下规定：

相线依次为 A 线黄色，B 线绿色，C 线红色；N 线淡蓝色，PE 线黄绿色。任何情况下上述颜色标记严禁混用和互为代用。

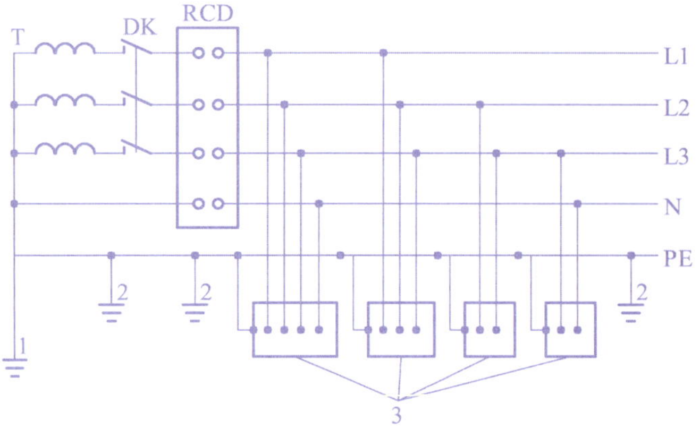

1—工作接地；2—PE线重复接地；3—电气设备金属外壳（正常不带电的外露可导电部分）；
L1、L2、L3—相线；N—工作零线；PE—保护零线；RCD—总漏电保护器
（兼有短路、过载、漏电保护功能的漏电断路器）；
DK—总电源隔离开关；T－变压器。

图 2.3　TN-S 接零保护系统

3）TN-C-S 供电系统

在建筑施工现场如果与外单位共用一台变压器或本施工现场变压器中性点没有接出 PE 线，是三相四线制供电，而施工现场必须采用专用保护线 PE 时，可在施工现场总箱中零线做重复接地后引出一根专用 PE 线，这种系统就称为 TN-C-S 供电系统（见图 2.4）。施工时应注意：除了总箱处外，其他各处均不得把 N 线和 PE 线连接，PE 线上不许安装开关和熔断器，也不得把大地兼作 PE 线。PE 线也不得进入漏电保护器，因为线路末端的漏电保护器动作，会使前级漏电保护器动作。

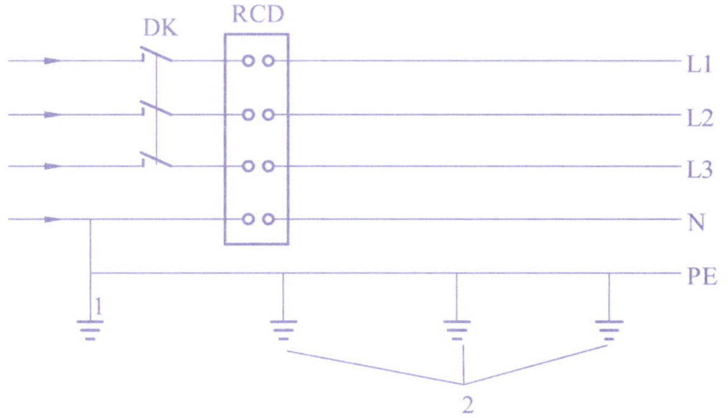

图 2.4　三相五线供电时局部 TN-S 接零保护系统保护零线引出示意

不管采用保护接地还是保护接零，必须注意：在同一系统中不允许对一部分设备采取接地，对另一部分采取接零。因为在同一系统中，如果有的设备采取接地，有的设备采取接零，则当采取接地的设备发生碰壳时，零线电位将升高，而使所有接零的设备外壳都带上危险的电压。

《施工现场临时用电安全技术规范》（JGJ 46—2012）中规定：

接地装置的设置应考虑土壤干燥或冻结等季节变化的影响，并应符合表 2.1 的规定。

表 2.1　接地装置的季节系数 φ 值

埋深/m	水平接地体	长 2～3 m 的垂直接地体
0.5	1.4～1.8	1.2～1.4
0.8～1.0	1.25～1.45	1.15～1.3
2.5～3.0	1.0～1.1	1.0～1.1

注：大地比较干燥时，取表中较小值；比较潮湿时，取表中较大值。

PE 线所用材质与相线、工作零线（N）线相同时，其最小截面积就符合表 2.2 的规定。

表 2.2　PE 线截面与相线截面的关系

相线芯线截面 S/mm²	PE 线最小截面/mm²
$S \leqslant 16$	5
$16 < S \leqslant 35$	16
$S > 35$	$S/2$

保护接零必须采用绝缘导线。配电装置和电动机械相连接的 PE 线应为截面积不小于 2.5 mm² 的绝缘多股铜线。手持式电动工具的 PE 线应为截面积不小于 1.5 mm² 的绝缘多股铜线。

二、电气设备保护接零

用电设备外壳保护接零接线如图 2.5 所示。

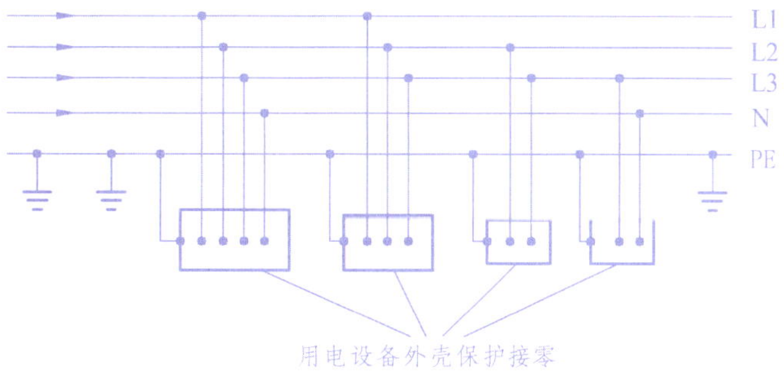

图 2.5　用电设备外壳保护接零接线图

在 TN 系统中，下列电气设备不带电的外露可导电部分应做保护接零（见图 2.6）。

（1）电机、变压器、电器、照明器具、手持式电动工具的金属外壳。

（2）电气设备传动装置的金属部件。

（3）配电柜与控制柜的金属框架。

（4）配电装置的金属箱体、框架及靠近带电部分的金属围栏和金属门。

（5）电力线路的金属保护管、敷线的钢索、起重机的底座和轨道、滑升模板金属操作平台等。

（6）安装在电力线路杆（塔）上的开关、电容器等电气装置的金属外壳及支架。

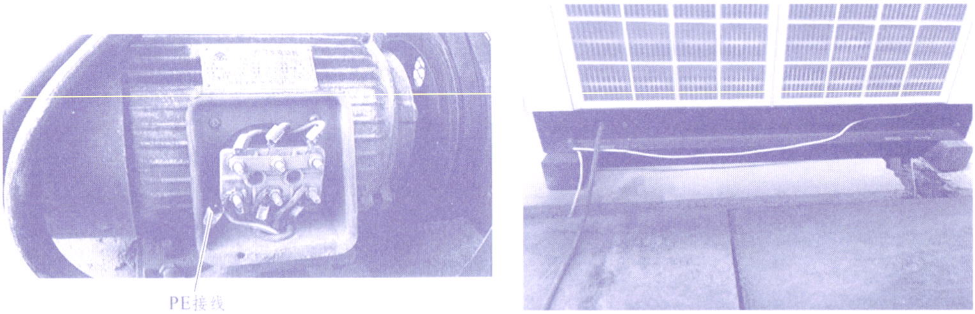

图 2.6　电动机械设备 PE 线接线实例

在 TN 系统中，下列电气设备不带电的外露可导电部分，可不做保护接零。

（1）在木质、沥青等不良导电地坪的干燥房间内，交流电压 380 V 及以下的电气装置金属外壳（当维修人员可能同时触及电气设备金属外壳和接地金属物件时除外）。

（2）安装在配电柜、控制柜金属框架和配电箱的金属箱体上，且与其可靠电气连接的电气测量仪表、电流互感器、电器的金属外壳。

任务实施

在施工现场各配电箱及用电设备接线处分别找到相线、N 线和 PE 线。提示：按颜色区分。

任务三　接地与接地电阻

知识目标

- 掌握临时用电的接地与接地电阻。

能力目标

- 能操作和检查临时用电的接地和测量接地电阻。

任务导入

在施工现场的各种用电设备和生活电器，以及各种类型的铁制配电箱、配电柜，它们的外壳基本都是用金属制作的。金属是导体，我们该如何保证即使这些外壳带了电，也能保证不发生触电事故呢？另外，夏天经常有雷雨闪电天气，当闪电击中用电设施时，如何保护这些用电设施的安全？这就是本任务所要讲述的内容。

学习指引

按照《施工现场临时用电安全技术规范》要求，在施工现场专用变压器供电的 TN-S 接零保护系统中，电气设备的金属外壳必须与保护零线连接。保护零线应由工作接地线、配电室（总配电箱）电源侧零线或总漏电保护器电源侧零线处引出。

知识链接

电气接地：凡是电气设备或设施的任何部位（不论带电与不带电），认为地或自然地与具有零电位的大地接通的方式，都称为电气接地。

接地按其作用一般可分为保护性接地和功能性接地两种。

一、临时用电保护接地

1．概　念

保护接地是指将电气设备不带电的金属外壳与接地极之间做可靠的电气连接。

2．作　用

当电气设备的金属外壳带电时，如果人体触及此外壳时，由于人体的电阻远大于接地体电阻，则大部分电流经接地体流入大地，而流经人体的电流很小。这时只要适当控制接地电阻（一般不大于 4 Ω），就可减少触电事故发生。但是在 TT 供电系统中，这种保护方式的设备外壳电压对人体来说还是相当危险的，因此这种保护方式只适用于 TT 供电系统的施工现场。

二、接地电阻

（1）单台容量超过 100 kV·A 或使用同一接地装置并联运行且总容量超过

100 kV·A 的电力变压器或发电机的工作接地电阻值不得大于 4 Ω。单台容量不超过 100 kV·A 或使用同一接地装置并联运行且总容量不超过 100 kV·A 的电力变压器或发电机的工作接地电阻值不得大于 10 Ω。在土壤电阻率大于 1 000 Ω·m 的地区，当达到上述接地电阻值有困难时，工作接地电阻值可提高到 30 Ω。

（2）TN 系统中的保护零线除必须在配电室或总配电箱处做重复接地外，还必须在配电系统的中间处和末端处做重复接地。在 TN 系统中，保护零线每一处重复接地装置的接地电阻值不应大于 10 Ω。在工作接地电阻值允许达到 10 Ω 的电力系统中，所有重复接地的等效电阻值不应大于 10 Ω。

（3）在 TN 系统中，严禁将单独敷设的工作零线再做重复接地。

（4）每一接地装置的接地线应采用 1 根及以上导体，在不同点与接地体做电气连接。不得采用铝导体做接地体或地下接地线。垂直接地体宜采用角钢、钢管或光面圆钢，不得采用螺纹钢（见图 2.7）。接地可利用自然接地体，但应保证其电气连接和热稳定。

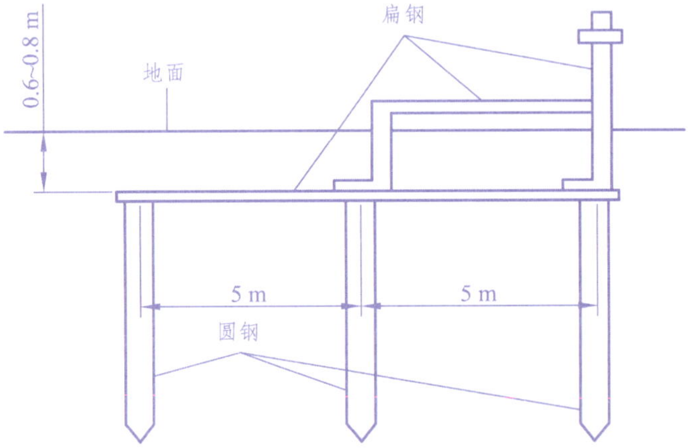

图 2.7 接地装置

（5）移动式发电机供电的用电设备，其金属外壳或底座应与发电机电源的接地装置有可靠的电气连接。

（6）移动式发电机系统接地应符合电力变压器系统接地的要求。下列情况可不另做保护接零。

① 移动式发电机和用电设备固定在同一金属支架上供给其他设备用电。

② 不超过 2 台的用电设备由专用的移动式发电机供电，供、用电设备间距不超过 50 m，且供、用电设备的金属外壳之间有可靠的电气连接时。

（7）在有静电的施工现场内，对集聚在机械设备上的静电应采取接地泄漏措施。每组专设的静电接地体的接地电阻值不应大于 100 Ω，高土壤电阻率地区不应大于 1 000 Ω。

（8）现场地面硬化的，施工前应提前在加工区、门吊轨行区、拌和站等区域预埋接地网（见图 2.8），以便配、用电设备使用连接接地体。

图 2.8　接地网示例

（9）控制电缆金属屏蔽的接地方式，应符合下列规定：

① 计算机监控系统的模拟信号回路控制电缆屏蔽层，不得构成两点或多点接地，应集中式一点接地。

② 集成电路、微机保护的电流、电压和信号的电缆屏蔽层，应在开关安置场所与控制室同时接地。

③ 除上述情况外的控制电缆屏蔽层，当电磁感应的干扰较大时，宜采用两点接地；静电感应的干扰较大时，可采用一点接地。双重屏蔽或复合式总屏蔽，宜对内、外屏蔽分别采用一点、两点接地。

④ 两点接地的选择，还宜在暂态电流作用下屏蔽层不被烧熔。

任务实施

使用接地电阻测量仪测定指定电气设备的接地电阻值。

一、目　的

（1）掌握接地电阻测量仪的使用方法。

（2）掌握接地电阻测量的意义。

（3）了解常用的避雷和防静电危害的方法

二、接地电阻测量仪

地阻仪是一种手持式配备有测试所必需附件的接地测量仪（见图 2.9）。仪表配有两个钳口：电压钳和电流钳。电压钳在被测回路中激励出一个感应电势 E，并在被测回路产生电流 I，仪表通过电流钳可以测得 I 值。通过对 E、I 的测量，由欧姆定律（$R=E/I$），即可求得 R 的值。

图 2.9　接地电阻测量仪

三、测量地阻的方法

测量地阻的方法如图 2.10 所示。

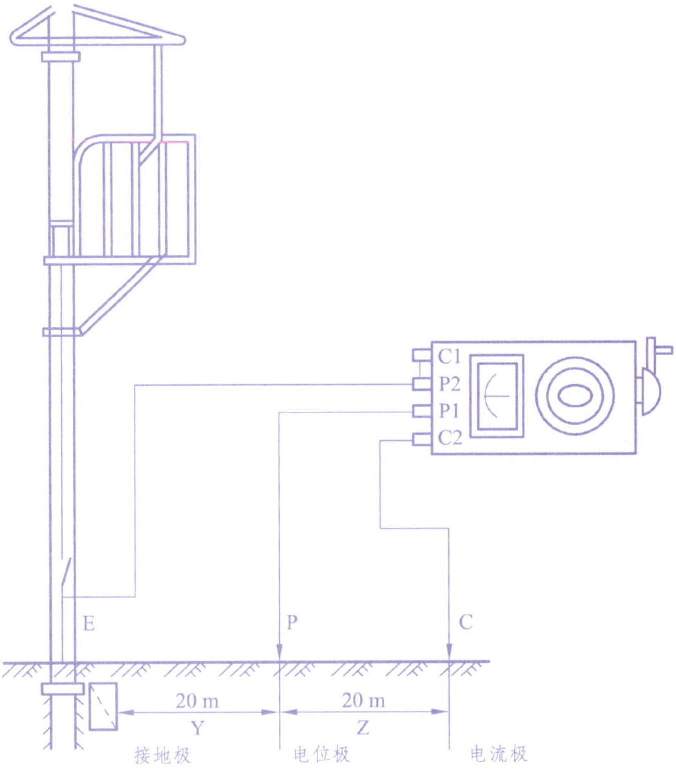

图 2.10　接地电阻测量仪设置图

（1）在 E—E 两个接线柱测量接地电阻时，用镀铬铜板短接，并接在随仪表配来的 5 m 长纯铜导线上，导线的另一端接在待测的接地体测试点上。测量屏蔽体电阻时，应松开镀铬铜板，一个 E 接线柱接接地体，另一个 E 接线柱接屏蔽。

（2）P 柱接随仪表配来的 20 m 纯铜导线，导线另一端接插针。

（3）C 柱接随仪表配来的 40 m 纯铜导线，导线的另一端接插针 2。

四、接地电阻测试仪设置的技术要求

（1）接地电阻测试仪应放置在离测试点 1～3 m 处，放置应平稳，便于操作。

（2）每个接线头的接线柱都必须接触良好，连接牢固。

（3）两个接地极插针应设置在离待测接地体左右分别为 20 m 和 40 m 的位置；如果用一直线将两插针连接，待测接地体应基本在这一直线上。

（4）不得用其他导线代替随仪表配置来的 5 m、20 m、40 m 长的纯铜导线。

（5）如果以接地电阻测试仪为圆心，则两支插针与测试仪之间的夹角最小不得小于 120°，更不可同方向设置。

（6）两插针设置的土质必须坚实，不能设置在泥地、回填土、树根旁、草丛等位置。

（7）雨后连续 7 个晴天后才能进行接地电阻的测试。

（8）待测接地体应先进行除锈等处理，以保证可靠的电气连接。

五、接地电阻测试仪的操作要领

（1）测试仪设置符合规范后才开始接地电阻值的测量。

（2）测量前，接地电阻挡位旋钮应旋在最大挡位即“×10”挡位，调节接地电阻值旋钮应放置在 6～7 Ω位置。

（3）缓慢转动手柄，若检流表指针从中间的 0 平衡点迅速向右偏转，说明原量程挡位选择过大，可将挡位选择到“×1”挡位，如偏转方向如前，可将挡位选择转到“×0.1”。

（4）通过步骤（3）选择后，缓慢转动手柄，检流表指针从 0 平衡点向右偏移，则说明接地电阻值仍偏大，在缓慢转动手柄同时，接地电阻旋钮应缓慢顺时针转动，当检流表指针归 0 时，逐渐加快手柄转速，使手柄转速达到 120 r/min，此时接地电阻指示的电阻值乘以挡位的倍数，就是测量接地体的接地电阻值。如果检流表指针缓慢向左偏转，说明接地电阻旋钮指示的阻值小于实际接地阻值，可缓慢逆时针旋转，调大仪表电阻指示值。

（5）如果缓慢转动手柄时，检流表指针跳动不定，说明两支接地插针设置的地面土质不密实或有某个接头接触不良，此时应重新检查两插针设置的地面或各接头。

（6）用接地电阻测量仪测量静压桩的接地电阻时，检流表指针在 0 点处有微小的左右摆动是正常的。

（7）当检流表指针缓慢移到 0 平衡点时，才能加快仪表发电机的手柄，手柄额定转速为 120 r/min。严禁在检流表指针仍有较大偏转时加快手柄的旋转速度。

（8）测量仪表使用后阻值挡位要放置在最大位置即“×10”挡位。整理好三条随仪表配置来的测试导线，清理两插针上的脏物，装袋收藏。

六、数字接地电阻测试仪

数字式接地电阻测试仪的外形和接线如图 2.11 所示。

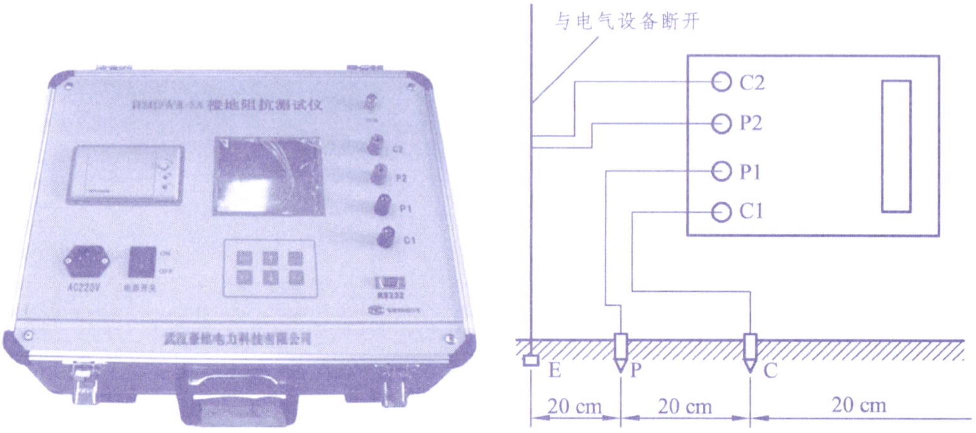

（a）外形　　　　（b）接线

图 2.11　数字接地电阻测试仪

项目三 变压器及配电室设计

任务一 电力负荷计算

知识目标

- 了解电力系统相关知识。
- 熟悉施工现场用电设备工作制。
- 掌握施工现场用电负荷计算方法。

能力目标

- 根据施工现场用电设备情况，计算出现场各电箱用电负荷及用电总容量。

任务导入

所谓电力负荷就是指系统中、用电设备消耗的电流或功率。负荷计算就是计算电气设备中的电流或功率。这些按照一定方法计算出来的电流或功率称为计算电流或计算功率。

负荷计算也可以说是求出电气设备在正常状态下，从电网吸取的电流或功率，所谓满载，是指负荷达到了电气设备所规定的值。负荷计算是筑施工现场临时用电设计的基本依据。负荷计算是否合理，将直接影响电器和导线的选择是否经济合理。

学习指引

为了能正确合理的选取变压器的型号、配电室电器及导线，必须掌握施工现场总负荷的计算方法以及各分箱和开关箱的负荷计算方法。

知识链接

一、设备容量的换算

负荷计算中的所谓设备容量或定负荷 P 不能简单地作为用电设备的铭牌功率或容量，而是根据用电设备的工作性质经计算后得到的计算容量。以下介各种用电设备容量的换算方法。

1. 长期工作制的用电设备容量

对于长期工作制的用电设备，其设备容量就等于铭牌设备容量。

2. 反复短时工作制用电设备容量

对于反复短时工作制用电设备，设备容量就是将设备在某一暂载率下的铭牌容量换算到一个标准暂载率下的功率。

（1）对于电焊机，要统一换算到 $JC=100\%$，因此设备容量为

$$P_e=\sqrt{\frac{JC}{JC_{100}}}\cdot P_e=\sqrt{\frac{JC}{JC_{100}}}\cdot S_e\cos\varphi=\sqrt{JC}\cdot P_e=\sqrt{JC}\cdot S_e\cos\varphi \tag{3.1}$$

式中，S_e——电焊机的铭牌额定容量（交流电焊机铭牌容量用视在功率给出）；

JC——与 S_e 相对应的暂载率；

JC_{100}——其值为 100% 的暂载率；

$\cos\varphi$——满负荷时的功率因数；

P_e——电焊机的铭牌额定功率（直流电焊机的铭牌容量用有功功率给出）。

（2）对于吊车电动机，要统一换算到 $JC=25\%$，因此设备容量为

$$P_s=\sqrt{JC/JC_{25}}\cdot P_e=2\sqrt{JC}\cdot P_e \tag{3.2}$$

式中，P_e——吊车电动机的铭牌额定容量；

JC——与 P_e 相对应的暂载率。

3. 照明设备的设备容量

（1）白炽灯、碘钨灯的设备容量 P_s 是指灯泡上标注的额定功率。

（2）日光灯要考虑镇流器的功率损耗，其 P_s 可选为灯管功率 P_e 的 1.2 倍。

（3）高压水银荧光灯的设备容量 P_s 取灯泡额定功率的 1.2 倍。

（4）对于采用镇流器的金属卤化物灯，其设备容量 P_s 为灯泡额定功率 P_e 的 1.1 倍。

4. 单相用电设备的设备容量

应将单相用电设备均匀地分散在三相上，力求三相基本平衡。设计时，《规范》规定计算范围内单相用电设备的总容量不超过三相用电设备的 15% 时，可按三相负载考虑，即设备容量等于所有单相总容量。如单相用电设备的不对称容量大于三相用电设备总容的 15% 以上时，则设备容量 P_s 按 3 倍最大相负荷计算的原则进行计算。根据不同的接法有：

1）单相用电设备接于相电压

$$P_s = 3P_{emax} \quad (3.3)$$

式中，P_{emax}——三相中单相用电设备的额定功率之和的最大值。

2）单相用电设备接在线电压上

$$P_s = \sqrt{3}P_{emax} \quad (3.4)$$

式中，P_{emax}——接于线电压的单相用电设备铭牌功率之和的最大值。

二、确定计算负荷

建筑施工现场有许多用电设备，有以下几个问题需要考虑：

（1）各用电设备不一定同时运行。

（2）各用电设备不可能同时满负荷运行。

（3）设备运行时存在效率，即设备存在功率损耗。

（4）不同的设备，其工作制并不相同。

（5）输电线路、变压器等本身存在能量的损耗。

因此，用电设备的实际负荷 P_{js} 与设备容量 P_s 之间并不相等，存在如下关系：

$$P_{js} = K_x P_s \quad (3.5)$$

式中，P_{js}——有功计算负荷（kW）；

K_x——需要系数（无单位）；

P_s——根据每台设备性质，把设备铭牌容量换算到长期工作制的设备总容量。

从式（3.5）中可看出，需要系数 K_x 就是用电设备在最大负荷时的有功功率 P_{js} 与设备总容量 P_s 的比值。

目前，建筑施工现场临时用电设备组尚未有统一的需要系数，它应尽可能通过实例分析确定。在无法获得需要系数 K_x 和 $\cos\varphi$ 的情况下，表 3.1 列出了施工现场用电设备的需要系数 K、暂载率 JC 和 $\cos\varphi$，供大家参考。

表 3.1　需要系数 K、暂载率 JC 及 $\cos\varphi$

用电设备	数量	需要系数		暂载率 JC	$\cos\varphi$	备　注
		K_x	数值			
一般电动机	1～2 台	K_1	1		0.68	为使计算结果接近实际，各需要系数 K_x 应根据不同工作性质分类选取
	3～10 台		0.7			
	11～30 台		0.6		0.65	
	30 台以上		0.5		0.6	
电焊机	1 台	K_2	1	BX300：0.65	交流：0.45～0.47	
	2 台		0.65	BX500：0.65	直流：0.89	
	3～10 台		0.6	对焊机	交流：0.4	
	10 台以上		0.5	UN-100：0.2	直流：0.87	
室内照明		K_3	0.8		1	
室外照明		K_4	1		1	

实际上，需要系数不仅与用电设备的工作性质、设备台数、设备效率和线路损耗有关，而且还与工人的技术熟练程度和生产组织等多种因数有关，因此应尽可能通过实测分析确定，使之与实际接近。

在求出有功计算负荷 P_{js} 后，就可按式（3.6）计算出视在计算负荷（kV·A）：

$$S_{js}=\frac{P_{js}}{\cos\varphi} \tag{3.6}$$

按式（3.7）可计算出计算电流（kA）：

$$I_{js}=\frac{P_{js}}{\sqrt{3}U_e\cos\varphi}=\frac{S_{js}}{\sqrt{3}U_e} \tag{3.7}$$

三、总配电箱的计算负荷

总配电箱的计算负荷在一般情况下，实际上就是施工现场总的视在计算负荷。施工现场临时用电负荷采用需要系数法计算。

1．按用电设备组方法计算负荷

$$\left.\begin{aligned}P_{js}&=K_x\sum P_e\\Q_{js}&=P_{js}\tan\varphi\\S_{js}&=\sqrt{P_{js}^2+Q_{js}^2}=\frac{P_{js}}{\cos\varphi}\\I_{js}&=\frac{S_{js}}{\sqrt{3}U_e}\end{aligned}\right\} \tag{3.8}$$

式中，P_{js}——用电设备组的有功计算负荷（kW）；

Q_{js}——用电设备组的无功计算负荷（kVar）；

S_{js}——用电设备组的视在功率计算负荷（kV·A）；

$\sum P_e$——用电设备组的设备容量总和（kW）；

K_x——用电设备组的需要系数，通过长期观察和分析，发现同一类的用电设备组，其负荷曲线都很相似，其需要系数都较相近，其值可根据大量实测数据按统计规律计算出来，可参照表 3.2 选取，若同类用电设备较少，如只有 1～3 台，则可取 $K_x=1$。

按用电设备组方法计算负荷是将施工现场用电系统的全部用电设备看作一个用电设备组，并且知悉同类施工现场用电系统的总需要系数和平均功率因数，则可方便地计算施工现场用电系统的总计算负荷。这里所说的“同类施工现场用电系统”是指工程规模相同、工程结构、施工工艺相似，用电设备种类、数量相近的用电系统。为了得到所需要的需要系数和功率因数，可通过在实验室或总配电箱处设置自动记录仪和功率因数表进行测量。如果不具备实测条件，各用电设备应按需要系数的不同分类值划分为若干用电设备组进行计算后相加，需要系数也可参考表 3.2 查取。

表 3.2　用电设备组的 K_x，$\cos\varphi$ 及 $\tan\varphi$

用电设备组		K_x	$\cos\varphi$	$\tan\varphi$
混凝土搅拌机及砂浆搅拌机	10 台以下 10 台以上	0.7 0.6	0.68 0.65	1.08 1.17
破碎机、筛洗石机、泥浆机、空气压缩机、输送机	10 台以下 10 台以上	0.7 0.65	0.7 0.65	1.02 1.17
提升机、起重机、掘土机	10 台以下 10 台以上	0.3 0.2	0.7 0.65	1.02 1.17
电焊机	10 台以下 10 台以上	0.45 0.35	0.45 0.3	1.98 2.29
木工机械		0.7 ~ 1.0	0.75	0.88
钢筋机械		0.7 ~ 1.0	0.75	0.88
排水泵		0.8 ~ 1.0	0.8	0.75
白炽灯、碘钨灯		1.0	1.0	0
白光灯、高压汞灯		1.0	0.55	1.52
振捣器		0.7 ~ 1.0	0.65	1.17
电钻		0.7	0.75	0.88

注：设备数量越少，K_x 值应该越大，且 $K_x \leq 1$。

2. 简化估算方法

为了简化计算，根据某些施工现场的经验，一个施工现场总的视在计算负荷（总用电量）可按式（3.9）的简化公式估算，虽然计算结果有一定的偏差，但是工程上可被接受，目前广泛应用这种计算方法。

$$S_{js} = (1.05 \sim 1.1)\left(K_1\frac{\sum P_1}{\cos\varphi} + K_2\sum S_2 + K_3\sum P_3 + K_4\sum P_4\right) \quad (3.9)$$

式中，P_1——电动机额定功率（kW）；

S_2——电焊机额定功率（kV·A）；

P_3——室内照明容量（kW）；

P_4——室外照明容量（kW）；

$\cos\varphi$——电动机的平均功率因数（一般取 0.65 ~ 0.75）；

K_1，K_2，K_3，K_4——需要系数，见表 3.1。

例 1　某建筑施工现场有如下用电设备：1 台塔吊，容量 100 kW，380 V，$JC = 0.15$；1 台施工电梯，容量 15 kW，380 V；2 台搅拌机，容量各为 7.5 kW，380 V；2 台电焊机，容量为 21 kV·A，380 V，$JC = 65\%$，$\cos\varphi = 0.87$；1 台物料提升机，容量 7.5 kW，380 V；室内照明 8 kW；室外照明 10 kW。求该建筑施工现场用电总负荷。

解 （1）对于塔吊，应将设备铭牌容量转换到暂载率 $JC=25\%$ 下的设备容量：

$$P_{s1}=2\sqrt{JC_e}\cdot P_e=2\times\sqrt{0.15}\times100=77.5\ (\text{kW})$$

（2）对于电焊机，应将设备容量转换到暂载率 $JC=100\%$ 下的设备容量：

$$S'_{J2}=S_e\sqrt{JC_e}=21\times\sqrt{0.65}=16.93\ (\text{kV}\cdot\text{A})$$

同时，由于电焊机是单相用电设备接在线电压上，两台电焊机其总容量

$$S=16.93\times2\times\cos\varphi=16.93\times2\times0.87=29.46\ (\text{kW})$$

已超过三相设备总容量的 15%：$(77.5+15+7.5\times2)\times15\%=16.13\ (\text{kW})$

等效成三相用电设备后其设备容量为

$$S_{S2}=\sqrt{3}\times16.93=29.32\ (\text{kV}\cdot\text{A})$$

（3）搅拌机的设备容量即为铭牌上所标示的额定容量：

$$P_{S3}=P_e=7.5\ (\text{kW})$$

（4）施工电梯容量即为铭牌上所标示的额定容量：

$$P_{S4}=P_e=15\ (\text{kW})$$

（5）物料提升机容量即为铭牌上所标示的额定容量：

$$P_{S5}=7.5\ (\text{kW})$$

$$\sum P_1=P_{S1}+P_{S2}+P_{S3}+P_{S4}+P_{S5}=77.5+2\times7.5+15+7.5=115\ (\text{kW})$$

$$\sum S_2=2\times29.32=58.64\ (\text{kV}\cdot\text{A})$$

$$\sum P_3=8\ \text{kW}$$

$$\sum P_4=10\ \text{kW}$$

查表 3.1 得：$K_1=0.7$；$K_2=0.65$；$K_3=0.8$；$K_4=1$；$\cos\varphi=0.68$。则施工现场用电总负荷为

$$\begin{aligned}S_{js}&=(1.05\sim1.1)\left(K_1\frac{\sum P_1}{\cos\varphi}+K_2\sum S_2+K_3\sum P_3+K_4\sum P_4\right)\\&=1.075\times\left(0.7\times\frac{115}{0.68}+0.65\times58.64+0.8\times8+1\times10\right)\\&=185.86\ (\text{kV}\cdot\text{A})\end{aligned}$$

$$I_{js}=\frac{S_{js}}{\sqrt{3}U_e}=\frac{185.86}{\sqrt{3}\times0.38}=282.39\ (\text{A})$$

四、分配电箱的计算负荷

《规范》要求建筑施工现场的分配电箱至开关箱的水平距离不超过 30 m，在这个施工区域内，临时用电设备台数不会很多，一般不会超过 10 台，负荷计算时，一般不进行设备分组。根据经验，采用的需要系数为 0.9 ~ 1.0，设备台数少时取 1，多时取 0.9（若设备台数超过 10 台，则参照总配电箱的负荷计算）。功率因数可取电动机的平均功率因数，一般取 0.7 ~ 0.75。

$$I_{fn}=\frac{K_P\sum P_{fn}}{\sqrt{3}U_{线}\cos\varphi}+\frac{K_S\sum S_{fn}}{\sqrt{3}U_{线}} \tag{3.10}$$

式中，K_P，K_S——需要系数，两者相同，一般取 0.9 ~ 1；

$\cos\varphi$——功率因数，取 0.7 ~ 0.75；

$\sum P_{fn}$——分配电箱内电动机类功率总和（kW）；

$\sum S_{fn}$——分配箱内电焊机类功率总和（kW）；

$U_{线}=0.38$ kV。

例 2　某建筑施工现场一分配电箱控制的设备如下：卷扬机 2 台，每台容量 14 kW，电压 380 V；电焊机 2 台，每台容量 21 kV · A，电压 380 V，$JC=0.65$；电锯 1 台，容量 2.8 kW。求该分配电箱的计算负荷。

解　（1）确定分箱内的设备容量。

电焊机的总容量（考虑两方面因素：暂载率、单相用电转三相）：

$$\sum S_{f1}=2\times\left[\sqrt{3}\times(\sqrt{JC_e}\times S_e)\right]=2\times\sqrt{3}\times\sqrt{0.65}\times 21=58.65\ (\text{kV}\cdot\text{A})$$

因单相电焊机容量大大超过三相电机总容量的 15%，故应乘以 $\sqrt{3}$。

卷扬机设备容量：$P_{S2}=2\times P_e=2\times 14=28$ kW

电锯的容量：$P_{S3}=P_e=2.8$ kW

分箱内电动机总容量：$\sum P_{f1}=28+2.8=30.8\ (\text{kW})$

（2）负荷计算。

分配电箱的电流计算负荷（需要系数取 1，平均功率因数取 0.75）：

$$I_{fn}=K_P\times\sum P_{fn}\Big/\left(\sqrt{3}U_{线}\cos\varphi\right)+K_S\times\sum S_{fn}\Big/\left(\sqrt{3}U_{线}\right)$$

$$I_{f1}=1\times 30.8/(\sqrt{3}\times 0.38\times 0.75)+1\times 58.65/(\sqrt{3}\times 0.38)=151.5\ \text{A}$$

五、开关箱的计算负荷

根据《规范》“一机一闸一箱”的要求，开关箱的计算负荷实际上是单台用电设备的计算负荷。对长期工作制单台用电设备，设备容量 P_S 实际上就是铭牌容量，

但必须考虑设备的效率，一般为

$$P_{js}=P_S=P_e/\eta \tag{3.11}$$

$$I_{js}=P_{js}/(\sqrt{3}U_e\cos\varphi)=S_{js}/\sqrt{3}U_e \tag{3.12}$$

例 3 某建筑工地用一开关箱控制搅拌机，已知搅拌机的铭牌功率是 7.5 kW，电压为 380 V，效率为 0.8，功率因数 0.8，求该开关箱的计算负荷。

解 由于搅拌机属于长期工作制用电设备，其设备容量 P_S 等于该搅拌机的铭牌容量，$P_S=P_e=7.5$ kW。

所以 $$P_{js}=P_S/\eta=7.5/0.8=9.375\ (\text{kW})$$

$$I_{js}=P_{js}/(\sqrt{3}U_e\cos\varphi)=9.375/(\sqrt{3}\times0.38\times0.8)=17.8\ \text{A}$$

如不考虑设备的效率或无法获得，则设备容量 P_S 就按照铭牌容量计算：$P_{js}=P_e$。

任务二　变压器的选择

知识目标

- 了解变压器的构造和工作原理。
- 掌握变压器容量和型号的确定方法。

能力目标

- 能够根据施工现场的用电负荷合理选用变压器。

任务导入

某建筑施工现场有如下用电设备：1 台塔吊，容量 100 kW，380 V，$JC=0.15$；1 台施工电梯，容量 15 kW，380 V；2 台搅拌机，容量各为 7.5 kW，380 V；2 台电焊机，容量为 21 kV·A，380 V，$JC=65\%$，$\cos\varphi=0.87$；1 台物料提升机，容量 7.5 kW，380 V；室内照明 8 kW；室外照明 10 kW。如何合理选择该项目的变压器？

学习指引

在上一个任务中，我们学习了施工现场负荷的计算，根据计算结果，我们可以合理地确定变压器的容量和型号。

知识链接

一、变压器的构造

变压器的主要结构是铁心和绕组。铁心是变压器的主磁路，绕组是变压器的电路部分。为了散热需要，大中容量的电力变压器还配备变压器油箱、绝缘套管、散热器；为了使变压器安全、可靠运行，还有安全气道和继电保护装置等如图 3.1 所示。

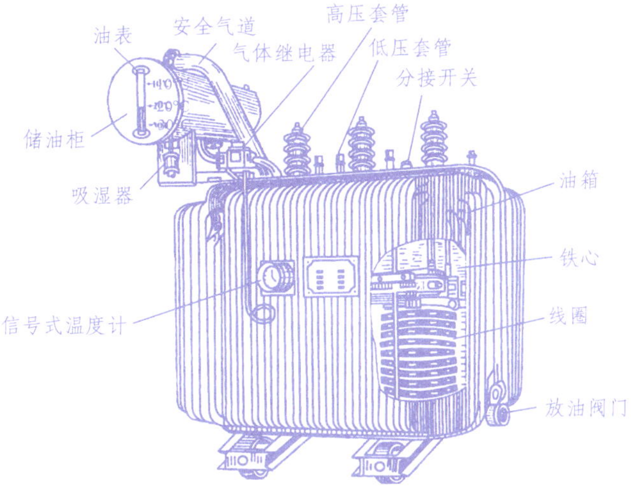

图 3.1　油浸式电力变压器构造

1. 铁　心

铁心是变压器中的主磁路部分，又是支撑绕组的骨架。为减少磁滞损耗和涡流损耗，铁心常采用磁导率高的厚度为 0.35 mm 或 0.5 mm 的双面绝缘硅的钢片叠压而成。大、中型变压器的铁心一般先将硅钢片裁成条形，然后交错叠片叠装而成，目的是使各层磁路的接缝相互错开，以免接缝处的间隙集中，从而减小磁路的磁阻和励磁电流。

2. 绕　组

绕组是变压器的电路部分，用作电路输入或输出电能，用绝缘铜线或铝线绕成。为了使绕组便于制造，在电磁力作用下受力均匀，机械性能良好，一般把绕组绕成圆形。绕组由高压绕组和低压绕组组成，高压绕组接于高压电网，低压绕组接于低压电网。

3. 油箱及保护装置

为了改善散热条件，大、中容量的电力变压器的铁心和绕组浸在盛满变压器油的封闭油箱中（见图 3.2）。

（1）变压器油：从石油中分离出的矿物油，起绝缘和冷却的作用。

（2）储油柜（油枕）：安装在油箱上面的圆筒形容器，它通过连通管与油箱相连，柜内油面高度随油箱内变压器油的热胀冷缩而变动，来保证铁心与绕组始终浸在变压器油中，降低油箱内油受潮和老化的速度。

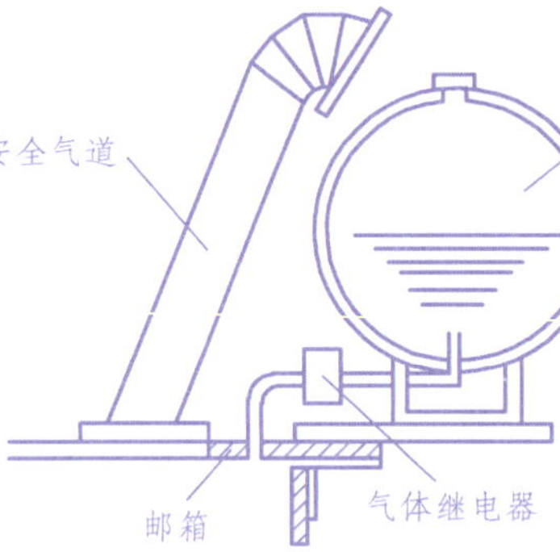

图 3.2　油箱及保护装置

（3）安全气道：长钢筒，顶部装有一定厚度的玻璃或酚醛纸板，下面与主油箱相连。

（4）气体继电器：在储油柜与主油箱的连接通道内，是变压器内部发生故障时的保护装置。主要有浮筒式和开口杯式，目前常用开口杯式。

（5）分接开关：用于调节一次绕组匝数，以调节输出电压。

（6）绝缘导管：变压器引线从油箱内穿过油箱盖时的绝缘装置，使高低压引线和接地的油箱绝缘。一般为瓷质，外形为多级伞形，级数越多，耐压越高。油箱上还有分接开关，用于调节高压绕组匝数，以调节输出电压。

二、变压器工作原理

变压器是利用电磁感应原理工作的，主要由铁心和套在铁心上的两个绕组组成。两绕组相互绝缘，匝数不同。通常一个绕组接交流电源，称为初级绕组；另一个绕组接负载，称为次级绕组。变压器的原理和电路图形表示分别如图 3.3 和图 3.4 所示。

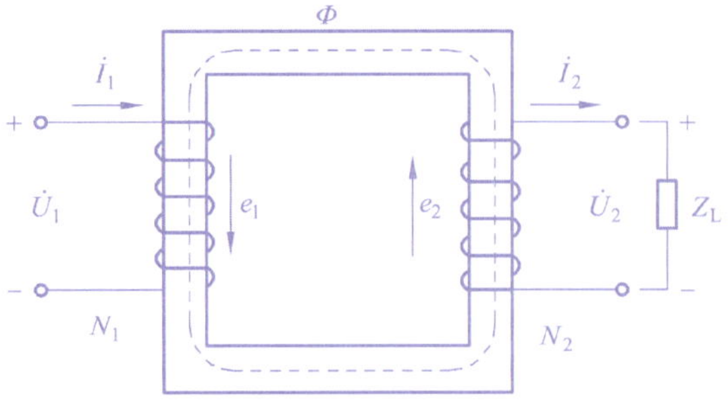

图 3.3　双绕组变压器工作原理

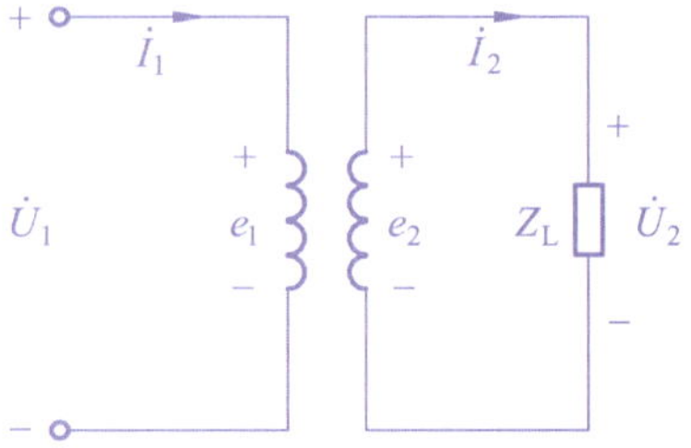

图 3.4　变压器电路的图形表示

在初级绕组两端加上合适的交流电源时，在电源电压 U_1 的作用下，初级绕组中就有交流电流 I_1 流过，产生交链初级、次级绕组的交变磁通 Φ，根据电磁感应定律，在两绕组中分别感应电动势 e_1、e_2。次级绕组在感应电动势 e_2 的作用下，可向负载供电，实现能量传递。由于 $e=-N\dfrac{\mathrm{d}\phi}{\mathrm{d}t}$，初、次级绕组的匝数不同，就能达到改变电压的目的。

初、次级绕组电压关系：

$$\frac{U_1}{U_2}=\frac{N_1}{N_2}=k \tag{3.13}$$

式中，U_1，U_2——初级、次级电压；

N_1，N_2——初级、次级线圈匝数；

k——变压比，$k>1$ 时变压器降压。

初、次级绕组电流关系：

$$\frac{I_1}{I_2}=\frac{N_2}{N_1}\approx\frac{1}{k} \tag{3.14}$$

式中，I_1，I_2——初级、次级电流。

当负载电流 I_2 变化时，初级绕组电流 I_1 也随之变化，I_1 的大小是由 I_2 决定的。

三相电力变压器原理与单相变压器原理相同，只是构造复杂，绕组由三相初级绕组和三相次级绕组组成。

三相电力变压器三相绕组的连接方式一般采用星形连接（Y/y）和三角形连接（D/d）两种方式（见图 3.5 和图 3.6）。星形连接如果有中性点引出：YN（高压绕组），yn（低压绕组）。

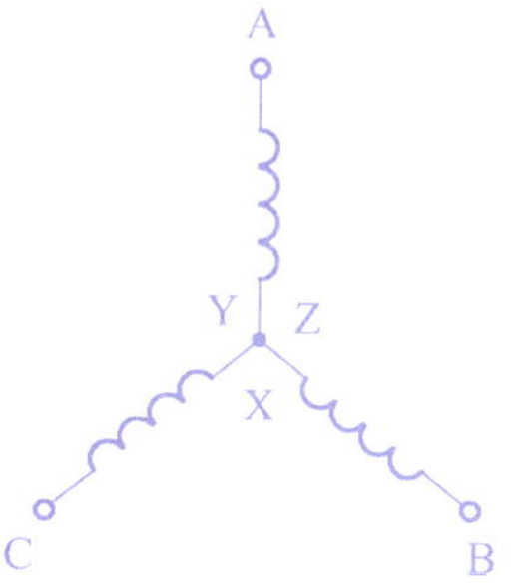

图 3.5　星形连接（Y/y）

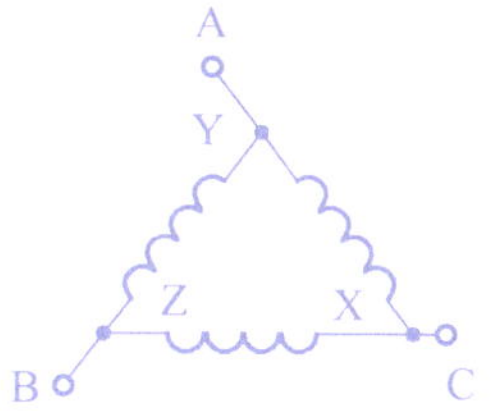

图 3.6　三角形连接（D/d）

三相电力变压器连接方式及初、次级电动势（或线电压）的相位关系由连接组别来表示。三相变压器的连接组别不仅与绕组的绕向和首末端有关，而且还与三相绕组的连接方式有关。

变压器的连接组别很多，为了便于制造和并联运行，国家标准规定，Y，yn0、Y，d11、YN，d11、YN，y0 和 Y，y0 连接组为三相双绕组电力变压器的标准连接组别（见图 3.7）。其中，施工现场常用的是 Y，yn0。Y，yn0 配电变压器，采用三相四线制供电，用作配电变压器时可兼供动力和照明负载。在负载严重不平衡的三相电路中，三相电力变压器适宜采用 Y，d11 连接。

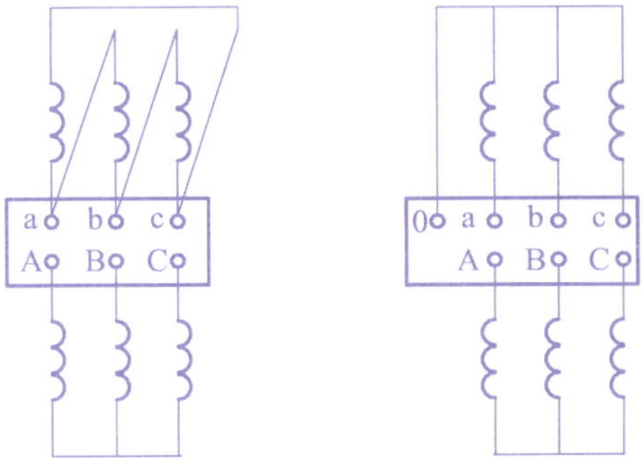

（a）Y, d11 连接　　（b）Y, yn0 连接

图 3.7　三相电力变压器的连接方式

三、型号与技术指标

1．变压器的型号

变压器的型号通常由表示相数、冷却方式、调压方式、绕组线芯等材料的符号，以及变压器容量、额定电压、绕组连接方式组成，见表 3.3。

表 3.3　变压器的型号和符号含义

型号中符号排列顺序	含义		代表符号
	内　容	类　别	
1（或末数）	线圈耦合方式	自耦降压（或自耦升压）	0
2	相数	单相	D
		三相	S
3	冷却方式	油浸自冷	J
		干式空气自冷	G
		干式浇注绝缘	C
		油浸风冷	F
		油浸水冷	S
		强迫油循环风冷	FP
		强迫油循环水冷	SP
4	线圈数	双线圈	—
		三线圈	S
5	线圈导线材质	铜	—
		铝	L
6	调压方式	无励磁调压	—
		有载调压	Z
7	加强干式		Q
	干式防火		H
	移动式		D
	成套		T

注：电力变压器后面的数字部分，斜线左边表示额定容量（kV·A），斜线右边表示一次侧额定电压（kV）。

例如，SJL-1000/10，为三相油浸自冷式铝线、双线圈电力变压器，额定容量为 1 000 kV·A、高压侧额定电压为 10 kV。

2. 变压器的主要参数

（1）额定电压 U_{1N}/U_{2N}。

一次绕组加的额定电源电压，此时二次绕组的开路电压，即

$$U_{1N} = U_1, \quad U_{2N} = U_{20}$$

在三相变压器中额定电压为线电压。

（2）额定电流 I_{1N}/I_{2N}。

满载运行，高、低压绕组电流额定值，即长期工作所允许的最大电流，对于三相变压器，额定电流为线电流。

（3）额定容量 S_N（V·A）。

变压器额定运行时，视在功率的额定值称为额定容量。通常原绕组和副绕组的额定容量相等。单相变压器：

$$S_N = U_{1N}I_{1N} = U_{2N}I_{2N} \tag{3.15}$$

三相变压器：三相容量之和

$$S_N = \sqrt{3}U_{1N}I_{1N} = \sqrt{3}U_{2N}I_{2N} \tag{3.16}$$

考虑变压器本身存在电量损耗，一般取 15%，则选择变压器的容量：

$$S_B = (1 + 15\%) \times S_{js} \tag{3.17}$$

（4）额定频率。

我国规定标准工业用电频率为 50 Hz。

（5）额定效率。

若忽略变压器损耗，初级输送功率 P_1 等于负载消耗功率 P_2。因此变压器是一种效率较高的静止电机，在次级输出额定功率时，变压器的效率可达 90%。

（6）额定温升 T_e。

额定温升 T_e 指变压器允许达到的最高温度与环境温度之差（绕组额定温升为 650 ℃）。变压温升过高使变压器绝缘损坏。变压器的实际负载与额定负载之比称负载系数 β_0。

$\beta_0 = 0.5$ 时，变压器的损耗最小，温升最低；$\beta_0 = 0.3$ 时，变压器的损耗与满载时相等，β_0 继续下降损耗急剧增加。

使用变压器时，一般来说 $\beta_0 = 0.75 \sim 0.90$，此时既能控制温升，又能充分利用变压器。

四、变压器选择

变压器的选择原则是供电运行可靠，技术经济合理，优先选择性能更先进的

节能变压器，以降低运行费用。目前，建筑施工现场临时用电常用配电变压器为三相双线圈油浸自冷式降压变压器，主要为 S9 系列，其主要技术参数见表 3.4。

表 3.4　S9 系列 10 kV 配电变压器技术参数

型号	额定容量/kV·A	电压组合			联结组	空载	负载	空载	阻抗
		高压/kV	高压分接范围	低压/kV	标号	损耗/kV	损耗/kV	电流	电压
S9-50/10	50	10	±5	0.4	Yyn0	0.17	0.87	2%	4%
S9-63/10	63	10				0.2	1.04	1.9%	4%
S9-80/10	80	10				0.25	1.25	1.8%	4%
S9-100/10	100	10				0.29	1.5	1.6%	4%
S9-125/10	125	10				0.34	1.8	1.5%	4%
S9-160/10	160	10				0.4	2.2	1.4%	4%
S9-200/10	200	10				0.48	2.6	1.3%	4%
S9-250/10	250	10				0.56	3.05	1.2%	4%
S9-315/10	315	10				0.67	3.65	1.1%	4%
S9-400/10	400	10				0.8	4.3	1%	4%
S9-500/10	500	10				0.96	5.1	1%	4%
S9-630/10	630	10				1.2	6.2	0.9%	4.5%
S9-800/10	800	10				1.4	7.5	0.8%	4.5%
S9-1000/10	1 000	10				1.7	10.3	0.7%	4.5%
S9-1250/10	1 250	10				1.95	12	0.6%	4.5%
S9-1600/10	1 600	10				2.4	14.5	0.6%	4.5%

变压器安装位置应满足以下要求：

（1）尽量处于负荷中心。

（2）高压进线方便，尽量靠近高压电杆。

（3）地势较高而干燥，运输方便，易于安装。

（4）远离交通要道和人畜活动中心。

以上各点，往往不可兼得，但应该力求兼顾。

任务实施

根据任务导入中的设备情况（同任务一例 1）选择一台合适的变压器。

由任务一例 1 中计算可知：

$$S_{总JS} = 185.86\ (\text{kV}\cdot\text{A}),$$

$$S_B = (1+15\%)\times S_{总js} = (1+15\%)\times 185.86 = 213.739\ (\text{kV}\cdot\text{A})$$

查表 3.4，应选用 S9-250/10 三相配电变压器。

任务三　配电室设计

知识目标

- 熟悉施工现场配电室位置的选择和建筑上的要求。

能力目标

- 能够根据施工现场的用电负荷和对配电室的要求,建造施工现场总配电室。

任务导入

大多数施工现场的临时用电均采用专用变压器，因此，在向供电部门申请供电容量时，为符合当地供电部门的相关用电规范，一般均委托当地供电部门设计变电所，在其设计的低压柜中，如空间许可，可安装总漏电保护器，其他各电器元件的设置符合《规范》要求，则可将其视为总配电箱。

在某些较大的施工现场里，由于临时用电负荷较大，通常设置一个配电室作为总的配电枢纽，其内部设置的配电柜在供配电系统中的地位和作用相当于大多数施工现场的总配电箱。但是与总配电箱设置不同的是，配电室内还需要一个能够保证配电柜合理布置和安全运行与操作、维护的空间。所以，对配电室来说，其设置不仅应满足上述对配电系统设置规则的一般要求，而且在其位置选择、布置方案和建筑结构等方面还应满足某些特定要求。

知识链接

一、配电室的位置

（1）配电室应靠近电源。

（2）应靠近负荷中心。

（3）应设在灰尘少、潮气少、振动小、无腐蚀介质、无易燃易爆物及道路畅通的地方。

（4）应避开污染源的下风方向和易积水场所的正下方。

（5）进、出线方便。

二、配电室的布置

配电室的布置主要是指配电室内配电柜的空间排列。按照《规范》的规定，配电室的布置应符合下列要求：

（1）配电柜正面的操作通道宽度：单列布置或双列背对背布置时不小于1.5 m；双列面对面布置时不小于2 m，如图3.8和图3.9所示。

（2）配电柜后面的维护通道宽度，单列布置或双列面对面布置不小于0.8 m；双列背对背布置时不小于1.5 m；个别地点有建筑物结构突出的空地，则此点通道宽度可减少0.2 m。

（3）配电柜侧面的维护通道宽度不小于1 m。

（4）配电室内设值班室或检修室时，该室边缘距配电柜的水平距离大于1 m，并采取屏障隔离。

（5）配电室内的裸母线与地面通道的垂直距离不小于2.5 m，小于2.5 m时应采用遮栏隔离，遮栏下面的通道高度不小于1.9 m。

（6）配电室围栏上端与其正上方带电部分的净距不小于0.075 m。

（7）配电装置上端（含配电柜顶部与配电母线排）距天棚不小于0.5 m。

（8）配电室经常保持整洁，无杂物。

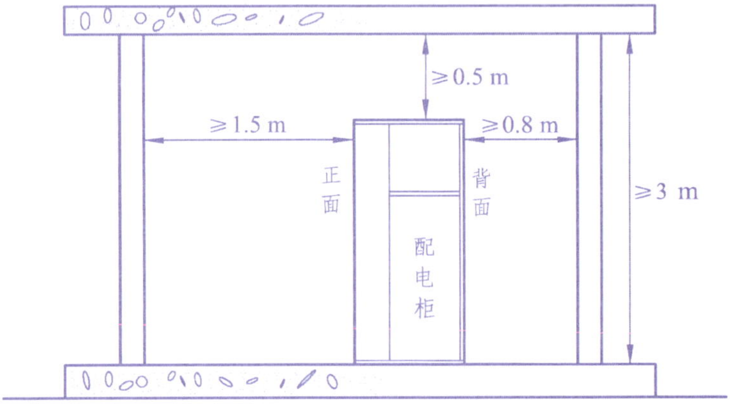

图3.8　施工现场配电室布置1

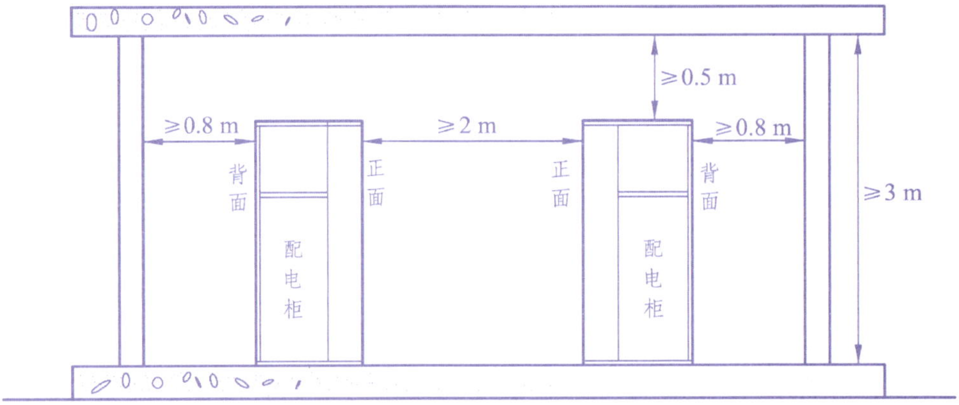

图3.9　施工现场配电室布置2

上述关于配电室布置的规定，主要是为配电柜操作、巡检、维护提供安全、方便的空间和通道，并且保证配电柜带电部分及配电母线周边一定范围内，当工作人员操作、巡检时有充分可靠的电气安全距离。

三、配电室的建筑

配电室的建筑应与配电室的布置相适应，按照《规范》的规定，具体地说应满足如下要求：

（1）配电室的面积满足配电柜空间排列的要求。

（2）配电室天棚距离地面不低于 3 m。

（3）配电室的门向外开并配锁，以方便工作人员出入，防止闲杂人员随意出入。

（4）配电室门窗能自然通风和采光。

（5）配电室屋面有保温隔层及防水、排水措施；配电室的地面应高出施工现场自然地面 200 mm，以防水淹。

（6）配电室建筑结构能避免小动物进入，特别是能防止鼠类等小动物进入电器、母线间造成线间或相地间短路故障或咬坏电线、电缆。宜在门口安装 600 mm 高的防鼠挡板。

（7）配电室建筑的耐火等级不低于三级，同时室内配置砂箱和可用于扑灭电气火灾的灭火器。

四、配电室的照明

配电室的照明应包括两个彼此独立的照明系统：一是正常照明，二是事故照明。事故照明应不受配电室总配电箱控制。照明装置不应设置于柜顶，应设置在操作和检修侧。

五、配电柜的设置

除配电室的设置以外，还要明确在配电室内配电柜的设置问题。在设有配电室的施工现场里，设置与配电室里的配电柜就是现场临时用电工程的总配电装置，相当于某些施工现场的总配电箱。按照《规范》有关配电柜设置方面的规定，配电柜在电器配置、电测与计量仪表配置、电气接线以及使用操作方面应关注的问题可归纳如下：

（1）用电量较大、用电数量较多的施工现场，可设总配电柜和分配电柜。总配电柜的电器配置与接线相当于某些施工现场里总配电箱的总路电器配置与接线；各分配电柜的电器配置与接线相当于分配电箱中各分路的电器配置与接线。配电柜中各线涂色和排列见表 3.5。

（2）配电柜应编号，并应有配电功能标记，以防止停送电误操作。

（3）配电柜和配电线路维修时，应挂接地线，并应悬挂“禁止合闸、有人工作”停电标志牌，停送电必须由专人负责。

表 3.5　母线涂色

相别	颜色	垂直排列	水平排列	引下排列
L1 （A）	黄	上	后	左
L2 （B）	绿	中	中	中
L3 （C）	红	下	前	右
N	淡蓝	—	—	—

任务实施

到施工现场，让学生认识配电室（总配电箱），并对照设置要求，检查配电室设置是否存在问题。

任务四　自备发电机组

知识目标

- 熟悉自备发电机组的选用和设置方法。

能力目标

- 能够根据施工现场的用电负荷选用自备发电机组。

任务导入

施工现场临时用电一般由外电线路供电。但是，常因外电线路供应不足或其他原因停止供电，使施工受到影响。为了保证施工不因停电而中断，现场需设置备用发电系统，为外电线路停止供电时接续供电。

知识链接

一、交流发电机组

目前，施工现场一般采用的是柴油发电机组，输出额定电压为 400 V，额定频率为 50 Hz 的工频交流电。该机组主要由柴油发动机、三相同步发电机和开关屏三大部分组成。开关屏上设有配电装置、电压表、电流表、功率因数表、频率表、功率表等仪表和各种指示灯，通过这些仪表和指示灯，能随时监测发电机组的运行状态。交流发电机组外形如图 3.10 所示。

图 3.10　柴油发电机组外形

交流发电机主要由定子和转子两大部分组成。产生三相交流电的定子由铁心、定子绕组、机壳、底座等构成。三相定子绕组由绝缘铜导线星形连接嵌在定子铁心的槽内。

在发电机内有产生磁极的转子，主要由转子绕组铁心和转子轴构成。发电机的磁极对数 p，转速 n 与频率 f 的关系为

$$n_1 = \frac{60f}{p} \tag{3.18}$$

我国的工频为 50 Hz，发电机的磁极对数只能是整数，因此发电机额定转速对于确定的磁极对数而言是一个确定值。例如，当磁极对数为 2 时，额定转速为 1 500 r/min；当磁极对数为 4 时，额定转速为 750 r/min。

1．工作原理

在交流发电机中，流经转子绕组的电流叫激磁电流。施工工地使用的柴油发电机组多采用无刷三相同步发电机，其激磁方式如图 3.11 所示。

工作过程：当柴油发动机通过电力起动机将柴油发动机启动后，发电机的转子（磁极磁场）由柴油发动机带动旋转，发电机在转子剩磁的作用下，产生交流电动势，经整流变为直流后，向磁场绕组供电，使发电机的磁极磁场增强，使发电机电压很快达到额定电压。当发电机对外供电时，负载电流通过电流互感器的一次线圈，并使二次线圈的输出电流与负载电流相位相同，大小成比例。二次线圈的输出电流与由电压源经电抗器提供的滞后端电压 90° 的电流叠加，经整流后通向激磁绕组，在适当参数的配合下，就能准确地供给发电机在不同负载时所需要的激磁电流，因而能自动维持电压恒定（400 V）。发电机的空载电压可通过改变电抗器上的连接片位置及调节整定电阻来整定。

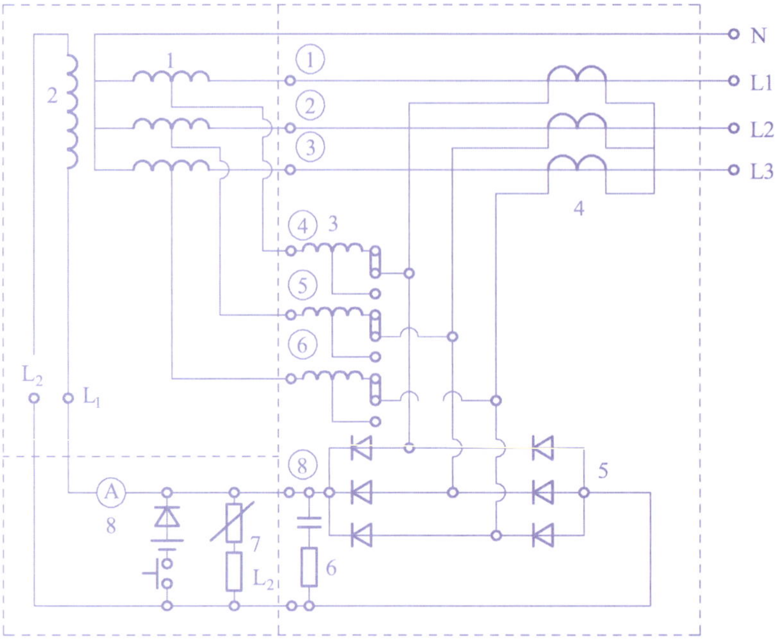

1—发电机绕组；2—发电机励磁绕组；3—线性电抗器；4—电流互感器；
5—桥式整流器；6—阻容保护；7—整定电阻；8—电流表。

图 3.11　三相复励发电机原理

2．交流发电机组的使用注意事项

发电机组工作情况的好坏直接影响施工进程，因此在使用时应注意以下几方面：

（1）在启动发动机组前，应清洁表面，仔细观察电机内是否有异物存在，确认各部分正常后方能启动。

（2）启动运转后的空载转速一般由 500 r/min 逐渐增加到额定转速，整定机组的频率为规定值。低速运转时间不宜过长，以免自动调压器和磁场绕组长时间过载而损坏。

（3）当机组在额定转速，空载运行正常时，整定机组电压为额定值。

（4）机组在额定转速，额定电压空载状态下，待柴油机发动机的水温、机油温度达到规定值后（见发动机使用说明书），方可向负载供电。此时，负荷应逐渐增加，不能骤增。停机时应逐渐减小负荷至零，然后停机。

（5）运行中要经常观察仪表指示是否正常，各部温度、声响是否正常，出现异常应立即停机检修。

（6）在几台机组需要并联运行时，应严格按照制造厂的使用说明书操作，否则会使发电机遭到严重损坏。

（7）如发电机因退磁不能发电时，可用蓄电池向磁场绕组通一下电，便可恢复剩磁。

（8）发电机不允许长期过载运行。因为当发电机长期过载时，定子和转子的温度将升高，甚至超过允许值，这将使发电机绝缘寿命下降。所以在发电机过载时，应通过限载措施，将负荷降到额定值以下。

二、发电机组的选择

自备发电机组的额定电压等级应与外电线路供电时的现场电压等级一致，其容量可根据任务一电力负荷计算来选择，并满足持续供电计算负荷的需要。对于单纯由自备发电机组供电的施工现场，其容量应按全现场计算负荷确定。

自备柴油发电机组容量的选择，目前国家尚无统一的计算公式，有的简单地按电力变压器容量的 10% ~ 20% 确定，有的按消防设备的容量相加，有的则根据投资者的意愿选择。这就造成了自备发电机组容量选择的不准确性，若容量选择太大造成一次投资浪费，选择太小则在事故时满足不了使用要求。那么，如何选择自备发电机组的容量呢?

1. 方案或初步设计阶段

自备发电机的容量按供电变压器总容量的 10% ~ 20% 计算。

2. 施工图阶段

建筑物的用电负荷可分为三类：第一类为保安型负荷，即保证大楼内人身及设备安全和可靠运行的负荷，如消防水泵、消防电梯、防排烟设备、应急照明、通信设备、重要的计算机及相关设备等；第二类为保障型负荷，即保障大楼运行的基本设备负荷，主要是工作区照明、部分电梯、通道照明；第三类为一般负荷，即除了上述负荷以外的其他负荷，如空调、水泵及其他一般照明、动力设备。

计算自备发电机组的容量时，第一类负荷必须考虑在内，第二类负荷则根据大楼功能及电网情况来定，若大楼功能要求较高或城市电网供电不稳定，则应将第二类负荷考虑在内。但若将第一类、第二类负荷简单相加来选择柴油发电机容量，则所选容量偏大，因为在消防状态时，只需保证消防设备的运行，第二类负荷不使用；而在非消防状态下电网停电时，消防设备不使用。可以选择两者中较大者作为柴油发电机组的容量。

（1）设备容量统计出来后，根据实际情况选择需要系数 K_x（一般取 0.85 ~ 0.95），计算出计算容量：

$$P_{js} = K_x \sum P \tag{3.19}$$

自备柴油发电机组的功率按式（3.20）计算：

$$P = kP_j/\eta \tag{3.20}$$

式中，P——自备柴油发电机组的功率（kW）；

P_j——负荷设备的计算容量（kW）；

$\sum P$——总负荷（kW）；

η——发电机并联运行不均匀系数一般取 0.9，单台取 1；

k——可靠系数，一般取 1.1。

（2）按最大的单台电动机或成组电动机启动的需要，计算发电机容量：

$$P=\left(\sum P-P_m\right)/\sum\eta+P_m KC\cos\psi_m \qquad (3.21)$$

式中，P_m——启动容量最大的电动机或成组电动机的容量（kW）；

$\sum\eta$——总负荷的计算效率，一般取 0.85；

$\cos\psi_m$——电动机的启动功率因数，一般取 0.4；

K——电动机的启动倍数；

C——全压启动 $C=1.0$，Y-△启动 $C=0.67$，自耦变压器启动 50% 抽头 $C=0.25$，65% 抽头 $C==0.42$，80% 抽头 $C=0.64$。

（3）按启动电动机时，母线容许电压降计算发电机容量。

$$P=P_n KCXd''(1/\Delta E-1) \qquad (3.22)$$

式中，P_n——造成母线压降最大的电动机或成组启动电动机组的容量（kW）；

K——电动机的启动电流倍数；

Xd''——发电机的暂态电抗，一般取 0.25；

E——母线允许的瞬时电压降，有电梯时取 0.20，无电梯时取 0.25。

在实际工作中，也可用系数法估算柴油发电机组的启动能力。

三、发电机组设置要求

（1）发电机组及其控制、配电、修理室等可分开设置；在保证电气安全距离和满足防火要求的情况下可合并设置。机房和配电室间应装设便于相互联系的声、光、文字标志等信号装置，并经常处于良好状态。

（2）发电机组的排烟管道必须伸出室外。发电机组及其控制、配电室内必须配置可用于扑灭电气火灾的灭火器，严禁存放贮油桶。

（3）发电机组电源应与外电线路电源连锁，严禁并列运行（见图 3.12）。

（4）发电机组应采用电源中性点直接接地的三相五线制供电系统和独立设置 TN-S 接零保护系统，其工作接地电阻值应符合规范要求。

（5）发电机控制屏宜装设交流电压表、交流电流表、有功功率表、电度表、功率因数表、频率表、直流电流表。

（6）发电机供电系统应设置电源隔离开关及短路、过载、漏电保护器。电源隔离开关分断时应有明显可见的分断点。

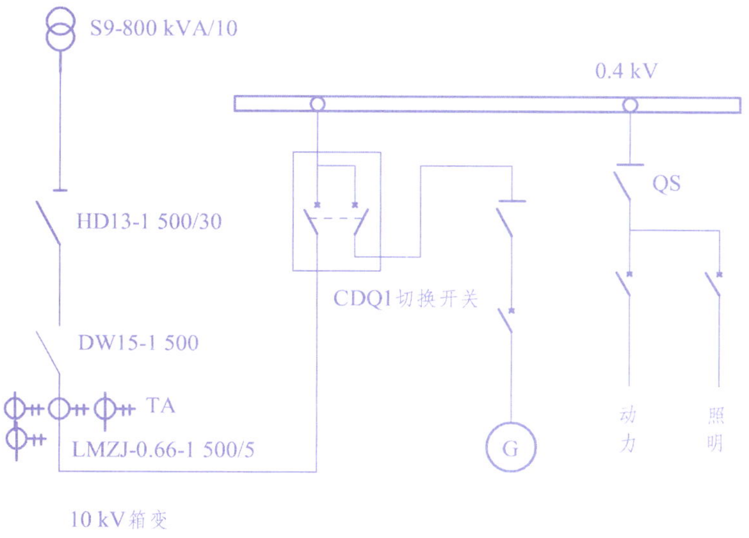

图 3.12　双电源切换开关接线图

（7）发电机组并列运行时，必须装设同期装置，并在机组同步运行后再向负载供电。

（8）安装及大修后的发电机以及长期停运的发电机，在运行前应检查换向器、滑环、接线端子和轴承，测试各部线圈的绝缘电阻，确认良好后，方可运行。

（9）发电机运行时，先将励磁电流置于最小值，运转正常后缓慢加大励磁至额定电压，然后逐步增加负荷，从半负荷增至满负荷，一般不少于 10 min。发电机的电压变动应保持在额定值的 ± 5% 以内；频率变动应不超过 ± 0.5 Hz；三相不平衡电流不应超过 10%；任何一相电流均不应大于额定值的 105%。

（10）发电机的允许温升，不应超过制造厂规定的数值。无规定时，当空气温度为 35 °C 时，不允许超过表 3.6 中的温升。

表 3.6　发电机允许温升限值　　单位：°C

序号	部件名称	A级绝缘		B级绝缘	
		温度表法	电阻法	温度表法	电阻法
1	各部线圈	55	65	75	85
2	换向器和铁心	65		85	
3	滑环	70		90	
4	滑动轴承	45		45	
5	滚动轴承	60		60	

（11）在事故情况下，允许发电机短时过负荷，见表 3.7。

表 3.7　发电机允许过负荷的时间

过负荷电流/额定电流	1.1	1.12	1.15	1.25	1.5	2.0
允许过负荷时间/min	60	30	15	5	2	1

（12）发电机并列运行时，应电压相同、频率相同、相位一致，并严格遵守操作程序。

（13）运行中的发电机发生下列情况时，应停机或解列。

① 励磁回路接地，转子线圈短路，发电机冒烟时。

② 并列运行的发电机，当发生失掉励磁以及其他故障使发电机失去同步时。

③ 低负荷运转时，电刷发生强烈火花。

（14）值班人员应经常检查发电机运行状态，其检查周期和技术标准见表 3.8。

表 3.8　发电机检查周期与标准

序号	项　目	周　期	标　准
1	整流子和滑环	长期运行后	无椭圆度
2	定子与转子间的气隙差	长期运行后	不超过平均值 10%
3	电刷与刷架间间隙	更换电刷时	0.1 ~ 0.2 mm
4	定子绝缘电阻	长期停运后的启动前，经常运转的每月至少一次	见试验标准
5	转子线圈和励磁回路的绝缘电阻	长期停运后的启动前，经常运转的每月至少一次	见试验标准
6	记录负荷电流	每小时一次	
7	清扫内部灰尘	每月一次	
8	检查刷握压力	每月一次	压力适当

任务实施

以某工程为例，该工程建筑面积 10 000 m^2，12 层，为二类高层，保安性负荷主要为消防负荷，其容量为 191 kW，最大的一台电动机为喷淋泵 37 kW，采用自耦降压 80% 抽头降压启动。该工程选用多大容量的柴油发电机合适？

（1）按计算负荷计算 $P = kP_j/\eta = 1.1\times191/1 = 210.1$（kW）

（2）按最大的单台电动机启动的需要计算

$$P = \left(\sum P - P_m\right)/\sum\eta + P_m KC\cos\psi_m$$
$$= (191-37)/0.85 + 37\times6\times0.64\times0.4 = 238.0\ (\mathrm{kW})$$

（2）按启动电动机时发电机母线允许电压降计算

$$P = P_n KCXd''(1/\Delta E - 1) = 37\times6\times0.64\times0.25(1/0.20-1)$$
$$= 142.08\ (\mathrm{kW})$$

根据以上计算，应选择不小于 238.0 kW 的柴油发电机组一台，因此可选一台 250 kW 机组。

项目四 施工现场配电线路及配电装置设计

任务一 配电线路设计

知识目标

- 了解架空线路的组成与作用。
- 了解电缆电路的使用要求及检修方法。
- 了解室内配线的一般要求。

能力目标

- 能规范使用架空线路。
- 能规范进行电缆线路的维护与检修。
- 能按规范进行室内配线的铺设。

任务导入

地球上的动力资源分布是由自然决定的，通常远离负荷中心。现代大型的火力发电厂通常建在能源基地或交通便利的郊区，而水电站、风电站等则只能建立在资源分布点，这些发电厂发出的电能通过输电线路向负荷中心输送。发电厂、输电线路、电站及配电、用电设备构成了电力系统，输电线路在电力系统中起联络作用，可进行电能的双向输送，实现系统间的电能交换和调节。各类型的线路是由哪些部分组成的？应该如何对其正确使用与维护？通过本任务的学习我们会得到答案。

学习指引

为了能按规范进行配电线路的使用，我们需要掌握架空线路、电缆线路、室内配线的组成、功用及使用规范。

知识链接

一、架空线路

1. 架空线路的组成

架空线路主要由导线、电杆、金具、绝缘子、拉线等组成，如图 4.1 所示。

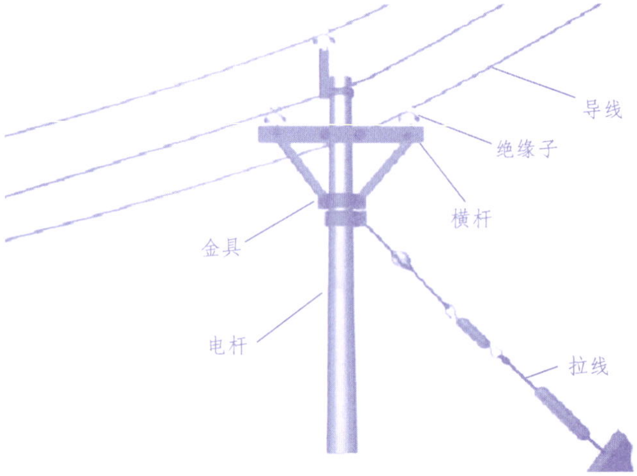

图 4.1 架空线路的基本构造

1）电 杆

电杆用来支持横担、导线、绝缘子等部件，以便在各种气象条件下，使导线对地和对其他交互跨越设施保持一定的安全距离，保证线路安全运行。

2）导 线

导线是用来传输电能的，要求有良好的导电性能及足够的机械强度，并有一定的抗腐蚀性能。不同的导线有不同的适用场合，要根据不同的使用情况选择适合的导线，见表 4.1。

表 4.1 不同材质的导线

材 质	特 点	适用条件
铜绞线	导电性能好，机械强度大，耐腐蚀能力强，但造价高	用于腐蚀严重的场所
铝绞线	导电性能好，质量小，价格低，但是与铜绞线相比机械强度不高，耐腐蚀性较差	10 kV 及以下配电线路
铝合金绞线	由铝硅镁等合金制成，导电性能好，质量小，机械强度大	大跨越输电线路
钢芯铝绞线	由钢线和铝线绞合而成，有钢绞线和铝绞线的优点	机械强度要求高和 35 kV 及以上的输电

3）金　具

金具主要用于将悬式绝缘子组装成串，并将绝缘子串连接、悬挂在杆塔横担上。悬垂线夹、耐张线夹与绝缘子串的连接，拉线金具与杆塔的连接，均要使用连接金具。

4）绝缘子

绝缘子用于支持导线，使导线对地及导线与导线之间，导线与横担之间保持绝缘。绝缘子在运行中，除承受线路运行电压外，还要承受导线张力，导线自重，导线上的风力、冰、雪等负载，同时还要受到环境温度的影响，因此，绝缘子既要有良好的电气性能，又要具有足够的机械强度，其实物如图 4.2 所示。

图 4.2　绝缘子

5）拉　线

拉线的作用是平衡电杆各方面的拉力，稳固电杆，主要由拉线包箍、拉线绝缘子、花兰螺栓、拉线地盘和拉线组成。拉线可以分为普通拉线、人字拉线、高桩拉线、自身拉线四大类，如图 4.3 所示。

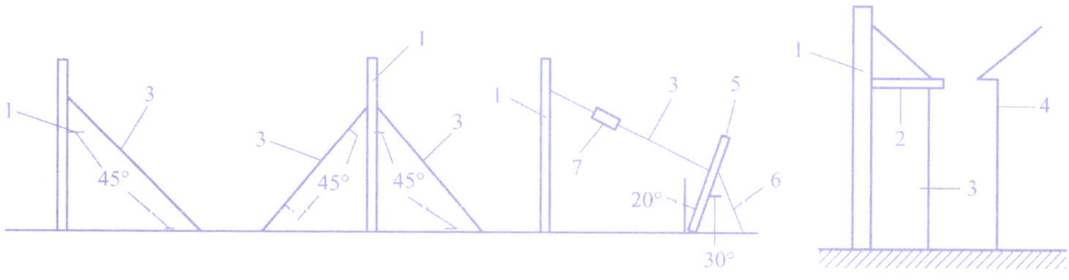

（a）普通拉线　（b）人字拉线　（c）高桩拉线　（d）自身拉线

1—电杆；2—横木；3—拉线；4—房屋；5—拉桩；6—坠线；7—拉紧绝缘子

图 4.3　拉线的种类

2．架空线路使用要求

架空线路所经过的地带叫线路走径或路径，路径和杆位应到现场实地勘察，根据地形、地物和地质情况而定。由于架空线路用来运输电能，因此对架空线路有以下几点要求：

（1）架空线必须采用绝缘导线。

（2）架空线必须架设在专用电杆上，严禁架设在树木、脚手架及其他设施上（见图 4.4）。

图 4.4　不正确的架空线路

（3）架空线导线截面的选择应符合下列要求：

① 导线中的计算负荷电流不大于其长期连续负荷允许载流量。

② 线路末端电压偏移不大于其额定电压的 5%。

③ 三相五线制线路的 N 线和 PE 线截面不小于相线截面的 50%，单相线路的零线截面与相线截面相同。

④ 按机械强度要求，绝缘铜线截面积不小于 10 mm^2，绝缘铝线截面积不小于 16 mm^2。

⑤ 在跨越铁路、公路、河流、电力线路档距内，绝缘铜线截面积不小于 16 mm^2，绝缘铝线截面积不小于 25 mm^2。

（4）架空线在一个档距内，每层导线的接头数不得超过该层导线条数的 50%，且一条导线应只有一个接头。在跨越铁路、公路、河流、电力线路档距内，架空线不得有接头。

（5）架空线路相序排列应符合下列规定（见图 4.5）：

① 动力、照明线在同一横担上架设时，面向负荷从左侧起依次为 L1、N、L2、L3、PE。

② 动力、照明线在二层横担上分别架设时，导线相序排列是上层横担面向负荷从左侧起依次为 L1、L2、L3；下层横担面向负荷从左侧起依次为 L1（L2、L3）、N、PE。

③ 架空线路的档距不得大于 35 m。

④ 架空线路的线间距不得小于 0.3 m，靠近电杆的两导线的间距不得小于 0.5 m。

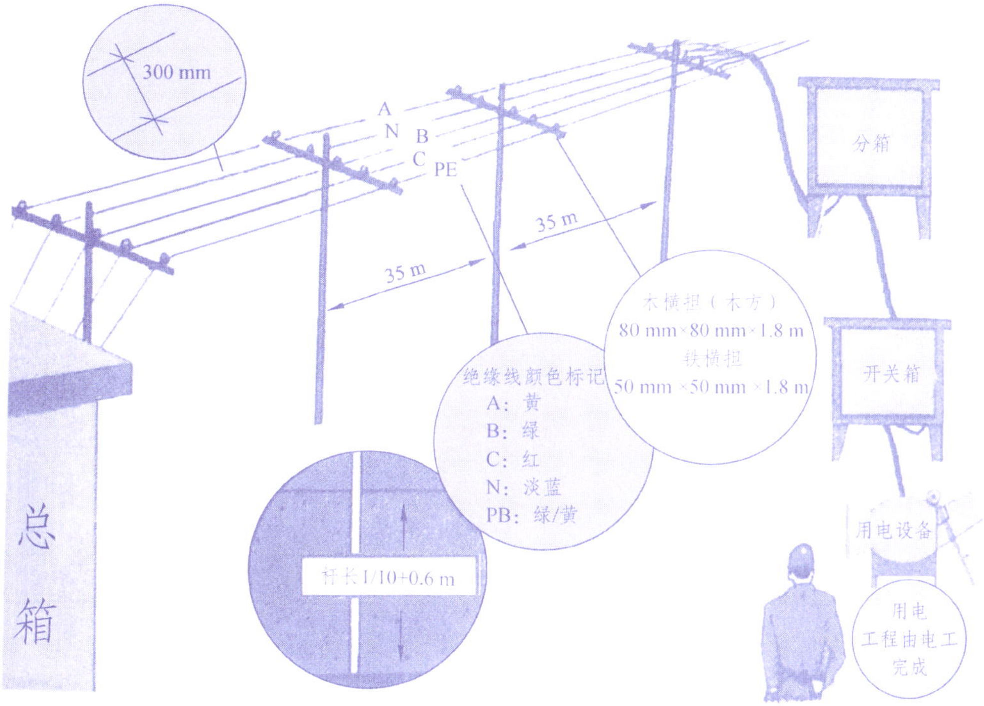

图 4.5　架空线路示意图

（6）架空线路横担间的最小垂直距离不得小于表 4.2 所列数值；横担宜采用角钢或方木，低压铁横担角钢应按表 4.3 选用，方木横扫截面应按 80 mm×80 mm 选用；横担长度应按表 4.4 选用。

表 4.2　横担间的最小垂直距离　　单位：m

排列方式	直线杆	分支或转角杆
高压与低压	1.2	1.0
低压与低压	0.6	0.3

表 4.3　低压铁横担角钢选用

导线截面积 /mm^2	直线杆	分支或转角杆	
		二线及三线	四线及以上
16 25 35 50	L50×5	2×L50×5	2×L63×35
70 95 120	L63×5	2×L63×35	2×L70×35

表 4.4　横担长度选用　　单位：m

横担长度		
二线	三线、四线	五线
0.7	1.5	1.8

（7）架空线路与邻近线路或固定物的距离应符合表 4.5 的规定。

表 4.5 架空线路与邻近线路或固定物的距离

<table>
<tr><th>项　目</th><th colspan="7">距离类别</th></tr>
<tr><td rowspan="2">最小净空距离/m</td><td colspan="3">架空线路的过引线、接下线与邻线</td><td colspan="2">架空线与架空线电杆外缘</td><td colspan="2">架空线与摆动最大的树梢</td></tr>
<tr><td colspan="3">0.13</td><td colspan="2">0.05</td><td colspan="2">0.50</td></tr>
<tr><td rowspan="3">最小垂直距离/m</td><td rowspan="2">架空线同杆架设下方的通信、广播线路</td><td colspan="3">架空线最大弧垂与地面</td><td rowspan="2">架空线最大弧垂与暂设工程顶端</td><td colspan="2">架空线与邻近电力线路交叉</td></tr>
<tr><td>施工现场</td><td>机动车道</td><td>铁路轨道</td><td>1 kV 以下</td><td>1～10 kV</td></tr>
<tr><td>1.0</td><td>4.0</td><td>6.0</td><td>7.5</td><td>2.5</td><td>1.2</td><td>2.5</td></tr>
<tr><td rowspan="2">最小水平距离/m</td><td colspan="2">架空线电杆与路基边缘</td><td colspan="2">架空线电杆与铁路轨道边缘</td><td colspan="3">架空线边线与建筑物凸出部分</td></tr>
<tr><td colspan="2">1.0</td><td colspan="2">杆高（m）+3.0</td><td colspan="3">1.0</td></tr>
</table>

（8）架空线路宜采用钢筋混凝土杆或木杆。钢筋混凝土杆不得有露筋、宽度大于 0.4 mm 的裂纹和扭曲；木杆不得腐朽，其梢径不应小于 140 mm。

（9）电杆埋设深度宜为杆长的 1/10 加 0.6 m，回填土应分层夯实。在松软土质处宜加大埋入深度或采用卡盘等加固。

（10）直线杆和 15° 以下的转角杆，可采用单横担单绝缘子，但跨越机动车道时应采用单横担双绝缘子；15°～45° 的转角杆应采用双横担双绝缘子；45° 以上的转角杆，应采用十字横担。

（11）架空线路绝缘子应按下列原则选择：

① 直线杆采用针式绝缘子。

② 耐张杆采用蝶式绝缘子。

（12）电杆的拉线宜采用不少于 3 根直径 4.0 mm 的镀锌钢丝。拉线与电杆的夹角应在 30°～45°。拉线埋设深度不得小于 1 m。电杆拉线如从导线之间穿过，应在高于地面 2.5 m 处装设拉线绝缘子。

（13）因受地形环境限制不能装设拉线时，可采用撑杆代替拉线，撑杆埋设深度不得小于 0.8 m，其底部应垫底盘或石块。撑杆与电杆的夹角宜为 30°。

（14）接户线在档距内不得有接头，进线处离地高度不得小于 2.5 m。接户线最小截面应符合表 4.6 规定。接户线线间及与邻近线路间的距离应符合表 4.7 的要求。

表 4.6 接户线的最小截面积

<table>
<tr><th rowspan="2">接户线架设方式</th><th rowspan="2">接户线长度/m</th><th colspan="2">接户线截面积/mm²</th></tr>
<tr><th>铜线</th><th>铝线</th></tr>
<tr><td rowspan="2">架空或沿墙敷设</td><td>10～25</td><td>6.0</td><td>10.0</td></tr>
<tr><td>≤10</td><td>4.0</td><td>6.0</td></tr>
</table>

表 4.7　接户线间及邻近线路间的距离

接户架设方式	接户线档距/m	接户线线间距/mm
架空敷设	≤25	150
	>25	200
沿墙敷设	≤6	100
	>6	150
架空接线户与广播电话线交叉的距离/mm		接户线在上部：600 接户线在下部：300
架空或沿墙敷设的接户线零线和相线交叉时的距离/mm		100

（15）架空线路必须有短路保护措施。

① 采用熔断器做短路保护时，其熔体额定电流不应大于明敷绝缘导线长期连续负荷允许载流量的 1.5 倍。

② 采用断路器做短路保护时，其瞬动过流脱扣器脱扣电流整定值应小于线路末端单相短路电流。

（16）架空线路必须有过载保护。采用熔断器或断路器做过载保护时，绝缘导线长期连续负荷允许载流量不应小于熔断器熔体额定电流或断路器长延时过流脱扣器脱扣电流整定值的 1.25 倍。

二、电缆线路

1. 电缆电路使用要求

（1）电缆中必须包含全部工作芯线和用作保护零线或保护线的芯线。需要三相五线制配电的电缆线路必须采用五芯电缆。五芯电缆必须包含淡蓝、绿/黄两种颜色绝缘芯线，淡蓝色芯线必须用作 N 线，绿/黄双色芯线必须用作 PE 线，严禁混用。

（2）电缆截面的选择应符合规范规定，根据其长期连续负荷允许载流量和允许电压偏移确定。

（3）电缆线路应采用埋地或架空敷设，严禁沿地面明设，并应避免机械损伤和介质腐蚀。埋地电缆路径应设方位标志。

（4）电缆类型应根据敷设方式、环境条件选择。埋地敷设宜选用铠装电缆；当选用无铠装电缆时，应能防水、防腐。架空敷设宜选用无铠装电缆。

（5）电缆直接埋地敷设的深度不应小于 0.7 m，并应在电缆紧邻上、下、左、右侧均匀敷设不小于 50 mm 厚的细砂，然后覆盖砖或混凝土板等硬质保护层，如图 4.6 所示。

（6）埋地电缆在穿越建筑物、构筑物、道路、易受机械损伤、介质腐蚀场所及引出地面从 2.0 m 高到地下 0.2 m 处，必须加设防护套管，防护套管内径不应小于电缆外径的 1.5 倍。

（7）埋地电缆与其附近外电电缆和管沟的平行间距不得小于 2 m，交叉间距不得小于 1 m。

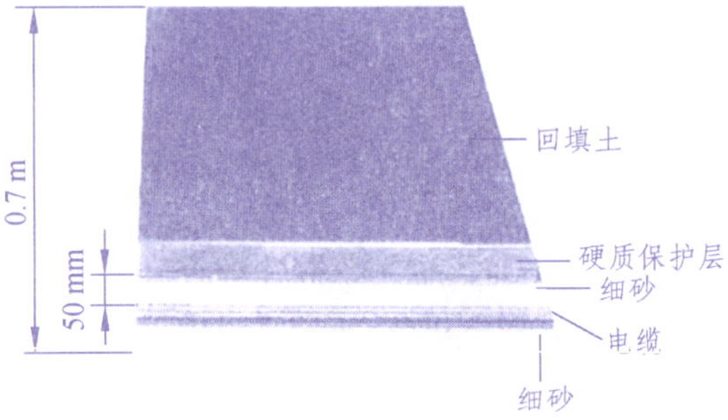

图 4.6　电缆直接埋地敷设示意图

（8）埋地电缆的接头应设在地面上的接线盒内，接线盒应能防水、防尘、防机械损伤，并应远离易燃、易爆、易腐蚀场所。

（9）架空电缆应沿电杆、支架或墙壁敷设，并采用绝缘子固定，绑扎线必须采用绝缘线，固定点间距应保证电缆能承受自重所带来的荷载，敷设高度应符合规范要求，但沿墙壁敷设时最大弧垂距地不得小于 2.0 m。架空电缆严禁沿脚手架、树木或其他设施敷设。

（10）在建工程内的电缆线路必须采用电缆埋地引入，严禁穿越脚手架引入。电缆垂直敷设应充分利用在建工程的竖井、垂直孔洞等，并宜靠近用电负荷中心，固定点每楼层不得少于一处。电缆水平敷设宜沿墙或门口刚性固定，最大弧垂距地不得小于 2.0 m。装饰装修工程或其他特殊阶段，应补充编制单项施工用电方案。电源线可沿墙角、地面敷设，但应采取防机械损伤和电火措施。

（11）电缆线路必须有短路保护和过载保护保护电器与电缆的选配应符合规范要求。

2．电缆电路维护与检修

1）低压电缆一般的维护

（1）巡线检查：应定期、定人对电缆线路全线进行巡查，内容包括：电缆沟及就近地面上有否存在挖土痕迹，沟面覆盖的土层是否正常，是否种树和打桩，有无堆放重物，有无酸碱等排泄物，电缆线路所穿越的路面和建筑物设施是否正在翻造检修等。

（2）运行检查：电缆线路应做定期的运行情况检查，内容如下：

① 电压和电流的测量：电压不允许超过电缆额定电压的 15%，电流不允许超过设计规定值。

② 电缆温度检查：一般通过电缆外皮温度来估计内部芯线的温度，估算的经

验公式：电缆芯线温度 = 外皮温度 +（15 ~ 20）°C。

③ 绝缘性能试验：1 kV 以下电力电缆，应用 1 kV 摇表测量，其每千米电缆（20 °C）的绝缘电阻不得低于 50 MΩ。在不同气温下，所测得的电缆线路的绝缘电阻，用式（4.1）换算成每千米电缆的绝缘电阻值 R。

$$R = \frac{aR_t L}{1\ 000}\ (\mathrm{M\Omega/km}) \tag{4.1}$$

式中，a——绝缘电阻的温度系数；

Rt——电缆线路的绝缘电阻测定值（MΩ）；

L——被测电缆的全长。

④ 耐压试验：通常以 4 ~ 5 倍于电缆额定电压的直流电压，连续通电 5 min 进行耐压试验（不常用）。

2）电缆线路常见故障的排除

（1）短路：遭外界损坏或绝缘损坏造成相间和对地短路。排除方法：将故障处切断后重新接头。

（2）断线：由于外界机械破坏或线路短路使芯线断裂或整个电缆断裂。排除方法：将故障处切断后重新接头。

（3）受潮：由于电缆中间接头或终端头密封不严或安装质量不良而引起的。排除方法：割除受潮的部分，重新接头或做终端头。

3）电缆线路故障部位的测定方法

电缆线路的故障可分为内部的和外部的两个方面。外部比较明显，如敷有电缆的地面被破坏而伤及电缆，造成短路，是通过巡查即可发现的；内部因素较难判断。因此，找出电缆线路故障的部位是排除故障的先决条件。

方法一：用 500 V 或 1 000 V 摇表来判断电缆线路对地短路、相间短路和断线的主要故障。具体的方法是，分别在电缆两端用摇表测试，从所测得的电阻值中分析出故障原因，并从绝缘电阻值下降的程度分析出故障的部位接近哪一个终端。

方法二：故障部位的具体测定，测定方法较多，如感应法、声测法、电桥法等。其中电桥法应用较多，方法是单臂电桥测试。测试时电缆必须有一根芯线是良好的，否则要借用其他平行线路的芯线，或安装临时线作为回路。当电桥平衡时，电桥两臂电阻值之比应等于由电缆芯线回路组成的两个电阻值之比，由于导线的电阻值与其长度成正比，故平衡式为

$$\frac{A}{C} = \frac{2L - X}{X} \tag{4.2}$$

得

$$X = \frac{C}{A + C} \times 2L \tag{4.3}$$

式中，A，C——电桥每臂电阻值（Ω）；

L——所测得电缆芯线长度（m）；

X——故障点部位与测试点的距离（m）。

三、室内配线

敷设在建筑物内的配线，统称室内配线，也称室内配线工程。根据房屋建筑结构及要求的不同，室内配线又分为明配和暗配两种。

明配是敷设于墙壁、顶棚的表面及桁架等处；暗配是敷设于墙壁、顶棚、地面及楼板等处的内部，一般是先预埋管子，再向管内穿线。

1. 几种室内配线方法简介

1）塑料护套线的配线方法

（1）使用场合。

塑料护套线，如图 4.7 所示，是一种将双芯或多芯绝缘导线并在一起，外加塑料保护层的双绝缘导线，具有防潮、耐酸、耐腐蚀及安装方便等优点。广泛用于家庭、办公等室内配线中。塑料护套线一般用铝片或塑料线卡作为导线的支持物，直接敷设在建筑物的墙壁表面，有时也可直接敷设在空心楼板中。

图 4.7　塑料护套线图

（2）护套线配线的步骤与工艺要求。

① 画线定位。

a. 确定起点和终点位置，用弹线袋画线。

b. 设定铝片卡的位置，要求铝片卡之间的距离为 150 ~ 300 mm 在距开关、插座、灯具的木台 50 mm 处及导线转弯两边的 80 mm 处，都需设置铝片卡的固定点。

② 铝片卡或塑料卡的固定。

铝片卡或塑料卡的固定应根据具体情况而定。在木质结构、涂灰层的墙上，选择适当的小铁钉或小水泥钉即可将铝片卡或塑料卡钉牢；在混凝土结构上，可用小水泥钉钉牢，也可采用环氧树脂黏接。

③ 敷设导线。

为了使护套线敷设得平直，可在直线部分的两端各装一副瓷夹板。敷线时，先把护套线一端固定在瓷夹内，然后拉直并在另一端收紧护套线后固定在另一副瓷夹中，最后把护套线依次夹入铝片卡或塑料卡中。护套线转弯时应成小弧形，能用力硬扭成直角。

2）线管和线槽（见图 4.8）的配线方法

（1）使用场合。

把绝缘导线穿在管内敷设，称为线管配线。线管配线有耐潮、耐腐、导线不易遭受机械损伤等优点，适用于室内外照明和动力线路的配线。

线管配线有明装式和暗装式两种。明装式表示线管沿墙壁或其他支撑物表面敷设，要求线管横平竖直、整齐美观；暗装式表示线管埋入地下、墙体内或吊顶上，要求线管短、弯头少。

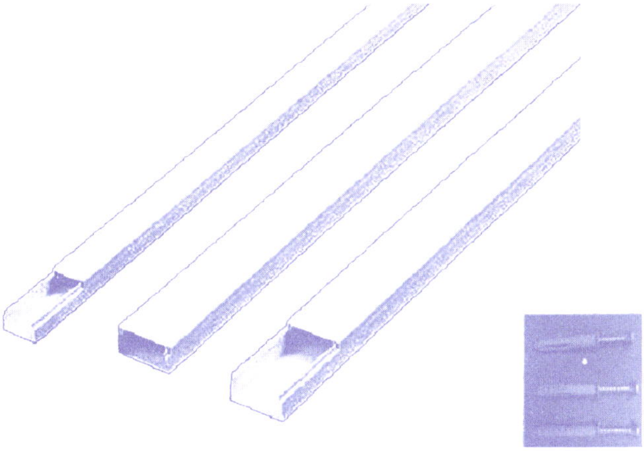

图 4.8　线槽配线

（2）线管配线的步骤与工艺要点。

① 线管的选择。选择线管时，通常根据敷设的场所来选择线管类型；根据穿管导线截面和根数来选择线管的直径。

② 锯管。根据使用需要，必须将线管按实际需要切断。

③ 布管。管子加工好后，就应按预定的线路布管。

④ 布管时，根据实际情况在有分支和转弯的地方布三通和弯头。

具体的步骤与工艺如下：

① 固定管子。

② 管子的连接。

③ 装设补偿盒。

2．室内配线一般要求

（1）室内配线必须采用绝缘导线或电缆。

（2）室内配线应根据配线类型采用瓷瓶、瓷（塑料）夹、嵌绝缘槽、穿管或钢索敷设。

（3）潮湿场所或埋地非电缆配线必须穿管敷设，管口和管接头应密封；当采用金属管敷设时，金属管必须做等电位连接，必须与 PE 线相连接。

（4）室内非埋地明敷主干线距地面高度不得小于 2.5 m。

（5）架空进户线的室外端应采用绝缘子固定，过墙处应穿管保护，距地面高度不得小于 2.5 m，并应采取防雨措施。

（6）室内配线所用导线或电缆的截面应根据用电设备或线路的计算负荷确定，但铜线截面积不应小于 1.5 mm^2，铝线截面积不应小于 2.5 mm^2。

（7）钢索配线的吊架间距不宜大于 12 m。采用瓷夹固定导线时，导线间距不应小于 35 mm，瓷夹间距不应大于 800 mm；采用瓷瓶固定导线时，导线间距不应小于 100 mm，瓷瓶间距不应大于 1.5 m；采用护套绝缘导线或电缆时，可直接敷设于钢索上。

（8）室内配线必须有短路保护和过载保护，短路保护和过载保护电器与绝缘导线、电缆的选配应符合规范要求。对穿管敷设的绝缘导线线路，其短路保护熔断器的熔体额定电流不应大于穿管绝缘导线长期连续负荷允许载流量的 2.5 倍。

任务实施

输配电线路检修是根据巡线报告及检查与测量的结果，进行正规的预防性修理工作。其目的是消除在线路的巡视与检查中所发现的各种缺陷，以预防事故的发生，确保安全供电。

检修制度：计划检修、状态检修。

检修原则：贯彻“预防为主”的检修方针，搞好协调配合，与技术更新相结合。

一、检修工作的组织措施

（1）线路检修工作的组织措施如图 4.9 所示。

图 4.9　检修工作的组织措施

（2）检修单位应在线路检修开工前一周向主管部门提出申请，同时检修单位应在安全的基础上本着节约的原则编制大修费用上报主管部门。

（3）检修单位应根据《缺陷通知单》认真制订设备检修的组织措施、安全措施和技术措施。

（4）认真填写开工报告和竣工报告。开工前要召开班前会；竣工时，要召开评比小结会，切实把好安全、质量两道关。

（5）检修单位应严把质量关，责任落实到人。保证“大修必须升级”，努力提高线路正常运行率。

（6）检修单位应认真填写《检修记录》《设备变更记录》《缺陷消除记录》，一式四份，一份检修单位自存，一份交工区，一份交生技科，一份交运行班。

（7）检修单位应尽量减少停电时间，在可能的条件下，应大力开展带电作业。

二、检修工作的安全措施

对于架空输配电线路检修工作，可以分为停电检修和带电作业。停电检修必须遵循《国家电网公司电力安全工作规程（线路部分）》中保证安全的技术措施，即停电、验电、挂接地线、使用个人保安线。此外，对于登杆检修等高处作业工作，还必须遵循《国家电网公司电力安全工作规程（线路部分）》中“高处作业”的规定进行工作，以保证作业人员安全。

停电清扫检查内容包括：处理巡视中发现的缺陷，检查绝缘子、导线、杆塔。停电检修工作的步骤如下。

1. 断开电源和验电

对于停电检修的线路，首先必须断开电源。在配电系统，还要防止环形供电和低压侧用户备用电源的反送电，并应防止高压线路对低压线路的感应电压。为此，对待检修的线路，必须用合格的验电器在停电线路上进行验电。

2. 挂接地线

挂接地线（见图 4.10）时，先接好接地端，然后再接导线端，接地线连接要可靠，不准缠绕。必须注意：若在同一杆塔的低压线和高压线均须接地时，则应先接低压线，后接高压线；若同一杆塔的两层高压线均须接地时，应先接下层，后接上层。

图 4.10　接地线实物图

3. 登杆检修的注意事项

（1）如在检修双回线路或检修结构相似的并行线路时，登杆检修之前必须明确停电线路和带电线路的位置、名称和杆号，还应在监护人监护下登杆，以免登错杆塔，发生危险。

（2）对新立的电杆，在杆基尚未完全牢固以前，严禁攀登。遇有冲刷、起土、上拔的电杆，应先培土加固，或支好架杆，或拉临时拉线后，再行登杆。

（3）如果需要松动导线、避雷线或拉线时，在登杆前也应先检查杆根，并打好临时拉线或支好架杆后，再行登杆。

（4）当需在带电杆塔上刷油、除鸟窝、紧杆塔螺丝、检查避雷线、查看金具及绝缘子时，则检修人员活动范围及其所携带工具、材料等与带电导线最小距离不得小于表 4.8 所列的规定。

表 4.8　检修人员活动范围及其所携带工具、材料等与带电导线最小距离

设备电压/kV	最小距离/m
10 以下	0.7
35 以下	1.0
110 以下	1.5

4. 恢复送电之前的工作

（1）在恢复送电之前严禁约时停送电。用电话或报话机联系送电时，双方必须复诵无误。

（2）检修工作结束后，必须查明所有工作人员及材料、工具等确已全部从杆塔、导线及绝缘子上撤下，然后，才能拆除接地线（拆除接地线后即认为线路已可能送电，检修人员不得再登上杆塔进行任何工作）。在清点接地线组数无误并按有关规定交接后，即可恢复送电。

三、检修的分类

1. 维　修

（1）线路维修。为了维持输配电线路及附属设备的安全运行和必需的供电可靠性而进行的检修工作称为维修，有时也称为小修。

（2）线路维修的基本内容。输配电线路的维修工作是指线路的一般维护和少量的检修。

2. 大　修

为了提高设备的健康水平，恢复输配电线路及附属设备至原设计的电气性能或机械性能而进行的检修称为大修。大修的周期一般为一年一次。

3．改进工程

改进工程指为提高输配电线路的供电能力，改善系统接线而进行的增建或撤除等改进工作。

4．事故检修

事故检修指由于自然灾害，如地震、洪水、冰雹、暴风以及外力破坏等，造成的输配电线路的倒杆、杆塔倾斜、断线、金具或绝缘子脱落和混线（接地或相间短路）等停电事故，需要尽力迅速进行的抢修工作。

四、线路的一般检修工作项目

（1）线路名称及杆塔号的标志不清楚时，应进行重新描述。

（2）钢筋混凝土电杆有露筋或混凝土脱落者，应将钢筋上的铁锈清除掉后补抹混凝土。

（3）杆身倾斜角度大于规定的应正杆。

（4）拉线松弛应紧好。

（5）修复损坏的接地引下线。

（6）线路走廊内的树木与导线之间的距离小于规定者，应进行去树处理。

任务二　低压配电线路导线选择

知识目标

- 了解导线选择的一般原则。
- 熟悉导线型号选择考虑因素。
- 掌握导线截面积选择方法。

能力目标

- 会选择电缆、电线型号。
- 会选择电缆、电线截面积。

任务导入

建筑现场的配线有很多种，粗细不一样，线芯形式和数量也不一样，那么这些电线如何选用才能满足要求？是否安全？需要考虑哪些因素？选线的方法又是什么？本任务将重点介绍低压配电线路导线的选择。

学习指引

为了能按规范实现低压配电线路合理布线，我们要掌握电线、电缆的型号选择方法和截面形式的选择方法及选型规范。

知识链接

一、导线选择一般原则和要求

低压配电线路是指由 380/220 V 电压供电的电力线路。按其结构不同可分为架空配电线路和地埋（电缆）配电线路两种。

它的配电方式有单相两线制、三相三线制和三相四线制等形式。单相两线制一般供照明用电，三相三线制一般供动力用电（排灌用），三相四线制一般供照明和动力混合用电。因此线路的导线应采用 500 V 以下的电线或电缆。

在选用电线电缆时，一般要注意电线电缆型号、规格 （导体截面）的选择。

1. 电线电缆型号的选择

选用电线、电缆时，要考虑用途，敷设条件及安全性。例如，根据用途的不同，可选用电力电缆、架空绝缘电缆、控制电缆等；根据敷设条件的不同，可选用一般塑料绝缘电缆、钢带铠装电缆、钢丝铠装电缆、防腐电缆等；根据安全性要求，可选用不延燃电缆、阻燃电缆、无卤阻燃电缆、耐火电缆等。电缆型号见表 4.9。

表 4.9 导线型号表

字符	含 义	字符	含 义
A	安装、铝塑料护层	S	钢塑料护套
B	布电线类、扁平、平行	V	聚氯乙烯塑料绝缘
F	聚四氟乙烯、泡沫聚乙烯（YF）	X	橡皮绝缘
K	控制	Y	聚乙烯绝缘
L	铝芯（铜芯不表示）	ZR	阻燃
R	软线	NH	耐火

2. 电线电缆规格的选择

确定电线电缆的使用规格（导体截面）时，一般应考虑发热，电压损失，经济电流密度，机械强度等条件。

（1）按发热条件选择，每一种导线截面按其允许的发热条件都对应着一个允许的载流量，因此在选择导线截面时，必须使其允许载流量大于或等于线路的计算电流值。

（2）暗电流损耗选择，为了保证用电设备的正常运行，必须使设备接线端子处的电压在允许值范围之内，但由于线路上有电压损耗，因此在选择电压和电缆时长按电压损耗来选择电线和电缆的截面，按电压损耗选择后，还要用发热条件进行校验。

（3）按机械强度选择，由于导线本身的质量以及风、雨、冰、雪等原因时，导线承受一定的应力，如果导线过细，就容易折断引起停电等事故。因此还要根据机械强度来选择，以满足不同用途时导线的最小截面要求。

根据经验，低压动力线因其负荷电流较大，故一般先按发热条件选择截面，然后验算其电压损失和机械强度；低压照明线因其对电压水平要求较高，可先按允许电压损失条件选择截面，再验算发热条件和机械强度；对高压线路，则先按经济电流密度选择截面，然后验算其发热条件和允许电压损失；而高压架空线路，还应验算其机械强度。

二、导线型号及选择

1. 电线型号

室内低压线路一般采用绝缘导线。绝缘导线按绝缘材料的不同分为橡皮绝缘导线和塑料绝缘导线，按其导体材料分为铝芯和铜芯两种，铝芯导线比铜芯的电阻率大、机械强度低但质轻、价廉。按其制造工艺分为单股和多股两种。截面积在 10 mm^2 以下的导线通常为单股，较粗的导线大多采用多股线。

2. 常用绝缘导线

常用的塑料绝缘电线有 BLV（BV）、BLVV（BVV）、BVR、RVS 等型号。

BV：单铜芯聚氯乙烯普通绝缘电线，无护套线。适用于交流电压 450/750 V 及以下动力装置、日用电器、仪表及电信设备用的电线电缆（见图 4.11）。

BVV：铜芯聚氯乙烯绝缘聚氯乙烯圆形护套电缆，铜芯（硬）布电线。常常简称护套线，单芯的是圆的，双芯的是扁的，常常用于明装电线（见图 4.12）。

BVR：聚氯乙烯绝缘，铜芯（软）布电线，常常简称软线。由于电线比较柔软，常常用于电力拖动中和电机的连接以及电线常有轻微移动的场合（见图 4.13）。

RVS：铜芯聚氯乙烯绞型连接电线。常用于家用电器、小型电动工具、仪器仪表、控制系统、广播音响、消防、照明及控制用线（见图 4.14）。

除此之外，目前正广泛使用一种叫腈聚氯乙烯复合物绝缘软线，它是塑料线的新品种，型号为 RFS（双绞复合物软线）和 RFB（平行复合软线）。这种电线具有良好的绝缘性能并具有耐热、耐寒、耐油、耐腐蚀、耐燃、不易老化等性能，在低温下仍然柔软使用寿命长，远比其他型号的绝缘软线性能优良。

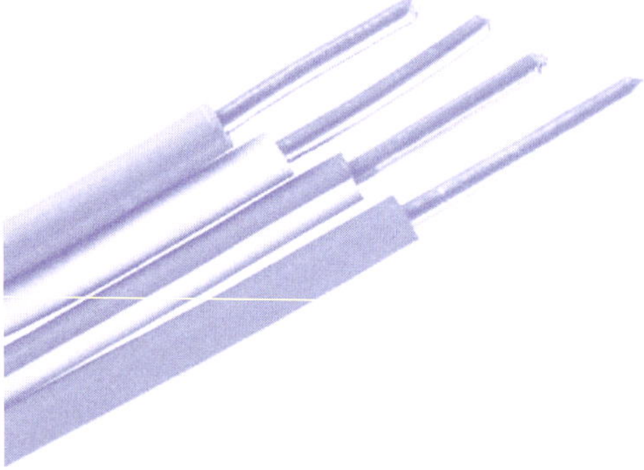

图 4.11　BV 电线

图 4.12　BVV 电线

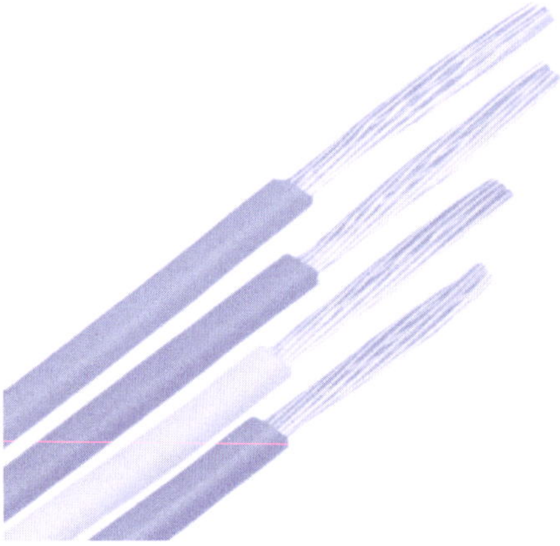

图 4.13　BVR 电线

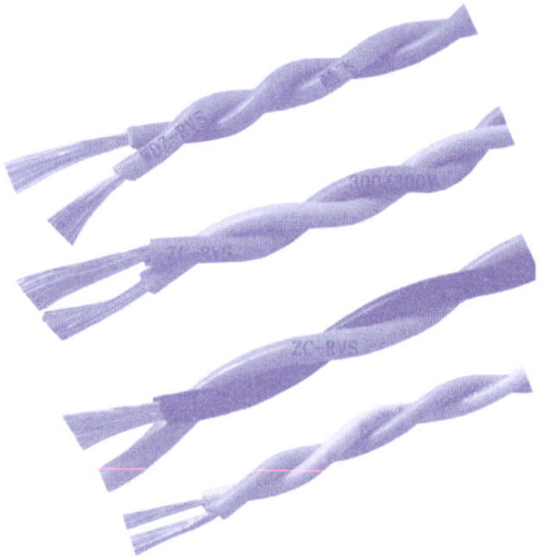

图 4.14　RVS 线

常用的橡皮绝缘电线型号有 BX（BLX）和 BBX（BBLX）。这两种电线是目前仍在应用的旧品种，它们的生产工艺复杂，成本较高，正逐渐被塑料绝缘线所代替，橡皮绝缘线的新产品有 BXF、BLXF 系列产品。这种电线绝缘性能良好，且耐光照、耐大气老化、耐油、不易发霉，在室外使用的寿命比棉纱编织橡皮绝缘电线高三倍左右，适宜在室外推广敷设。

3．电缆线

电缆线的种类很多，按其用途可分为电力电缆和控制电缆两大类；按其绝缘材料可分为油浸绝缘电缆，橡皮绝缘电缆和塑料绝缘电缆三大类。它们一般都由线芯、绝缘层和保护层三个主要部分组成。线芯分为单芯、双芯、三芯及多芯。

4. 常用电线和电缆类型的选择

在导体材料选择上尽量采用铝芯导线，但是也应根据不同场合和特殊情况，以及不希望用铝线的场合而采用铜线，在选择导线时应着重考虑其型号和截面积。

三、导线截面的选择

电线、电缆截面选择应满足发热条件、电压损失、机械强度等要求，以保证安全、可靠、经济、合理地运行。

1. 按发热条件选择电线电缆导体截面积

导线在通过计算电流时产生的发热温度，不应超过其正常运行时的最高允许温度，即 $\theta_L \leqslant \theta_{al}$。导线的载流量：在规定的环境温度条件下，导线能够连续承受而不致使其稳定温度超过允许值的最大电流，即 $I_c \leqslant I_{al}$。通常采用以允许电流方式来表示电线电缆发热条件。电缆和绝缘导线的计算载流量就是该回路的计算工作电流。

1）三相变压器回路的计算工作电流计算

$$I_C = 1.05I_e = \frac{1.05S_e}{\sqrt{3}U_e} \quad (4.4)$$

式中，I_e——变压器的额定电流（A）；

U_e——变压器的额定电压（kV）；

S_e——变压器的额定容量（kV·A）。

为什么变压器回路的计算工作电流会大 5%？一是根据在 0.95 额定电压时其容量不变；二是带负荷调压变压器应按变压器的最大工作电流计算。

2）馈线回路的计算工作电流计算

$$I_C = \frac{P}{\sqrt{3}U_e \cos\varphi} \quad (4.5)$$

式中，P——馈线负荷的功率（kW）；

U_e——馈线的额定电压（kV）；

$\cos\varphi$——馈线回路的功率因素。

3）电动机回路的计算工作电流计算

$$I_C = \frac{P_{ed}}{\sqrt{3}U_e\eta_d \cos\varphi_d} \quad (4.6)$$

式中，η_d——电动机的额定效率；

$\cos\varphi_d$——电动机的功率因数；

U_e——电动机的额定电压（kV）；

P_{ed}——电动机的额定功率（kW）。

2．按短路热稳定条件选择电线电缆导体截面积

$$S \geqslant \frac{\sqrt{Q}}{C} \times 10^2 \tag{4.7}$$

$$C = \frac{1}{\eta}\sqrt{\frac{Jq}{\alpha K \rho}\ln\frac{1+\alpha(\theta_m - 20)}{1+\alpha(\theta_p - 20)}} \tag{4.8}$$

$$\theta_p = \theta_o + (\theta_H - \theta_o) \tag{4.9}$$

$$Q = I_d^2 \cdot t \tag{4.10}$$

式中，S——电缆和导体容许最小截面积（mm^2）；

J——热功当量系数，取 1.0；

q——电缆导体的单位体积热容量（J/cm^3），铝芯取 2.48，铜芯取 3.4；

θ_m——短路作用时间内电缆导体容许最高温度（°C）；

θ_p——短路发生前的电缆导体最高工作温度（°C）；

θ_H——电缆额定负荷的电缆导体容许最高工作温度（°C）；

θ_o——电缆所处的环境温度最高值（°C）；

α——20 °C 时电缆导体的电阻温度系数（1/°C），铝芯为 0.004 03，铜芯为 0.003 93；

ρ——20 °C 时电缆导体的电阻系数（$\Omega \cdot cm^2/cm$），铝芯为 0.031×10^{-4}，铜芯为 $0.018\,4 \times 10^{-4}$；

η——计入包含电缆导体充填物热容影响的校正系数，对 3 ~ 10 kV 电动机馈电回路，宜取 $\eta = 0.93$，其他情况可取 $\eta = 1$；

K——电缆导体的交流电阻与直流电阻之比值，可由表 4.10 查得；

Q——短路电流 I_{d2} 通过缆芯产生的热量（$A^2 \cdot S$）；

t——短路持续时间（s）。

表 4.10　K 值

电缆类型		5 ~ 35 kV 挤塑					自容式充油		
电缆截面积/mm^2		95	120	150	185	240	240	400	600
芯数	单芯	1.002	1.003	1.004	1.006	1.010	1.003	1.003	1.029
	多芯	1.003	1.006	1.008	1.009	1.021	—	—	—

电力电缆截面积和导线截面积的选择方法一般首先采用按发热条件选择导线和电缆截面积的方法，通过对线路负荷的计算得出回路工作电流大小值，这个数值也就是电缆和导线的计算载流量，在考虑电缆工作环境温度条件下，查阅电缆

和导线制造厂给出的某种工作环境温度下的容许载流量，给出的载流量都是在环境温度为 25 °C 时的参数，必须给予温度修正，其修正系数 K_t 见表 4.11。再按式（4.7）的条件校验满足要求，则选择的电缆和导线为选中的规格。此种方法作为唯一条件选择，多般应用于 95 mm² 以下的电缆和导线。

表 4.11　温度修正系数 K_t

敷设位置		空气中							土壤中			
环境温度/°C		−15	−10	−5	30	35	40	45	20	25	30	35
缆芯最高工作度/°C	60	1.46	1.41	1.36	1.22	1.11	1.0	0.86	1.07	1.0	0.93	0.85
	65	1.41	1.36	1.32	1.18	1.09	1.0	0.89	1.06	1.0	0.94	0.87
	70	1.37	1.33	1.29	1.15	1.08	1.0	0.91	1.05	1.0	0.94	0.88
	80	1.31	1.27	1.23	1.11	1.06	1.0	0.93	1.04	1.0	0.95	0.90
	90	1.27	1.24	1.20	1.09	1.05	1.0	0.94	1.04	1.0	0.96	0.92

3．按电缆和绝缘导线的电压损失计算校验截面积

$$\Delta U\% = \left[\frac{R_0 + X_0 \tan\varphi}{10U_e^2}\right] \times P \times L = \Delta u\% \times P \times L \leqslant \Delta U_{al}\% \qquad (4.11)$$

式中，$\Delta U\%$——线路全长的电压损失，%；

$\Delta u\%$——线路单位长度内的功率损失，%；

P——线路负荷（kW）；

L——线路长度（km）；

U_e——线路额定电压（kV）；

R_0——线路单位长度电阻（Ω/km）；

X_0——线路单位长度感抗（Ω/km）；

$\tan\varphi$——线路功率因数角 φ 的正切值；

ΔU_{al}——应该是许用单位长度功率损失。

注：此公式只适用线路电流滞后于线路电压，不适合于电流超前电压的线路。

4．按经济电流密度选择电缆和绝缘导线的截面积

按照经济电流密度选择电缆是综合了电线电缆初始投资和电能损耗费用而形成的选择方法，一般采用式（4.12）来计算校验：

$$S_{ec} = \frac{I_c}{j_{ec}} \qquad (4.12)$$

式中，S_{ec}——经济截面积（mm²）；

I_c——线路电流（A）；

j_{ec}——经济电流密度（A/mm²），可查设计手册或相关技术规定。

5．中性线（N 线）截面积的选择

（1）一般三相对称负荷要求中性线截面积应不小于相线截面积的一半，即 $S_0 \geqslant 0.5S_\varphi$。

（2）对三相系统分出的单相线路或两相线路，中性线电流与相线电流相等；对于有大量的单相负荷时的供电线路，中性线应与相线相等，即 $S_0 = S_\varphi$。

（3）对三次谐波电流突出的线路，中性线电流可能会超过相线电流，因此中性线截面积应不小于相线截面积。

6．机械强度条件

低压电线电缆导体截面积还应满足过负荷保护配合的要求电力电缆的最小截面积。一般而言，铜导体不宜小于 2.5 mm²，铝导体不宜小于 4 mm²，此条件一般用于校验。按机械强度确定的绝缘导线线芯最少截面积见表 4.12。

表 4.12　按机械强度确定的绝缘导线线芯最小截面积

用途		线芯的最小截面积/mm²		
		铜芯软线	铜线	铝线
照明用灯头引下线	民用建筑、屋内	0.4	0.5	1.5
	工业建筑、屋内	0.5	0.8	2.5
	屋外	1.0	1.0	2.5
移动式用电设备	生活用	0.2		
	生产用	1.0		
假设电缆绝缘支持件上的绝缘导线其支持点间距为	≤1 m，屋内		1.0	1.5
	屋外		1.5	2.5
	≤2 m，屋内		1.0	2.5
	屋外		1.5	2.5
	≤6 m		2.5	4.0
	≤12 m		2.5	6.0
	12～25 m	1.0	4.0	10
	穿管敷设的绝缘导线		1.0	2.5

计算实例

例 1　有一条从变电所引出的长 100 m 的供电干线，干线上接有 380 V 三相异步电动机共 22 台，其中 10 kW 电动机 20 台，4.5 kW 电动机 2 台，干线敷设地点的环境温度为 30 °C，干线采用绝缘明敷，需要系数 $K_n = 0.35$，平均功率因数 $\cos\varphi = 0.7$，试选择干线的截面。

解　因为 $L \leqslant 200$ m

（1）先按发热条件计算。

$$
\begin{aligned}
P_{\sum C} &= K_n \sum P_C \\
&= 0.35 \times (10 \times 20 + 4.5 \times 2) = 73.15\ (\text{kW})
\end{aligned}
$$

$$I_{\Sigma C}=\frac{P_{\Sigma C}}{\sqrt{3}U_l\cos\varphi_p}=\frac{73.15}{\sqrt{3}\times0.38\times0.7}=158.8\ (\text{A})$$

查允许载流量表，选 BLV（3×70+1×35）

$$I_N = 192\ \text{A} > 158.8\ \text{A}$$

（2）再按电压损失要求校验已选截面。

查表，$C = 46.3$，$B = 1.74$

$$\Delta U = B\frac{P_{\Sigma C}L}{CS\times100}=1.74\times\frac{73.15\times100}{46.3\times70\times100}=3.93\% < 5\%$$

查看机械强度，满足要求，可以选用。

例 2 某工地照明干线负荷共计 75 kW，$K_n = 1$，$\cos\varphi = 1$，导线长 250 m，用 380/220 V 三相四线制供电，设干线上的电压损失不超过 5%，敷设地点的环境温度为 30 °C，采用明敷。试选择干线 BLX 的截面。

解 因为 $L\geqslant200$ m

（1）先按允许电压损失条件计算。

采用铝线明敷，取 $C = 46.3$

$$S=\frac{P_{\Sigma C}L}{C\Delta U\%\times100}=\frac{75\times250}{46.3\times5\%\times100}=81\ (\text{mm}^2)$$

查允许载流量表，选 BLX（3×95+1×50）。

$$I_N = 248\ \text{A}$$

再按发热条件来校验已选截面：

$$I_{\Sigma C}=\frac{P_{\Sigma C}}{\sqrt{3}U_l\cos\varphi_p}=\frac{75}{\sqrt{3}\times0.38\times1}=114\ \text{A} < 248\ \text{A}$$

查看机械强度，满足要求，可以选用。

任务三 配电箱及开关箱设计

知识目标

- 了解施工现场配电系统的配电形式及技术要求。
- 掌握配电箱、开关箱设置要求。

- 了解常见配电装置及其内部电器配置型式，熟悉配电系统主要低压电气设备的作用、选配。
- 了解配电箱、开关箱使用与维护注意事项。

能力目标

- 能按工程实际要求设置配电箱、开关箱。
- 能正确认识配电箱、开关箱内部主要低压电气设备，并正确选用。
- 能按规范要求使用与维护配电箱、开关箱。
- 具有一定的识图能力，能看懂配电电气系统图。

任务导入

在施工现场，使用的能源主要是电能，施工现场的电力供应及配送是保证实现高速度、高品质工程施工作业的重要前提。而施工工地的用电设备类型众多、移动性较大、工作环境恶劣、临时性强、负荷变化大，这些因素为配电系统工作增加了难度。那么由供电系统而来的电能是如何配送至各个用电设备的？需要经过哪些配电装置？如何设置这些配电装置？应该如何对其正确使用与维护？通过本任务的学习我们会得到答案。

学习指引

为了使施工现场的所有用电设备都能够平稳又安全地工作，需要考虑施工现场配电系统的配电形式及技术要求，配电箱、开关箱设置要求，配电箱、开关箱使用与维护注意事项等内容。

知识链接

一、配电箱及开关箱的设置

配电箱，又称配电柜，是整个施工现场临时用电系统的枢纽。配电箱是按电气接线要求将开关设备、测量仪表、保护电器和辅助设备组装在封闭或半封闭金属柜中或屏幅上，构成低压配电装置。正常运行时，可借助手动或自动开关接通或分断电路；故障或不正常运行时，借助保护电器切断电路或报警。借测量仪表可显示运行中的各种参数，还可对某些电气参数进行调整，对偏离正常工作状态进行提示或发出信号。

1．设置要求

除上述原则与要求外，配电箱及开关箱的设置与安装还应注意以下几点：

（1）配电箱、开关箱应采用冷轧钢板或阻燃绝缘材料制作，钢板厚度应为 1.2～2.0 mm，其中开关箱箱体钢板厚度不得小于 1.2 mm，配电箱箱体钢板厚度不得小于 1.5 mm，箱体表面应做防腐处理（见图 4.15）。

图 4.15　配电箱、开关箱外观

（2）箱体应设置系统接线图和分路标记以及门、锁及防雨措施（见图 4.16）。

图 4.16　开关箱箱体示意图

（3）配电箱、开关箱应装设端正、牢固；固定式配电箱、开关箱的中心点与地面的垂直距离应为 1.4～1.6 m；移动式配电箱、开关箱应装设在坚固的支架上，其中心点与地面的垂直距离宜为 0.8～1.6 m（见图 4.17）。移动式配电箱、开关箱不得直接放在地上使用，如图 4.18 所示。

（4）配电箱、开关箱内的电器（含插座）应先安装在金属或非木质阻燃绝缘电器安装板上，然后方可整体紧固在配电箱、开关箱箱体内。金属电器安装板与金属箱体应做电气连接。

（5）配电箱、开关箱内的电器（含插座）应按其规定位置紧固在电器安装板上，不得歪斜和松动。

（6）配电箱的电器安装板上必须分设 N 线端子板和 PE 线端子板（见图 4.19）。N 线端子板必须与金属电器安装板绝缘；PE 线端子板必须与金属电器安装板做电气连接。进出线中的 N 线必须通过 N 线端子板连接；PE 线必须通过 PE 线端子板连接（见图 4.20）。

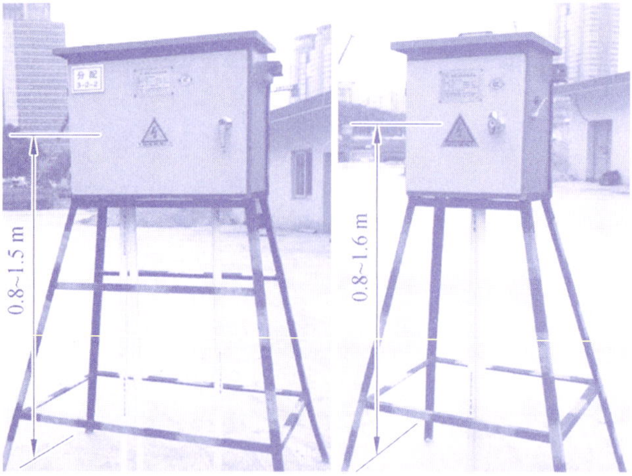

图 4.17　移动式配电箱、开关箱

图 4.18　错误做法

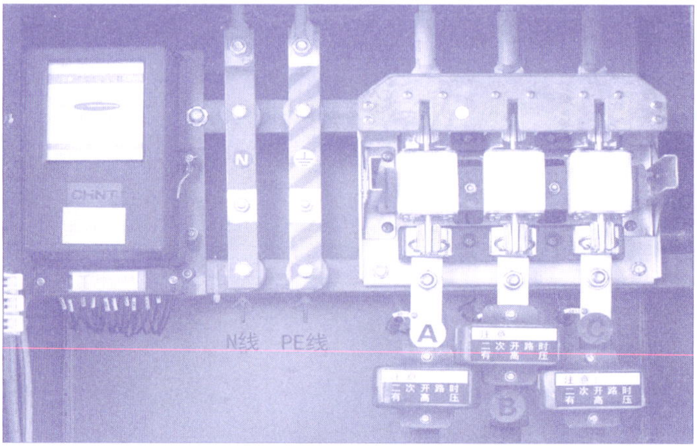

图 4.19　N 线端子板和 PE 线端子板

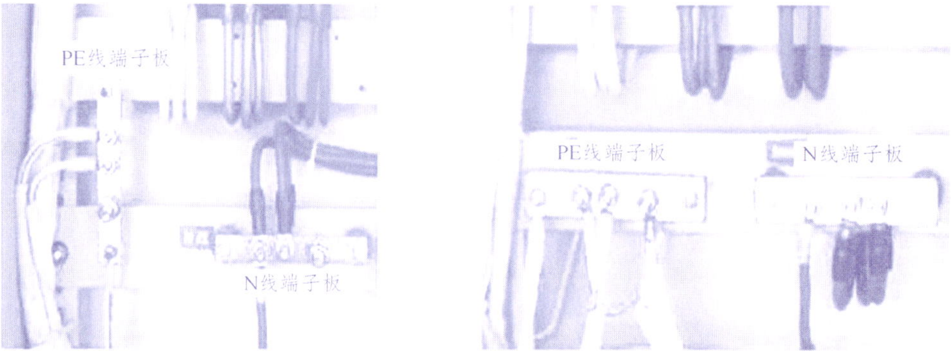

图 4.20　零线端子板示意图

（7）配电箱、开关箱的金属箱体、金属电器安装板以及电器正常不带电的金属底座、外壳等必须通过 PE 线端子板与 PE 线做电气连接，金属箱门与金属箱体必须采用编织软铜线做电气连接（见图 4.21）。

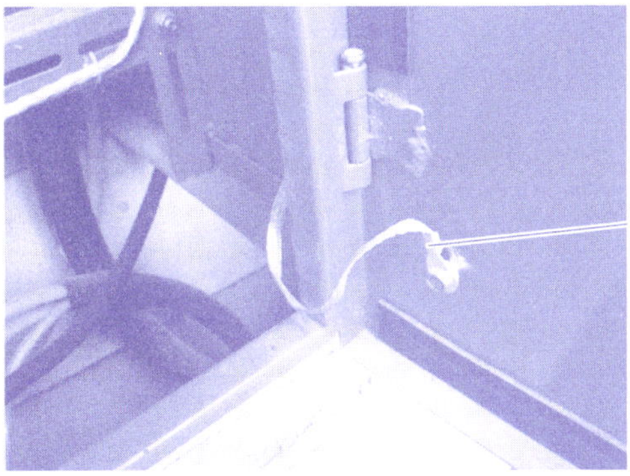

电箱门与金属箱体采用编织软铜线做电气连接

图 4.21　金属箱门与金属箱体的电气连接

（8）配电箱、开关箱内的连接线必须采用铜芯绝缘导线。导线绝缘的颜色标志应按表 4.13 要求配置并排列整齐；导线分支接头不得采用螺栓压接，应采用焊接并做绝缘包扎，不得有外露带电部分（见图 4.22）。

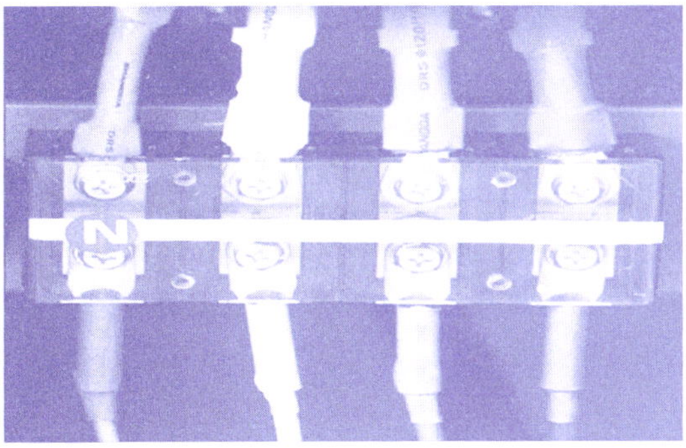

（a）接线端子板防护

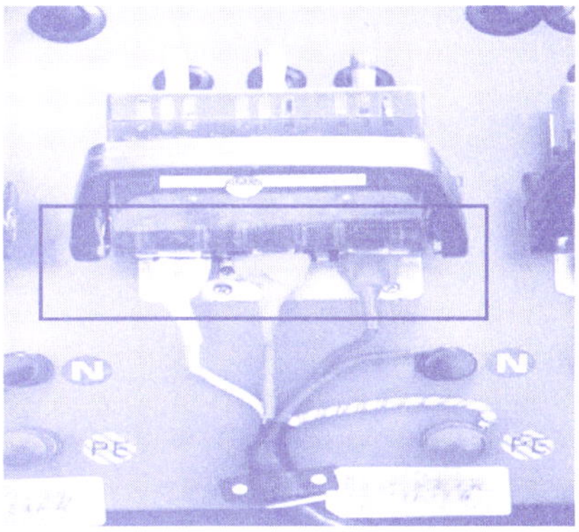

（b）隔离开关负荷侧防护

图 4.22　接线防护

表 4.13　导线绝缘的颜色标志

相别	颜色	垂直排列	水平排列	引下排列
L1（A）	黄	上	后	左
L2（B）	绿	中	中	中
L3（C）	红	下	前	右
N	淡蓝	—	—	—
PE	绿/黄	—	—	—

（9）配电箱、开关箱的箱体尺寸应与箱内电器的数量和尺寸相适应，箱内电器安装板板面电器安装尺寸可按照表 4.14 确定。

表 4.14 配电箱、开关箱内电器安装尺寸选择值

间距名称		最小净距/mm
并列电器（含单极熔断器）间		30
电器进、出线瓷管（塑胶管）孔与电器边沿间	15 A 20～30 A 60 A 及以上	30 50 80
上、下排电器进出线瓷管（塑胶管）孔间		25
电器进、出线瓷管（塑胶管）孔至板边		40
电器至板边		40

（10）配电箱、开关箱中导线的进线口和出线口应设在箱体的底面。

（11）配电箱、开关箱的进、出线口应配置固定线卡，进出线应加绝缘护套并成束卡固在箱体上，不得与箱体直接接触（见图 4.23）。移动式配电箱、开关箱的进、出线应采用橡皮护套绝缘电缆，不得有接头（见图 4.24）。

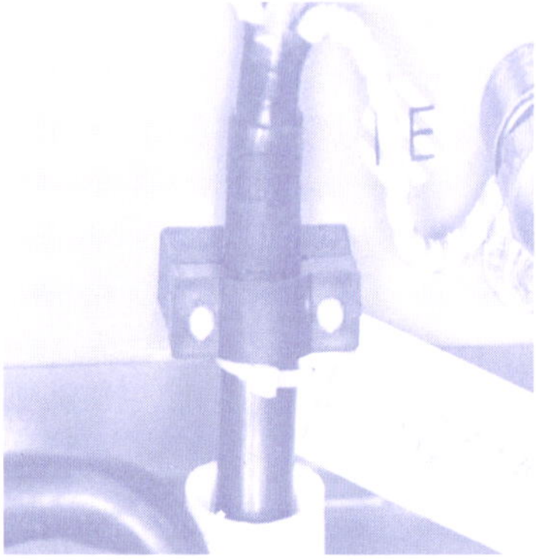

图 4.23 配电箱出线的固定线卡

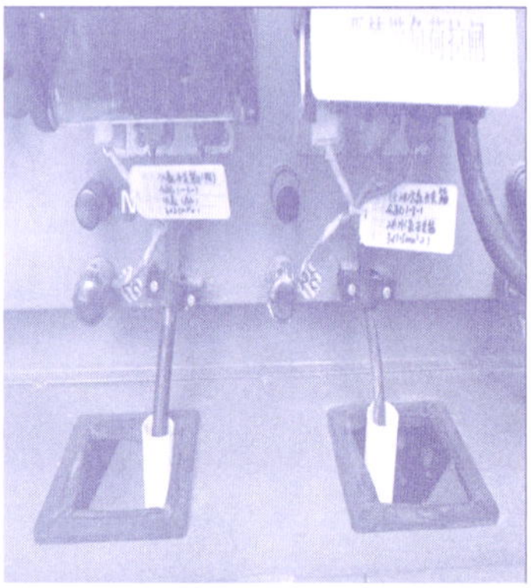

图 4.24 配电箱出线端的橡胶防护圈

2．固定场所配电箱及开关箱的设置

1）加工车间（各种机床、电焊机）（见图 4.25）

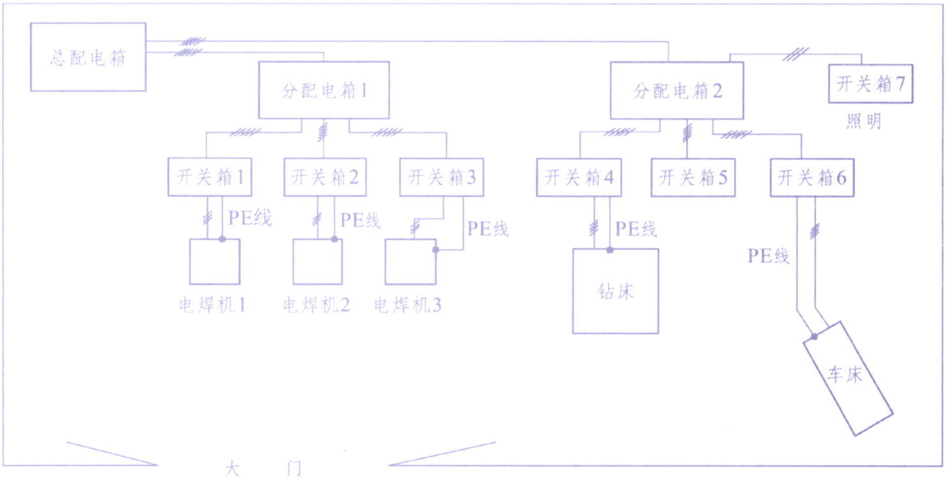

图 4.25 加工车间用电设备接线图

（1）加工车间进线设一总配电箱。

（2）每一个分配电箱均从总配电箱下线，根据设备分布情况，分配电箱下面设 3～4 个开关箱用于操作单台设备。

（3）所有配电箱要有安全标识、用途标识，箱内断路器要有用途标识。

（4）一台设备使用一个开关箱，严禁两台设备共用一个开关箱。

2）搅拌站（动力和照明、其他）（见图 4.26）

（1）搅拌站设分配电箱，并按要求设防护栏。

（2）每台设备设一个开关箱。搅拌机和配料机不能使用同一个开关箱。

（3）搅拌站照明必须单独使用一个开关箱。

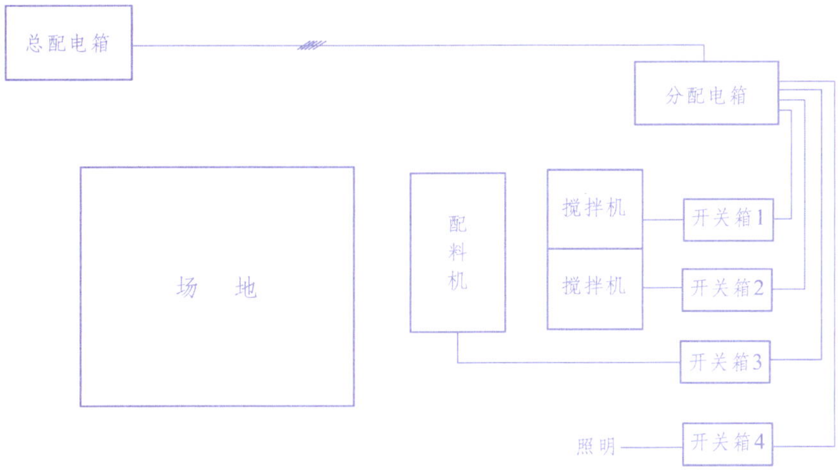

图 4.26　施工现场搅拌站接线图

3）空压机、充电机、通风机（见图 4.27）

（1）空压机、充电机、通风机等设备有专用开关柜，可直接由分配电箱接线，不用再设开关箱。

（2）在接线时必须注意接入 PE 线，有条件的地方必须做重复接地，接地电阻值小于 10 Ω。

（3）各开关柜应做好防护（见图 4.28）。

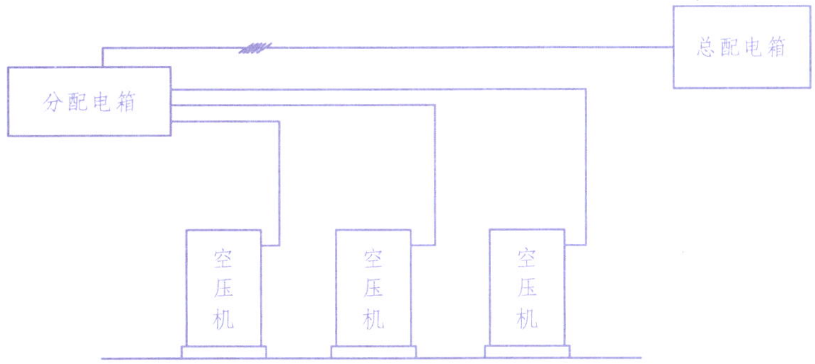

图 4.27　施工现场空压机、通风机、充电机等设备接线示意图

图 4.28　洞口风机动力启动柜防护实例

4）生活、办公区（见图 4.29）

（1）生活、办公区可集中设一个分配电箱，也可根据房屋的多少和房屋布置情况，设置 2 个及以上分配电箱。分配电箱禁止直接固定在彩板房墙壁上，彩板房内所有电缆线均应穿金属管或阻燃管、线槽敷设，并严禁敷设在易燃可燃材料结构内。

（2）每一栋（或一排）房屋应设一个开关箱，每一室宜安装一个及以上断路器，开关箱和断路器都必须带漏电保护器。

（3）所有配电线都必须采用塑料绝缘线，在敷设时必须采用绝缘子固定。

（4）房屋内应安装一定数量的插座，方便使用。

（5）严禁私自拉电线，严禁在电线上晾衣物。

（6）照明灯具安装与易燃物之间应保持一定的安全距离。厨房应安装防水防爆灯具；气瓶储存间应安装防爆灯具，电器开关必须设置在室外侧。

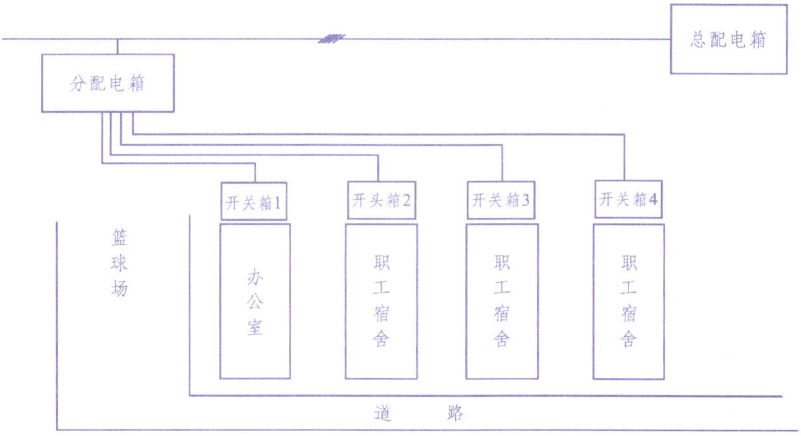

图 4.29　生活区接线图

3．移动用电设备配电箱及开关箱的设置

1）混凝土喷射机、砼输送泵、抽水机（潜水泵）

（1）移动设备开关箱必须安装隔离开关和带漏电保护器的断路器（见图 4.30）。

（2）不宜采用插头、插座作为移动设备的接线方式。因操作频繁可能出现相线接触不良、缺相等问题，造成电机不动作或烧毁等事故。

（3）移动设备在移动时必须断电，严禁带电移动。

（4）抽水机（潜水泵）电机的电源线不得承受外力，且在水中不得有中间接头。

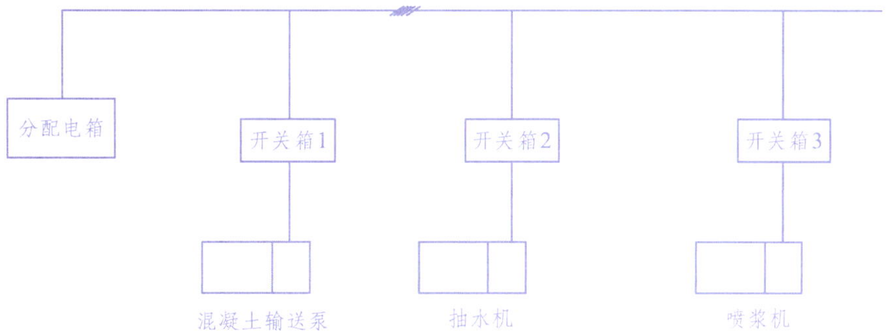

图 4.30　移动设备接线图

2）各类作业台架（见图 4.31）

（1）作业台架在移动时要切断作业时使用的所有电源，并把电线拆除收好。

（2）穿过台架的电缆电线要做好防护。特别是动力和照明线必须穿管后才能移动。

（3）作业台架照明必须采用 36 V 电压。可采用行灯变压器隔离、降压。

（4）在作业台架上使用电焊机时，必须将易燃、易爆品清理到安全地带，台架下方必须有人防护。电焊机搭铁线必须直接和焊件连接，不得通过钢筋或钢板间接连接。

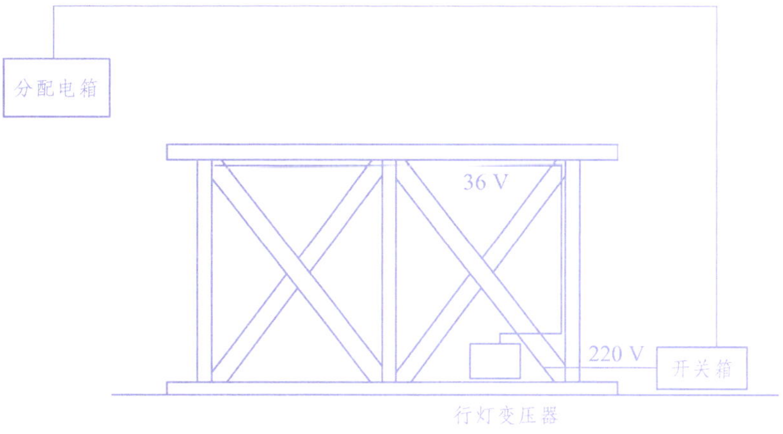

图 4.31　各类移动作业台架照明接线布置图

4．照明配电箱的设置

（1）计量与开关共用的配电箱应使用符合当地标准，具有过载和短路保护的低压断路器，电能表和总开关应设间隔并加锁。

（2）箱（盘）内配线整齐，无绞接现象。导线连接紧密，不伤线、不断股。螺栓两侧压的导线截面积相同，同一端上导线连接不多于2根，防松垫圈等零件齐全。

（3）位置正确，部件齐全，箱体开孔与导管管径适配，暗装E电箱箱盖紧贴墙面，箱（盘）涂层完整。

（4）箱（盘）内接线整齐，回路编号齐全，标识正确。

（5）箱（盘）采用不可燃材料制作。

（6）盘内设备安装牢固，瓷插式熔断器底座和瓷插件无裸露金属钉，螺旋式熔断器电源线应接在底座中心触头的端子上，负荷线接在螺纹的端子上。刀开关的动、静触头接触应良好，确保使用中的发热量不超过规定温度。

（7）开关、互感器、熔断器等应上端接电源，下端接负荷或左侧接电源，右侧接负荷。相序排列，面对开关从左侧起为L1、L2、L3或L1（L2、13）、N，其导线的相（L1、L2、L3）色依次为黄、绿、红色，安全接地（PE 线）线为黄绿相间色，工作零线（N线）为淡蓝色绝缘导线。开关及其他元件的导线连接应牢固，线芯无损伤。

（8）剩余电流保护装置前端N线上不应装设熔断器，防止N线熔丝熔断后，相线发生故障，当剩余电流达规定值时，保护装置不动作。单相回路的照明开关箱（板）内必须装设剩余电流动作保护装置。

（9）箱内带有剩余电流保护的回路，剩余电流保护器动作电流不大于30 mA，动作时间不大于0.1 s。当剩余电流动作保护装置同时具有短路、过载、剩余电流保护功能的剩余电流断路器时，箱内可不装设断路器或熔断器。

（10）箱内线间和线对地间绝缘电阻值，馈电线路必须大于0.5 MΩ，二次回路必须大于1 MΩ。

（11）照明配电箱（板）内的零线（N）和安全接地线（PE 线）或保护接零线（PE线）汇流排应分开设置，且零线和保护线在汇流排上应采用螺栓连接，并应有编号。箱内专用保护线的端子板应与箱体连通，工作零线端子板应与箱体绝缘（用作总配电箱的除外）。工作零线经过汇流排（或零线端子板）连接后，其分支回路排列位置应与开关或熔断器位置对应，面对配电箱从左到右编排为1、2、3…零母线在配电箱内不得串联。

（12）当部分中性线被利用作接零时，被利用的中性线的末端应重复接地。为此，PEN线的末端可与不同配电箱或不同分支线的中性线相连或与其他接地体连接。在配电箱处，中性线应和配电箱一起与接地网连接。

（13）三相四线制TN系统配电方式，当零线系统中允许有重复接地时，N线应在总配电箱内做好重复接地，PE线（专用保护线）和N线应分别与接地体连接。N线进入建筑物（或总配电箱）后严禁与大地连接。PE线应与配电箱箱体及三孔插座的保护线插孔相连接。建筑物内 PE 线最小截面积应符合有关规定。

（14）盘内导线引出面板时，面板线孔应光滑无毛刺，金属面板应装设绝缘保护套以加强绝缘。

（15）当导线与配电箱内设备连接完成后，在盘面上电器控制回路的下方，要装设好标志牌，标明所控制的用电回路名称、编号，导线两端应有明显标记和编号，方便使用和维护，防止误操作而发生触电事故。

（16）固定式照明配电箱、开关箱的中心点与地面的垂直距离为 1.4 ~ 1.6 m，移动式照明配电箱、开关箱的中心点与地面的垂直距离宜为 0.8 ~ 1.6 m。

（17）照明配电盘（箱）的操作、巡视。操作、巡视通道应保持畅通，应备有适当数量的备用熔断管、熔体，其规格应符合运行要求，以便及时更换恢复供电，并注意检查以下内容：

① 导电部分的各接点处是否有过热或弧光灼伤现象。

② 各种仪表和指示灯是否齐全，指示是否正常。

③ 胶盖瓷底刀开关和瓷插式熔断器的外绝缘有无短缺和损坏，并及时清除熔体熔断时形成的积灰；检查熔体容量是否与负荷电流相适应。对装有模数化终端电器的隔离开关、低压断路器，应检查动作是否正常；低压断路器的整定值是否符合要求。

④ 检查箱门是否破损，户外照明箱有无漏雨进水现象，铁制箱的外壳应做可靠的保护接零或安全接地。

二、配电箱及开关箱内电器件的选择

为了确保临时用电安全，配电箱和开关箱必须在技术上采取合理的保护电器，才能使配电箱具备电源隔离、正常接通与分断电路以及短路、过载、剩余电流保护功能。

配电箱及开关箱内的电气元件必须可靠、完好，选择及配置应符合国家相关标准，通过 3C 认证（见图 4.32）。

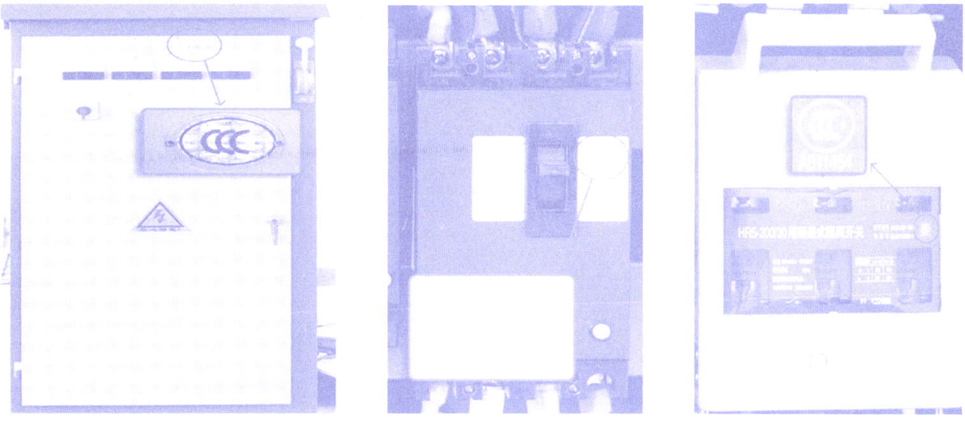

图 4.32　经过 3C 认证的建筑工地用配电箱、漏电保护器、隔离开关

1. 总配电箱

总配电箱也叫一级配电箱。一般位于配电房。一级总配电箱（配电柜）可以向二级分配电箱配电分路，即一个总配电箱（配电柜）可以分若干分路向若干分配箱配电；每一分路也可以支接若干分配电箱。一级箱柜采用下进下出线，前开门，主母线采用铜排连接，接触良好，内带计量系统（见图 4.33）。

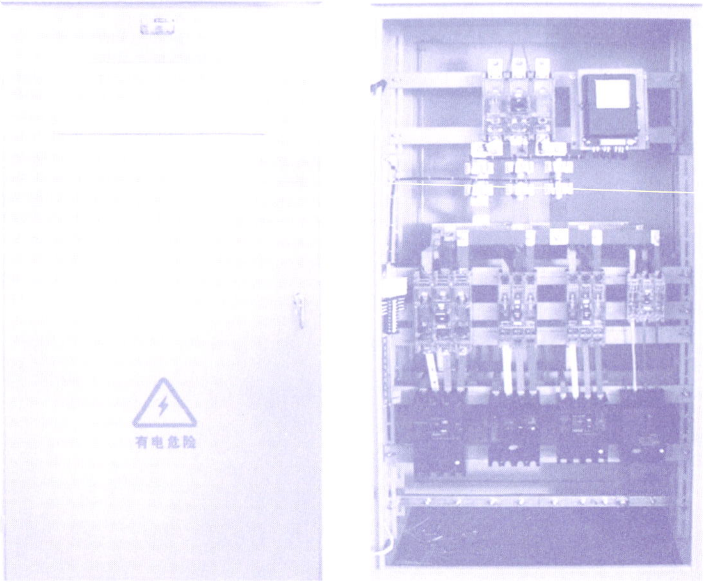

图 4.33　总配电箱

总配电箱内的电器应具备电源隔离，正常接通与分断电路，以及短路、过载、漏电保护功能。总配电箱内部配备总隔离开关、分隔离开关、漏电保护装置（见图 4.34），使之具有欠压、过载、短路、漏电、断相保护功能。同时，总配电箱还应装设电压表、总电流表、电度表及其他需要的专用电能计量仪表，这些仪表都要符合当地供用电管理部门的要求。装设电流互感器时，其二次回路必须与保护零线有一个连接点，且严禁断开电路。施工现场低压总配电箱的基本配置形式及常用低压电气设备如图 4.35 所示。

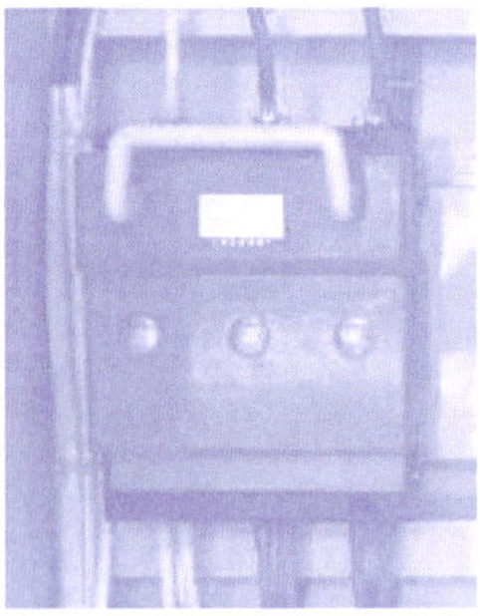

（a）总隔离开关

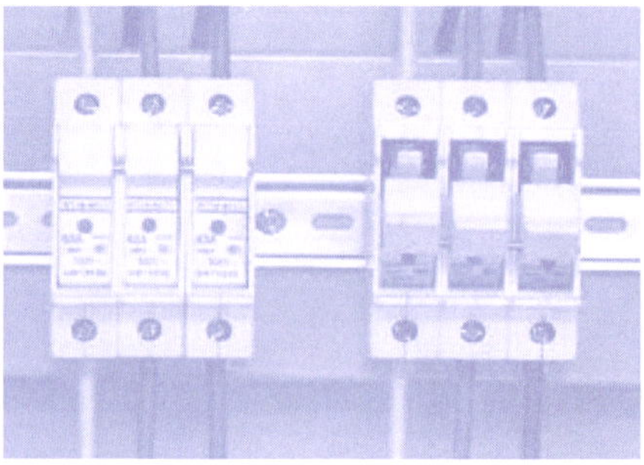

（b）分隔离开关

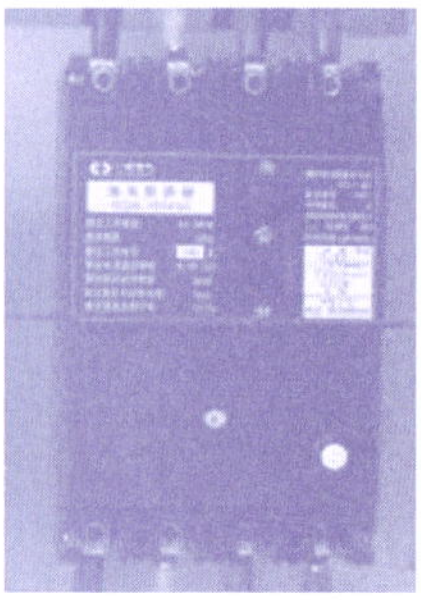

（c）漏电断路器

图 4.34　常用低压电气设备

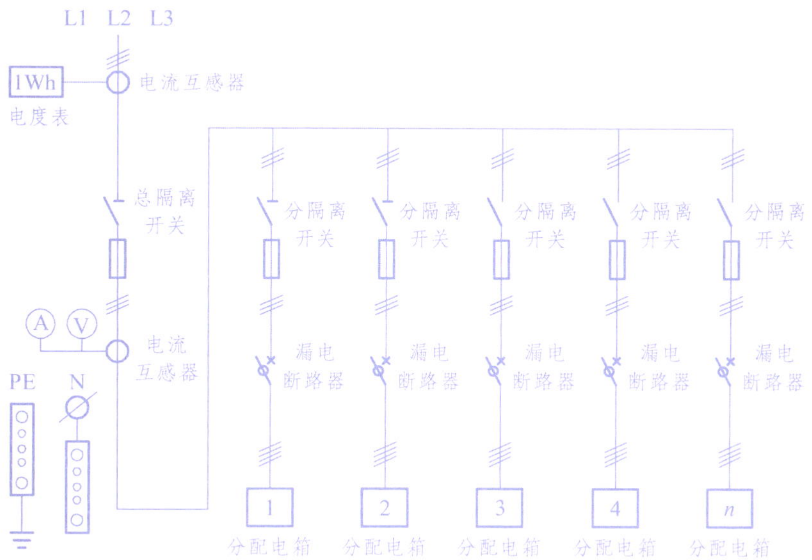

图 4.35 施工现场低压总配电箱的基本配置形式

总配电箱电气设备配置（见图 4.36）应符合下列原则：

（1）当总路设置总漏电保护器时，还应装设总隔离开关、分路隔离开关以及总断路器、分路断路器或总熔断器、分路熔断器。当所设总漏电保护器是同时具备短路、过载、漏电保护功能的漏电断路器时，可不设总断路器或总熔断器。

（2）当各分路设置分路漏电保护器时，还应装设总隔离开关、分路隔离开关以及总断路器、分路断路器或总熔断器、分路熔断器。当分路所设漏电保护器同时具备短路、过载、漏电保护功能的漏电断路器时，可不设分路断路器或分路熔断器。

（3）隔离开关应设置于电源进线端，分断时应具有可见分断点，并能同时断开电源所有极的隔离电器。如采用分断时具有可见分断点的断路器，可不另设隔离开关。

（4）熔断器应选用具有可靠灭弧分断功能的产品。

（5）总开关电器的额定值、动作整定值应与分路开关电器的额定值、动作整定值相适应。

（6）总配电箱中漏电保护器的额定漏电动作电流应大于 30 mA，额定漏电动作时间应大于 0.1 s，但其额定漏电动作电流与额定漏电动作时间的乘积不应大于 30 mA·s。漏电保护器应装设在总配电箱靠近负荷的一侧且不得用于启动电气设备的操作。

（7）总配电箱中漏电保护器的极数和线数必须与其负荷侧的相数和线数一致。宜选用无辅助电源型（电磁式）产品，或选用辅助电源故障时能自动断开的辅助电源型（电子式）产品。当选用辅助电源故障时不能自动断开的辅助电源型（电子式）产品时，应同时设置缺相保护。漏电保护器应按产品说明书安装、使用。

对搁置已久重新使用或连续使用的漏电保护器应逐月检测其特性，发现问题应及时修理或更换。

图 4.36　总配电箱内部电气配置

实例引入

实例 1

采用可见分断点断路器的总配电箱与采用普通熔断式隔离开关的总配电箱内部结构如 4.37 所示，注意两者区别。

（a）采用可见分断点断路器的总配电箱

（b）采用普通熔断式隔离开关的总配电箱

图 4.37 总配电箱实例

实例 2

图 4.38 为某四回路总配电箱的电气系统图，试了解电气系统图的基本组成、总配电箱的电气配置形式及内部主要配件。

2. 分配电箱

分配电箱也叫二级配电箱，简称分箱，一般负责一个供电区域，应设置在用电设备或负荷相对集中的场所。二级箱采用内外门设计，外表喷塑，安全美观，防雨箱顶适合野外工作（见图 4.39）。

分配电箱应装设总隔离开关、分路隔离开关以及总断路器、分路断路器或总熔断器、分路熔断器。施工现场低压分配电箱的基本配置形式如 4.40 图所示。

其设置和选择与总配电箱要求基本相同。分配电箱的电器配置在采用二级漏电保护的配电系统中，分配电箱中不要求设置漏电保护器。

（1）总路设置总隔离开关，以及总断路器或总熔断器。

（2）分路设置分路隔离开关，以及分路断路器或分路熔断器。

（3）隔离开关设置于电源进线端，应采用分断时具有可见分断点，并能同时断开电源所有极或彼此靠近的单极隔离电器，不得采用分断时不具有可见分断点的电器。当采用分断时具有可见分断点的断路器时，可兼作隔离开关。

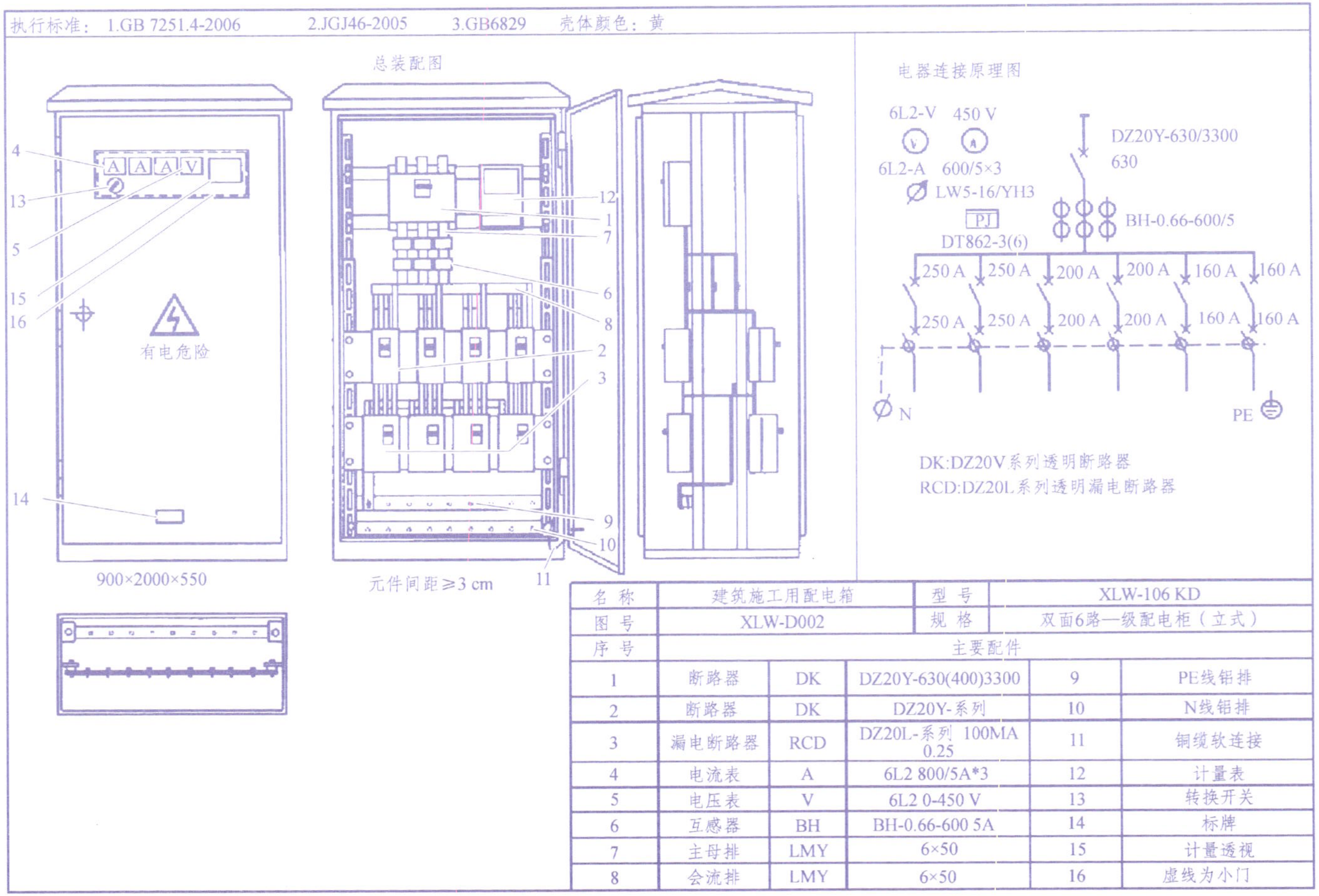

图 4.38　某四回路总配电箱的电气系统图

名称	建筑施工用配电箱		型号	XLW-106 KD	
图号	XLW-D002		规格	双面6路—级配电柜（立式）	
序号	主要配件				
1	断路器	DK	DZ20Y-630(400)3300	9	PE线铝排
2	断路器	DK	DZ20Y-系列	10	N线铝排
3	漏电断路器	RCD	DZ20L-系列 100MA 0.25	11	铜缆软连接
4	电流表	A	6L2 800/5A*3	12	计量表
5	电压表	V	6L2 0-450 V	13	转换开关
6	互感器	BH	BH-0.66-600 5A	14	标牌
7	主母排	LMY	6×50	15	计量透视
8	会流排	LMY	6×50	16	虚线为小门

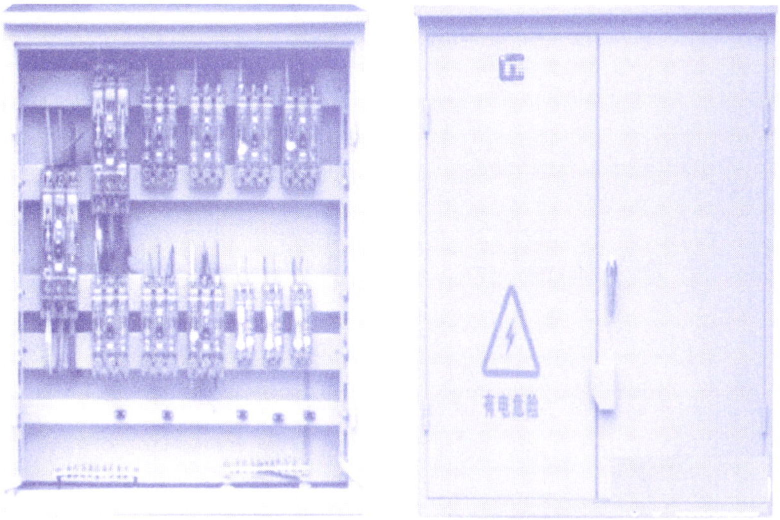

图 4.39　分配电箱

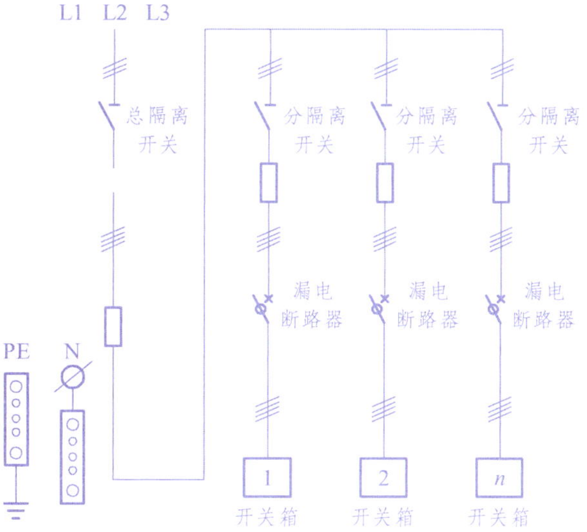

图 4.40　分配电箱的基本配置形式

例 3　某大桥施工现场具有修理车间、混凝土拌和站、木料加工场、钢筋加工场、桥墩工地、食堂、办公室等场地，应该如何设置配电装置呢?

分析：若同时存在动力回路与照明回路，配电箱应分别设置。当合并设置为同一配电箱时，动力和照明应分路配电。

动力回路与照明回路分路配电的分配电箱系统如图 4.41 所示。

3．开关箱

开关箱也叫三级配电箱。每台用电设备必须有各自专用的开关箱，严禁用同一个开关箱直接控制 2 台及 2 台以上用电设备（含插座）（见图 4.42）。

执行标准：1.GB 7521.4-2006 2.JBJ46-2005 3.GB6829　　　　壳体颜色：黄

总装配图：

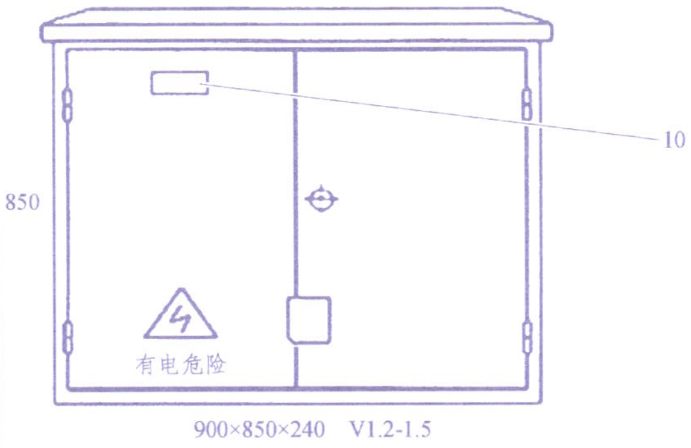

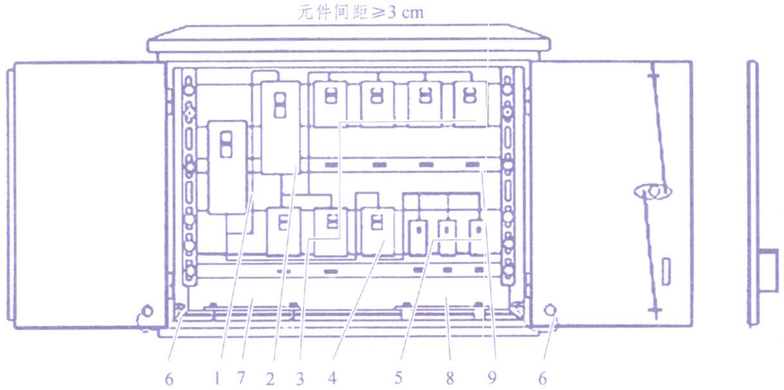

电器连接原理图：

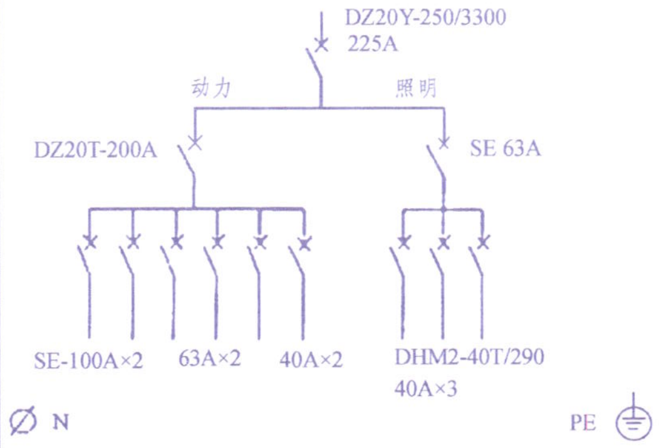

名 称	建筑施工用配电箱		型 号	XLW-209KD		
图 号	XLW-D004		规 格	二级分配电箱（6路动力×3路照明）		
		序号	主要配件			
设 计		1	断路器	DK	DZ20Y (SE.DZ20T)透明系列	
制 图		2	断路器	DK	DZ20Y (SE.DZ20T)透明系列	
校 核		3	断路器	DK	SE透明系列	
审 核		4	断路器	DK	SE透明系列	
标准化		5	断路器	DK	AMIT-2P透明系列	
日 期		6	裸铜加蜡管线	TM	壳体与门的线连接	
		7	PE端子	LMY	9	线夹
		8	N线端子	LMY	10	标牌

图 4.41　含照明回路分配电箱系统图（动力回路与照明回路分路配电）

开关箱内部装设隔离开关、断路器或熔断器，以及漏电保护器。这就是所谓的“一机一闸一箱一漏”。当漏电保护器是同时具有短路、过载、漏电保护功能的漏电断路器时，可不装设断路器或熔断器。

开关箱中各种开关电器的额定值和动作整定值应与其控制用电设备的额定值和特性相适应。通用电动机开关箱中电器的规格可按规范选配。

开关箱中的隔离开关应采用分断时具有可见分断点，能同时断开电源所有极的隔离电器，并应设置于电源进线端。当断路器是具有可见分断点时，可不另设隔离开关。

隔离开关一般只可直接控制照明电路和容量不大于 3.0 kW 的动力电路，但不应频繁操作。容量大于 3.0 kW 的动力电路应采用断路器控制，操作频繁时还应附设接触器或其他启动控制装置。

开关箱中的漏电保护器的设置与配线箱要求相同。

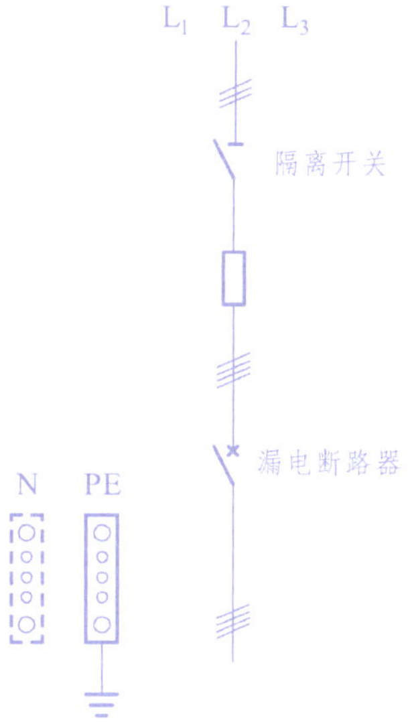

图 4.42　开关箱的一般配置型式

因此，根据用电设备的不同，开关箱有以下几种类型。

（1）动力设备开关箱。

开关箱内电器只有隔离开关和漏电保护器。

开关箱中漏电保护器的额定漏电动作电流不应大于 30 mA，额定漏电动作时间不应大于 0.1 s。使用于潮湿或有腐蚀介质场所的漏电保护器应采用防溅型产品，其额定漏电动作电流不应大于 15 mA，额定漏电动作时间不应大于 0.1 s。

实例引入

图 4.43 所示为 3.0 kW 以下用电设备开关箱的电气系统图：内设 DZ20（20～40 A、380 V）或 SE、KDMI 系列透明塑壳断路器作为控制开关，配置 DZ15LE（20～40A）或 LBM1 系列透明漏电断路器，PE 线端子排为 4 个接线螺栓。

（2）塔式起重机等设备动力开关箱（见图 4.44）。

塔式起重机等设备本身有多台电机，虽不一定同时工作，但所控设备多、线路多且远，考虑到线间的漏电电容，所以漏电保护器漏电动作电流在实际使用中控制在 50 mA，动作时间还是不大于 0.1 s。

（3）交流焊机开关箱（见图 4.45）。

交流焊机未降压前的空载电压可达 70 V 以上，远远超过了安全电压值（36 V），而正常焊接作业时的电压只有三十几伏。因此用于交流电弧焊机的开关箱必须设置二次侧防触电保护器，这种保护器的原理是将焊机空载时的电压降到安全电压（36 V）以下。

交流弧焊机专用开关箱内电器有隔离开关、一次漏电保护器、二次漏电保护器（二次侧防触电保护器）。

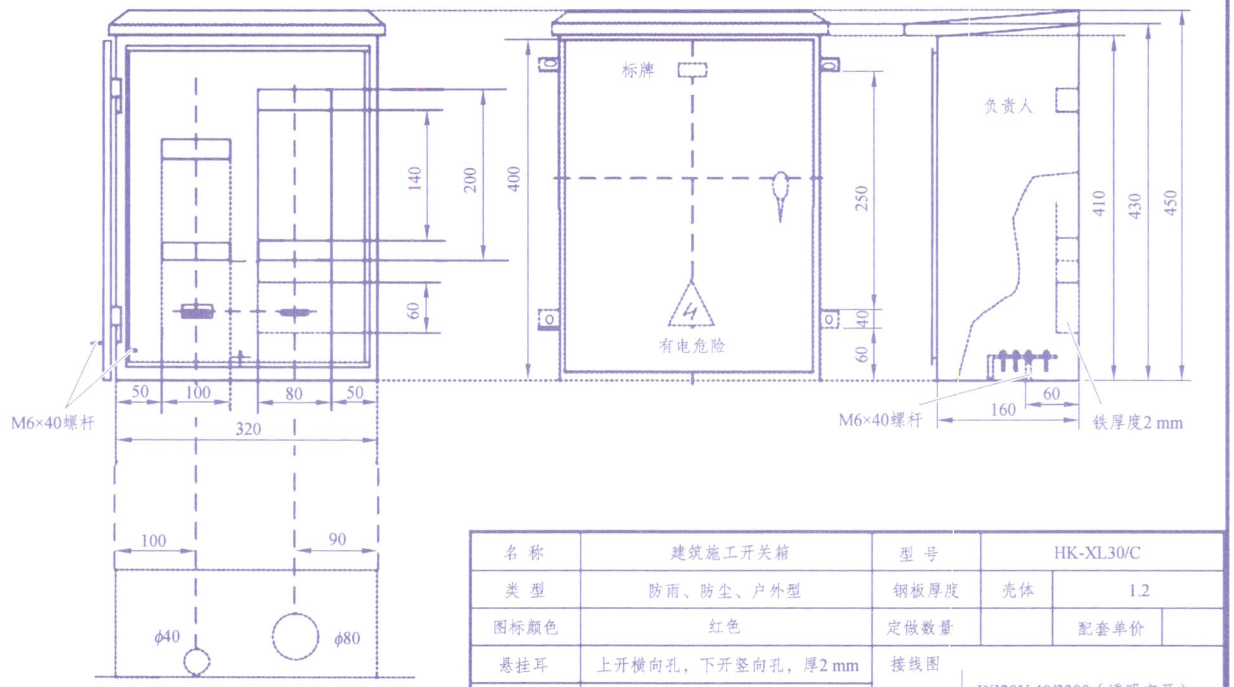

名 称	建筑施工开关箱	型 号	HK-XL30/C		
类 型	防雨、防尘、户外型	钢板厚度	壳体	1.2	
图标颜色	红色	定做数量		配套单价	
悬挂耳	上开横向孔，下开竖向孔，厚2 mm	接线图 DZ20Y-40/3300（透明空开） 40A DZ15LE-30/4901（漏保） 40A （30MA 0.1s） PE			
锁 型	压把锁				
禁固件	M6×30				
进出线孔	φ40加护线圈出：φ100				
端子排N	120×30×3配M6×30螺丝3套				
元件间距	≥3 mm				

图 4.43　40 A 以下设备用电开关箱电气系统图

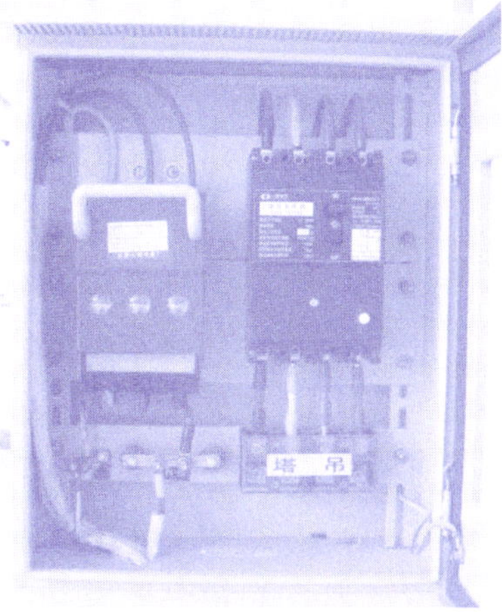

图 4.44　塔式起重机开关箱

图 4.45　交流弧焊机专用开关箱

（4）照明开关箱（见图 4.46）。

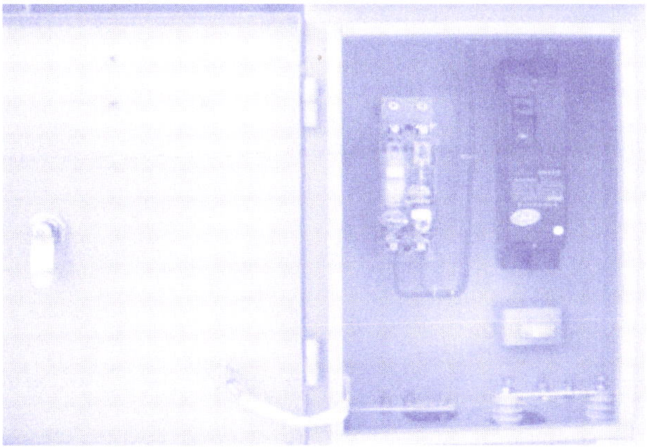

图 4.46　照明开关箱

照明开关箱只供照明或单相手动工具使用，箱内电器有隔离开关和单相两极漏电保护器各一台，要求漏电保护器的动作电流不大于 15 mA，动作时间不大于 0.1 s。

4. 小　结

归纳起来，不同电箱可以有几类标准配置供选择，见表 4.15。目前，比较新的、电器元件较少的、电箱体积较小的配电箱配置如下：

（1）总配电箱。

① 漏电保护器设置在总路上：外线→DZ20 透明式塑料外壳断路器→总漏电保护器→分 DZ20 透明式塑料外壳断路器→出线。

② 漏电保护器设置在分路上：外线→总 DZ20 透明式塑料外壳断路器→分 DZ20 透明式塑料外壳断路器→分漏电保护器→出线。

（2）分配电箱。

进线→总 DZ20 透明式塑料外壳断路器→分 DZ20 透明式塑料外壳断路器→出线。

（3）开关箱。

进线→DZ20 透明式塑料外壳断路器→漏电保护器→出线。

表 4.15　临时用电电箱配置（标准）方案分类表

总电箱	漏电保护器设置在总路上	（1）外线→总隔离开关→总断路器→总漏电保护器→分隔离开关→分断路器→出线。 （2）外线→总隔离开关→总漏电保护器→分隔离开关→分断路器→出线。 （3）外线→DZ20 透明式塑料外壳断路器→总漏电保护器→分 DZ20 透明式塑料外壳断路器→出线
总电箱	漏电保护器设置在分路上	（1）外线→总隔离开关→总断路器→分隔离开关→分断路器→分漏电保护器→出线。 （2）外线→总隔离开关→总断路器→分隔离开关→分漏电保护器→出线。 （3）外线→总隔离开关→总断路器→分 DZ20 透明式塑料外壳断路器→分漏电保护器→出线。 （4）外线→总 DZ20 透明式塑料外壳断路器→分 DZ20 透明式塑料外壳断路器→分漏电保护器→出线。 （5）外线→总隔离开关→总断路器→分 DZ20 透明式塑料外壳漏电断路器→出线。 （6）外线→总 DZ20 透明式塑料外壳断路器→分 DZ20 透明式塑料外壳漏电断路器→出线
分配电箱		（1）进线→总隔离开关→总断路器→分隔离开关→分断路器→出线。 （2）进线→总 DZ20 透明式塑料外壳断路器→分 DZ20 透明式塑料外壳断路器→出线
开关箱		（1）进线→隔离开关→断路器→漏电保护器→出线。 （2）进线→隔离开关→漏电断路器→出线。 （3）进线→DZ20 透明式塑料外壳断路器→漏电保护器→出线。 （4）进线→DZ20 透明式塑料外壳断路器→出线

三、配电箱、开关箱的基本接线方法

配电箱具有电源隔离、正常接通与分断电路以及短路、过载、剩余电流保护功能。接线是否正确，将会影响用电设备的使用，甚至影响整个配电系统的正常运行及操作人员的人身安全（见图 4.47）。

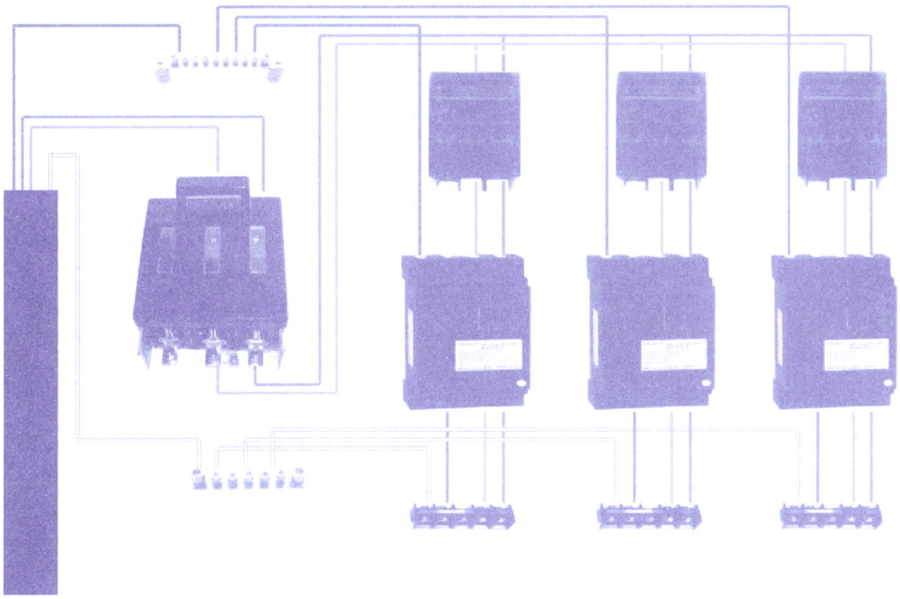

图 4.47　配电箱、开关箱基本接线图

配电箱、开关箱的基本接线方法如下：

（1）从总配电箱的分配电开关分别引出黄、绿、红（A、B、C）三相线，淡蓝色工作零线从工作零接线端引出，黄绿双色 PE 保护零线从 PE 端子引出。

注意：总配电箱门与箱体间必须采用编织软铜线可靠连接做保护接零，五线之间按安全距离架设。

（2）线路的黄、绿、红三相线接入到二级分配电箱的总隔离开关上，淡蓝色的 N 线接入到漏电保护器的 N 端上，通过漏保后接到工作零线端子板。

（3）黄绿双色的 PE 线接入到保护零端子板 PE 板上。

（4）从二级分配电箱的总隔离开关引出三相线到漏电保护器。

（5）从漏电保护器接线端引出相线到分路隔离开关

注意：PE 线不能进入漏电保护器，因为线路末端漏电保护器动作会使前级漏电保护器跳闸造成大范围停电。

（6）黄、绿、红三相线分别从分配电箱的分路隔离开关引出，从 N 板接线端子引出淡蓝色的工作零线，从 PE 板接线端子引出黄绿双色保护零线。

注意：分配电箱门与箱体间必须采用编织软铜线可靠连接做保护接零。

四、配电箱、开关箱的使用与维护

（1）施工现场配电箱应设置在合适的场所，并符合以下要求：

① 能避免物体打击和机械伤害，否则应采取防护、隔离等措施。

② 防护棚外设置灭火器。

③ 集中施工作业区，配电箱应设置集中防护棚（见图 4.48）。

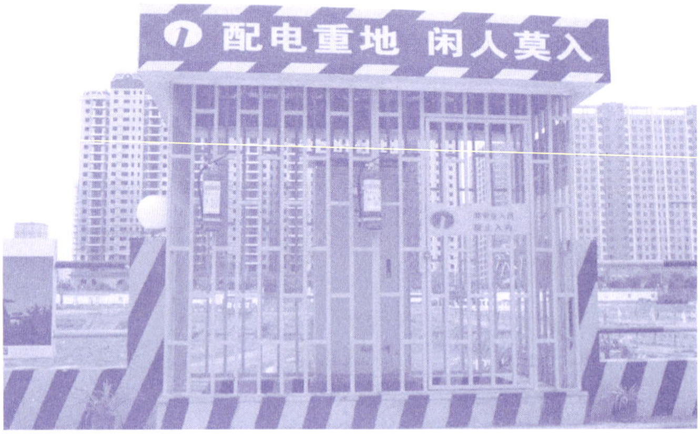

图 4.48　户外配电箱防护棚实例图

（2）配电箱、开关箱应有名称、用途、分路标记及系统接线图。配电箱、开关箱的箱门应配锁，并应由专人负责。

（3）配电箱、开关箱应定期检查、维修。检查，维修人员必须是专业电工。检查、维修时必须按规定穿、戴绝缘鞋、手套，必须使用电工绝缘工具，并应做检查、维修工作记录。

（4）对配电箱、开关箱进行定期维修、检查时，必须将其前一级相应的电源隔离开关分闸断电，并悬挂“有人工作、禁止合闸”停电标志牌（见图 4.49），严禁带电作业。

图 4.49　停电标志牌

（5）配电箱、开关箱必须按照下列顺序操作：

① 送电操作顺序：总配电箱→分配电箱→开关箱；

② 停电操作顺序：开关箱→分配电箱→总配电箱。

出现电气故障的紧急情况时除外。

（6）施工现场停止作业 1 h 以上时，应将动力开关箱断电上锁。

（7）开关箱的操作人员必须符合规范规定。

（8）配电箱、开关箱内不得放置任何杂物，并应保持整洁（见图 4.50）。

图 4.50　配电箱不得放置任何杂物

（9）配电箱、开关箱内不得随意挂接其他用电设备。配电箱、开关箱的电源进线端严禁采用插头和插座活动连接。

（10）配电箱、开关箱内的电器配置和接线严禁随意改动。更换熔断器的熔体时，严禁采用不符合原规格的熔体代替。漏电保护器每天使用前应启动漏电试验按钮试跳一次，试跳不正常时严禁继续使用。

（11）配电箱、开关箱的进线和出线严禁承受外力，严禁与金属尖锐断口、强腐蚀介质和易燃易爆物接触。

任务实施

一、参观认识

在导师的带领下，参观本校区配供电房及各教学楼，认识常用配电装置，试绘制配电箱电气系统图。

二、小型配电箱的安装

1．任务实施要求

（1）了解配电箱配置。

（2）掌握配电箱配线工艺。

（3）掌握配电箱、开关柜的安装工艺及要求。

2．任务实施准备

（1）箱体安装完毕。

（2）箱内空气开关、配线导线、配线扎带等已经准备完毕，并且符合设计图纸、配电箱安装要求、施工工序；导轨安装要水平，并与盖板空气开关操作孔相匹配（见图 4.51）。

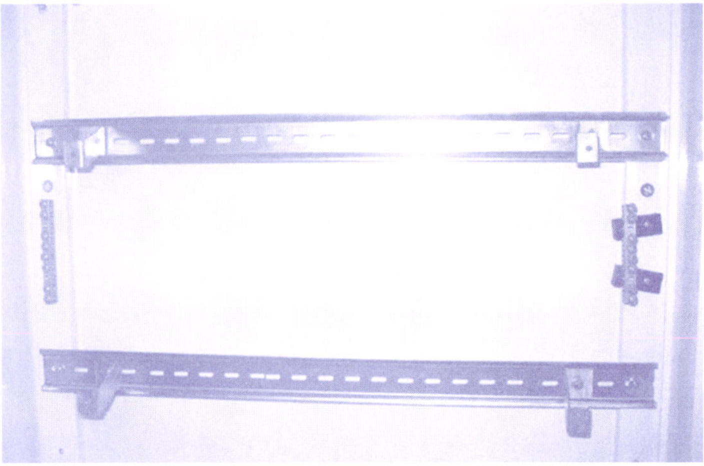

图 4.51　配电箱箱体导轨

3．任务实施步骤

（1）按配电箱结构和元器件数目确定各元器件的位置。

（2）用螺钉固定各电器元件，要求安装牢固，无松动。

空气开关安装时首先要注意箱盖上空气开关安装孔位置，保证空气开关位置在箱盖预留位置。其次开关安装时要从左向右排列，开关预留位应为一个整位。第一排总空气开关与分空气开关之间应预留一个完整的整位用于第一排空气开关配线，如图 4.52 所示。

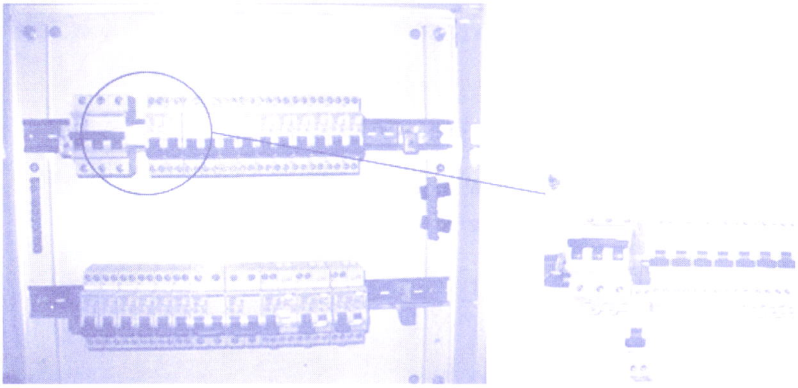

图 4.52　空气开关的安装

（3）按线路图正确接线，要求配线长短适度，不能出现压皮、露铜等现象；线头要尽量避免交叉，必须交叉时应在交叉点架空跨越，两线间距不小于 2 mm。

（4）配线箱内的配线要通过线槽完成，导线要使用不同的颜色。

① A 相线为黄、B 相线为绿、C 相线为红，零线为蓝色。

② 照明及插座回路一般采用 2.5 mm^2 导线，每根导线所串联空气开关数量不得大于 3 个。空调回路一般采用 2.5 mm^2 或 4.0 mm^2 导线，一根导线配一个空气开关。

③ 由总开关每相所配出的每根导线之间零线不得共用，如由 A 相配出的第一根黄色导线连接了两个 16 A 的照明空气开关，那这两个照明空气开关一次侧零线也只能从这两个空气开关一次侧配出直接连接到零线接线端子（见图 4.53 和图 4.54）。

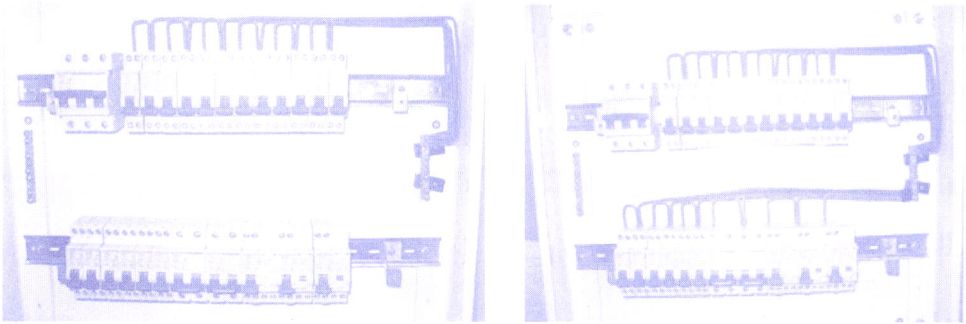

（a）第一排零线　　（b）第二排零线

图 4.53　零线的安装

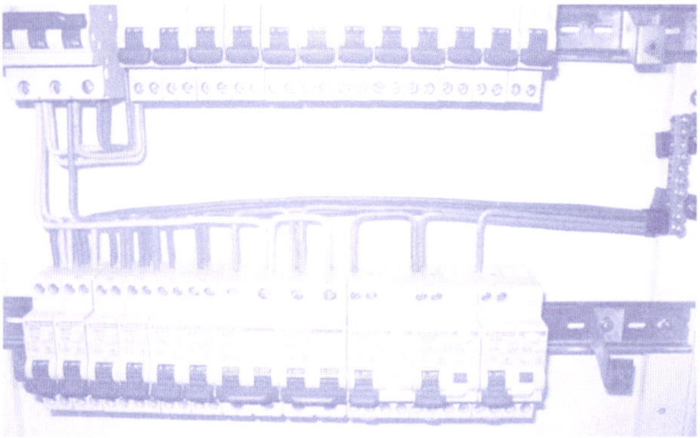

（a）空气开关 A 相配线

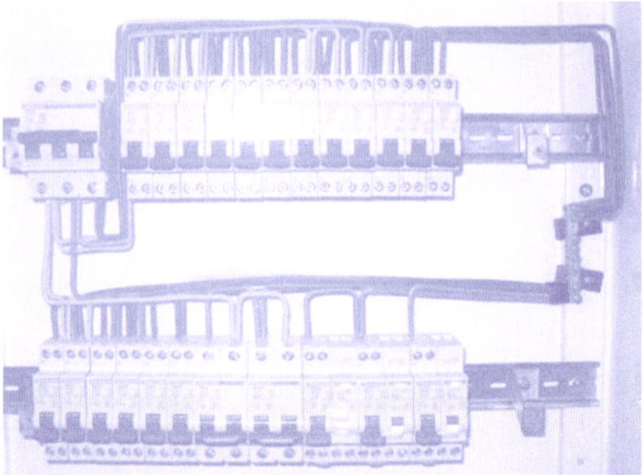

（b）空气开关 B 相配线

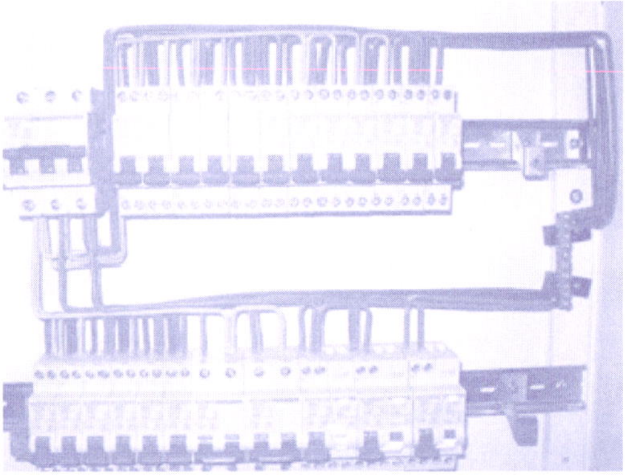

（c）空气开关 C 相配线

图 4.54　空气开关各相配线

④ 箱体内总空气开关与各分空气开关之间配线一般走左边，配电箱出线一般走右则。

⑤ 箱内配线要顺直不得有绞接现象，导线要用塑料扎带绑扎，扎带大小要合适，间距要均匀。

⑥ 导线弯曲应一致，且不得有死弯，防止损坏导线绝缘皮及内部铜芯。

（5）导线捆扎（见图 4.55）。

① 导线要用塑料扎带绑扎，扎带大小要合适，间距要均匀，一般为 100 mm。

② 扎带扎好后，不用的部分要用钳子剪掉。

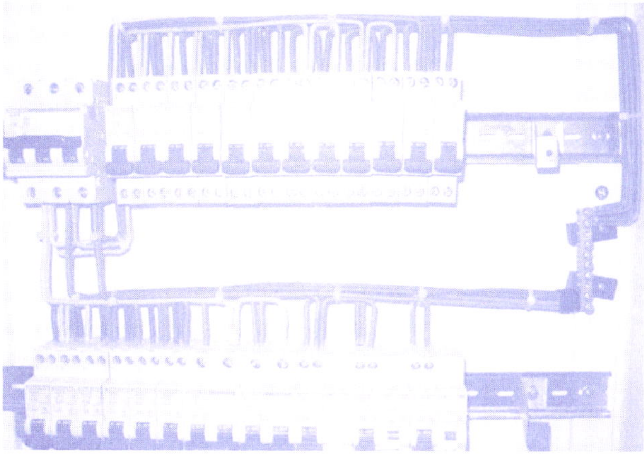

图 4.55　导线捆扎

项目五　安全用电及防护

任务一　外电防护

知识目标

- 了解外电防护的基本要求。
- 了解在建工程周边与架空线路边线最小安全操作距离的要求。
- 了解在外电架空线路附近开挖沟槽时采取的措施。

能力目标

- 能规范使用外电架空线路。
- 能规范进行外电架空线路最小安全距离的操作。
- 外电架空线路附近开挖沟槽时能按规范采取措施。

任务导入

在我国经济高速发展的今天，需要加强供电网的建设，从而满足人们的用电需求。当前在城市供电网的建设中，其主要以架空敷线的方式进行。要想有效地保障建筑项目的用电安全，需要注重施工现场的用电安全，可以结合《施工现场临时用电安全技术规范》中的要求，通过对本任务知识的学习，了解对附近有外电架空线路的施工现场如何进行规范，提升施工现场的安全性。

学习指引

为了能有效保障建筑项目的用电安全，提高施工现场的安全性，我们需要掌握在建工程附近有外电架空线路时的水平距离、垂直距离、以及开挖沟槽的施工措施。

知识链接

（1）在建工程不得在外电架空线路正下方施工，搭设作业棚，建造生活设施或堆放构件、架具、材料及其他杂物等。

（2）若需要在在建工程（含脚手架）的周边与外电架空线路周边施工，搭设作业棚，建造生活设施或堆放构件、架具、材料及其他杂物等，其与边线之间的最小安全操作距离应符合表 5.1 规定。外电架空线路安全距离如图 5.1 所示。

表 5.1　在建工程（含脚手架）周边与架空线路边线最小安全操作距离

外电线路电压等级/kV	<1	1～10	35～110	220	330～500
最小安全操作距离/m	4.0	6.0	8.0	10	15

注：上、下脚手架的斜道不宜设在有外电线路的一侧。

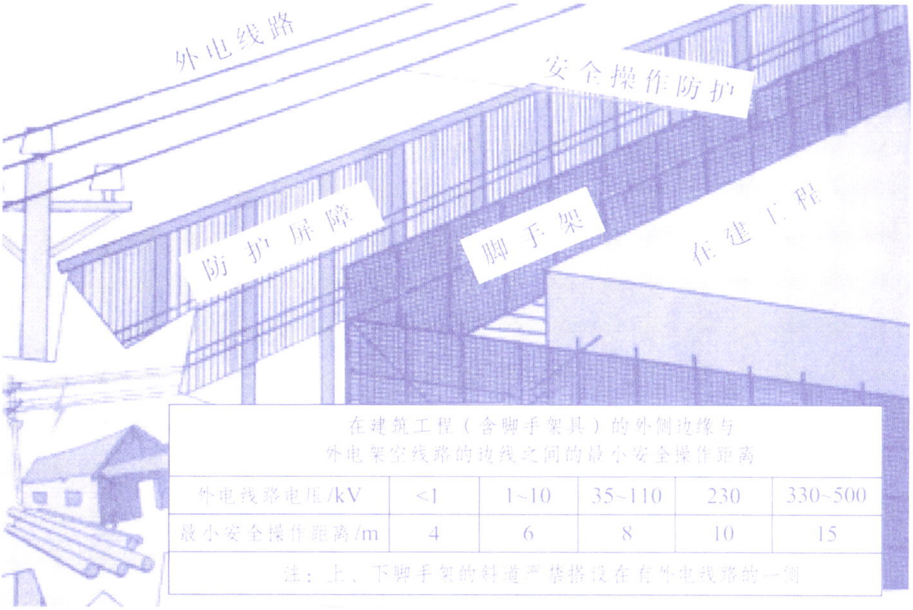

图 5.1　外电架空线路安全间距示意图

（3）施工现场的机动车道与外电架空线路交叉时，架空线路的最低点与路面的最小垂直距离应符合表 5.2 规定。

表 5.2　施工现场的机动车道与架空线路交叉时的最小垂直距离

外电线路电压等级/kV	<1	1～10	35
最小垂直距离/m	6.0	7.0	7.0

（4）起重机严禁越过无防护设施的外电架空线路作业。在外电架空线路附近吊装时，起重机的任何部位或被吊物边缘在最大偏斜与架空线路边线的最小安全距离应符合表 5.3 规定。

表 5.3　起重机与架空线路边线的最小安全距离

电压/kV	<1	10	35	110	220	330	500
沿垂直方向安全距离/m	1.5	3.0	4.0	5.0	6.0	7.0	8.5
沿水平方向安全距离/m	1.5	2.0	3.5	4.0	6.0	7.0	8.5

（5）施工现场开挖沟槽边缘与外电埋地电缆沟槽边缘之间的距离不得小于0.5 m。

（6）当达不到（2）~（4）条中的规定时，必须采取绝缘隔离防护措施，并应悬挂醒目的警告标志。

① 架设防护设施时，必须经有关部门批准，采用线路暂时停电或其他可靠的安全技术措施，并应有电气工程技术人员和专职安全人员监护。

② 防护设施与外电线路之间的安全距离不应小于表5.4所列数值。

③ 防护设施应坚固、稳定，且对外电线路的隔离防护应达到IP30级。

表5.4 防护设施与外电线路之间的最小安全距离

外电线路电压等级/kV	≤10	35	110	220	330	500
最小安全距离/m	1.7	2.0	2.5	4.0	5.0	6.0

（7）当第（6）条规定的防护措施无法实现时，必须与有关部门协商，采取停电、迁移外电线路或改变工程位置等措施，未采取上述措施的严禁施工。

（8）在外电架空线路附近开挖沟槽时，必须会同有关部门采取加固措施，防止外电架空线路电杆倾斜、悬倒。

任务实施

某建筑工程的外电架空线路安全防护措施分析。

一、某建筑工程概述

该建筑工程为多层住宅楼建设，建设面积达到5 439.1 m^2；地理位置十分的优越，施工环境良好；整体的结构形式为砖混，耐火等级达到二级，抗震设防烈度为Ⅵ度。

二、施工现场外电架空线路的安全防护措施

结合《施工现场临时用电安全技术规范》要求，该建筑工程南向东向外侧外缘与10 kV高压架空线路边线与建筑物水平距离2.5 m，小于参考安全距离，因此需要采用防护措施才能进行安全施工。

（1）在外电架空线路下，距离建筑工程最小距离的外缘距离2 m处，搭建钢管双排脚手架。其宽度可以设置为1.5 m，高度约为9 m，而脚手架上端与高压线之间的距离应在2 m以上。脚手架的搭建要严格按照规范进行搭建。

（2）在由钢管搭建的脚手架内侧上部，垂直扎设红白油漆相间的防护竹竿，距高外电架空线路的外边缘距离为 1 m 左右。竹竿与竹竿之间的距离要控制在 3 m 之内，要超出外电架空线路 3 m 以上。在搭建防护竹竿过程中，施工作业人员要穿戴绝缘鞋、绝缘手套等安全防护用品，保证施工作业人员的人身安全。

（3）在防护竹竿上，悬挂红色小旗或者红色灯泡等物品，以起到警示作用。

（4）还要加强对施工人员的安全教育，并且要求施工作业人员严格按照操作规程进行操作施工，降低安全事故发生的概率。

（5）在施工现场，安全管理人员要加强巡查，从而消灭安全隐患，保证外电架空线路的安全运行，为建筑工程提供其所需要的电量，保证工程在规定时间内完工。

任务二　防雷及防火

知识目标

- 了解防雷的方法及措施。
- 了解施工现场产生火灾的类型及原因。
- 了解施工现场火灾的扑救方法。

能力目标

- 能规范施工现场防雷措施。
- 能规范施工现场的防火措施。
- 能按规范进行火灾的扑救。

任务导入

防雷接地是建筑现场中的一项必备防护措施，根据技术规范进行建筑物防雷工程施工，是确保建筑工程质量的重要环节，对人们的安全有着十分重要的意义。因此，在建筑安装工程中，应该加强对防雷接地技术的重视，保障建筑电气安装工程的安全。随着经济发展，城市建筑越来越密集，大量施工作业进行，增加了火灾发生概率。建筑工地火灾发生原因主要是用电不当、动火作业不规范。本任务将介绍施工现场的防雷措施、火灾产生的原因以及火灾的扑救方法。

学习指引

为了能按规范进行防雷以及防火，我们需要掌握建筑物施工中采用的防雷措施、防火措施，了解火灾的扑救方法。

知识链接

一、防 雷

起重机、井字架、龙门架、钢脚手架、外用电梯等机械设备被广泛应用于建筑施工，而这些设备的防雷保护是一项不容忽视的工作，尤其是高大建筑物施工工地的防雷保护十分重要，施工工地中凸出建筑物很高的起重机、脚手架等容易遭受雷击，竹木堆积又多，万一遭受雷击，会危及建筑设施、施工设备和人员的安全，同时也容易发生火灾。

1．雷电的产生

雷电是自然界中一种常见的放电现象。一般云的顶部带正电，底部带负电，两种极性不同的电荷会使云的内部或云与地之间形成强电场，瞬间剧烈放电爆发出强大的电火花，也就是我们看到的闪电。在闪电通道中，电流极强，温度可骤升至 20 000 °C，气压突增，空气剧烈膨胀，人们便会听到爆炸似的声波振荡，这就是雷声。

2．雷电的危害

雷电的危害是综合性的，包括电性质、热性质和机械性质的破坏作用。

1）电性质的破坏作用

电性质的破坏作用表现在雷电产生的数十万乃至数百万伏的冲击电压，它可能破坏电动机、电力变压器、开关等电气设备的绝缘，烧断电线或劈裂电杆，造成大规模停电。绝缘损坏可能引起短路，导致火灾或爆炸事故；还可能使高压窜入低压，或使电气设备漏电，由此可造成严重的触电事故；雷击直接对人体放电以及对人体的二次放电，都可能使人致命。巨大的雷电流流入地下，会在雷击点及其连接的金属部分产生极高的对地电压，可能直接导致接触电压或跨步电压的触电事故。

2）热性质的破坏作用

热性质的破坏作用表现在巨大的雷电流通过导体，在极短的时间内转换出大量的热能，造成易燃易爆物质的燃烧和爆炸或由于金属熔化飞溅而引起火灾和爆炸。

3）机械性质的破坏作用

机械性质的破坏作用表现为被击物遭到破坏，甚至爆裂成碎片。这是由于巨大的雷电流通过被击物时，在被击物缝隙中的气体剧烈膨胀，缝隙中的水分也急剧蒸发为气体，致使被击物的破坏或爆炸。此外，同性电荷之间的静电斥力、同方向电流或电流拐弯处的电磁推力，都有很强的破坏作用。雷电流的气浪也有一定的破坏作用。

3. 建筑物施工工地一般防雷措施

施工现场提前考虑防雷施工，为了节约钢材，应按照正式设计图纸的要求，首先做好全部接地装置。在开始架设结构骨架时，应按图纸规定，将混凝土的主筋与接地装置焊接，以便施工期间柱顶遭受雷击时的雷电流安全流散入地。

1）防雷装置设置的要求

（1）施工现场内的起重机，井字架及龙门架等机械设备，若在相邻建筑物、构筑物的防雷装置的保护范围之外，按表 5.5 规定，应装设防雷装置。最高机械上设置的避雷针，其针的长度应为 1 ~ 2 m，保护角可按 60° 考虑，才能够保护其他设备，且最后退出现场，则其他设备可不设防雷装置。但对塔式起重机可不另设避雷针（接闪器）。

一般在 20 m 以上的井字架、脚手架、正在施工的建筑物以及起重机、机具、烟囱、水塔等设施，均应设置防雷保护。20 m 以上的大钢模板，就位后应及时与建筑物的接地线连接。

表 5.5　施工现场内机械设备和高架设施需安装防雷装置的规定

地区年平均雷暴日 n/d	机械设备高度 h/m
$n \leqslant 15$	$h \geqslant 50$
$15 < n \leqslant 40$	$h \geqslant 32$
$40 < n \leqslant 90$	$h \geqslant 20$
$n \geqslant 90$ 及雷害特别严重的地区	$h \geqslant 12$

当最高机械设备上避雷针（接闪器）的保护范围能覆盖其他设备，则其他设备可不设防雷装置。机械设备上的避雷针长度宜为 1 ~ 2 m。可用直径不小于 16 mm 的圆钢或直径不小于 25 mm 的钢管制作，其顶端应制成锥尖。接闪器须热镀锌。

（2）做防雷接地机械上的电气设备，所连接的 PE 线必须同时做重复接地，同一台机械电气设备的重复接地和机械的防雷接地可共用同一接地体，但接地电阻应符合重复接地电阻值的要求。接地电阻阻值应小于 4 Ω。

（3）防雷引下线的设置。

引下线是连接接闪器与接地装置的金属导体，它应满足机械强度、耐腐蚀和热稳定的要求。引下线一般采用圆钢或扁钢制作，优先采用圆钢，圆钢直径不应小于 8 mm，扁钢截面积不应小于 48 mm^2，其厚度不应小于 4 mm；建筑物、构筑物的金属构件、钢脚手架中的钢管可作为引下线，但所有金属部件之间均应连成电气通路。

引下线应躲开建筑物的出入口和行人较易接触的地点，地面上 2.0 m 至地下 0.2 m 的一段接地线应使用圆钢、硬质塑料管保护，以避开接触电压的危险。

施工现场的钢脚手架及临时敷设的引下线宜在各引下线距地面 0.3 ~ 1.8 m 装设断接卡，并与接地装置相连，也可以采用建筑物钢筋混凝土的主筋作防雷引下线。

施工现场各机械设备防雷引下线可以利用该设备的金属结构体代替，其前提条件是能保证设备的金属结构体间实现电气连接。

2）施工设备的防雷装置

施工现场应针对以下设备采取防雷接地装置：塔吊、大型钢模板、电动爬架、屋顶钢结构、室外提升电梯。

（1）塔式起重机的防雷装置。

高层建筑主体施工为解决物料的垂直运输问题，一般均配置塔式起重机。

利用可靠连接的塔式起重机塔身的金属结构作为防雷引下线。塔式起重机的导轨和防雷接地装置可靠焊接，实现塔式起重机的防雷接地，其接地电阻值不大于 10 Ω。

塔式起重机防雷保护范围：采用滚球法确定塔式起重机的保护范围，塔式起重机应按照规范做好重复接地和防雷接地。塔式起重机可不另设避雷针。

轨道式塔式起重机接地装置的设置应符合下列要求：

轨道两端各设一组接地装置。轨道的接头处作电气连接，两条轨道端部做环行电气连接。较长轨道不超过 30 m 应加一组接地装置。

塔式起重机的防雷接地应与重复接地共用同一接地体，接地电阻阻值，不大于 4 Ω。当工程基础地板钢筋敷设完成后，利用基础地板上下两根主筋与塔吊柱腿钢柱焊接作为防雷接地。

（2）外用电梯的防雷装置。

外用电梯的顶部应安装避雷针，针长 1 ~ 2 m，采用圆钢时直径不小于 16 mm，采用钢管时直径不小于 25 mm。外用电梯的防雷引下线利用电梯的金属结构，上部与避雷针可靠连接，下部与接地装置可靠连接。

外用电梯的防雷接地应与重复接地共用同一接地体，室外电梯电源必须有单独的电源箱供电，且经过漏电保护器进行控制，配电箱内接地线压接牢固可靠。接地电阻阻值，不大于 4 Ω。

（3）井字架及龙门架的防雷装置。

井字架及龙门架的顶部应安装避雷针，针长 1 ~ 2 m，采用圆钢时直径不小于 16 mm，采用钢管时直径不小于 25 mm。防雷引下线上部与避雷针可靠连接，下部与防雷接地装置可靠连接。井字架及龙门架的防雷装置接地电阻阻值，不大于 10 Ω。

（4）外侧钢脚手架的防雷装置。

外侧钢脚手架的防雷，应就近利用建筑物作业层层面上的主筋作为防雷引下线。脚手架与防雷引下线主筋之间使用活动的连接导线，导线的截面积不应小于 50 mm^2，导线的两端应使用专用卡子分别与钢脚手架和引下线主筋可靠连接。外侧钢脚手架的防雷装置接地电阻阻值，不大于 10 Ω。

（5）大型钢模板防雷装置。

当金属大模板放置位置不处于防雷保护范围内时，对金属大模板采取防雷接地措施。金属大模板的防雷接地采用 50 mm^2 铜编织线，两端用焊把钳分别与作业面上结构柱的防雷引下线和大模板夹接。

3）施工现场用电设备雷电侵入波的防护

由于变配电设备与线路相连，线路遭受雷击的机会很多。又由于雷电波的波幅可能很大，能使变配电设备的绝缘损坏，因此，应从以下两个方面采取保护措施。

（1）装设阀型避雷器。阀型避雷器应根据所保护的配电设备的额定电压等级选择。阀型避雷器通常装设在母线与接地线之间。由于变压器是最重要的变配电设备且其绝缘水平也最弱，因此阀型避雷器应尽量安装得离变电器的距离近些。

（2）变配电设备的进线保护。当架空进线采用电缆配线时，避雷器应装设在电缆头附近，且将避雷器的接地端与电缆金属外皮相连。

二、防　火

1．火灾和爆炸的原因

发生火灾必须具备可燃物、助燃物、火源或高温等。

可燃物是指能与空气中的氧或其他氧化剂起化学反应的物质，如汽油、塑料、棉花、木材、乙炔等。

助燃物是指能帮助可燃物燃烧的物质，又称氧化剂。空气中的氧就是最常用的氧化剂，如果在空气中的氧含量降到了 16% 以下，可燃物将会停止燃烧。二氧化碳或空气泡沫灭火器，就是利用这些物质冲淡或隔绝空气，使燃烧得不到足够的氧而熄灭。

火源是能引起可燃物燃烧的热能源，如明火、电火花、电弧、高温等，但不同的物质其燃点是不一样的。

电气线路或电气设备因故障而过度发热，产生电火花或电弧，而附近存在易燃、易爆物质，加上助燃物质（主要为空气中的氧）存在，在一定的自然条件（如温度、气压等）下就会发生火灾和爆炸。由此可见，电气火灾和爆炸的主要原因有两个方面：① 易燃易爆的环境，也就是存在易燃易爆物及助燃物质。电气方面的易燃易爆环境包括固体绝缘物、油漆、绝缘油及所含气体、电气设备附近的含碳物质、空气、混合性气体、导电尘埃等。② 电气设备产生火花、危险的高温。其原因有正常运行、设备老化及故障情况下产生的电弧、火花及高温。

1）电火花和电弧

电火花是电极间的击穿放电，电弧则由大量的电火花汇集而成，一般电火花的温度很高，特别是电弧，温度可高达 3 000 ~ 6 000 °C。因此，电火花和电弧不仅能引起易燃物燃烧，而且能使金属熔化、飞溅，使液体迅速气化，体积膨胀。

电火花包括工作火花、事故火花和静电放电电火花。

（1）工作火花。工作火花是指电气设备正常工作时或正常操作过程中产生的火花。例如，直流电机电刷与整流子滑动接触处、交流电机电刷与滑环接触处的电刷后方的微小火花；开关或接触器分合时的火花；插头启闭时的火花等。

（2）事故火花。事故火花是电气线路或设备发生故障时出现的火花。例如，发生短路、漏电时出现的火花；绝缘表面脏污，受潮后出现闪络；导体连接松动时出现的火花；过电压放电、静电放电、感应电放电电火花以及操作发生错误引起的火花； 灯泡破碎时，炽热的灯丝会产生类似火花的作用；电动机转子和定子发生摩擦（扫膛）或风扇与其他部件相碰也会产生火花，这是由碰撞引起的机械性质的火花。

（3）静电电火花。静电是普遍存在的物理现象。两物体之间互相摩擦可产生静电（即所谓摩擦起电）；处在静电场内的金属物体上会感应静电（即所谓静电感应）；施加过电压的绝缘体中会残留静电。有时对地绝缘的导体或绝缘体上会积累大量的电荷而具有数千伏乃至数万伏的高电位，足以击穿空气间隙而发生火花放电。所以，静电放电所引起的火灾实质上也属于电火花类起因。

电气线路、电气设备，由于以上种种原因，造成危险温度和电火花甚至电弧，除对周围环境的安全造成威胁外，有些情况下，电气线路、电气设备本身也会因此而起火。电气线路、电气设备本身事故，一般不会出现爆炸，但在下列场合可能引起空间爆炸：周围环境恰巧有爆炸性混合物；注油电气设备因内部局部放电或短路故障形成电火花或电弧，使绝缘油分解和气化，喷出大量油雾和可燃气体；大型发电机氢冷装置漏气；变配电所酸性蓄电池室排出氢气等。

2）电气线路、设备过热

电气线路、电气设备在运行中会产生热量。这是因为电流通过导体的电阻时要消耗一定的电能，这部分电能转化为热能；有铁心的电气设备，交流电产生的交变磁场在铁磁材料中产生涡流和磁滞损耗，也转化为热能；有机械运动的电气设备，工作中由于轴承、电扇等摩擦作用而产生热量。此外，当电气设备绝缘质量降低时，通过绝缘的泄漏电流增加，也会导致绝缘材料温度上升。

电气设备、线路过热，其主要原因是由于导体存在电阻，电流通过导体时，就要消耗一定的电能。电流通过导体所产生的热量的大小，与流过导体的电流的平方成正比，与导体自身的电阻及通电时间成正比。

危险高温是由通过电气设备的电流的热效应引起的。正常运行时电气设备的发热与散热平衡，其温升不会超过允许值。但当电气设备发生故障时，发热量迅速增加，温度升高，在易燃易爆环境下，可以引起易燃物的自然、易爆物体积膨胀、爆炸等。引起电气设备、线路过度发热的原因有以下几个方面：

（1）短路。由于短路电流往往是正常负荷电流的几十倍，而发热量与电流的平方成正比，所以能使温度急剧上升。造成短路的原因是多方面的，电气设备的绝缘老化或受潮、腐蚀等使绝缘强度下降，金属性非正常连接，导电灰尘、纤维进入设备，接线错误，误操作、过电压等都能引起绝缘击穿而造成短路。

（2）过负荷。线路、设备选用容量偏小或负载超过预定值或额定值，使得正常负载下过负荷发热，设备不对称运行如缺相、三相严重不平衡也会成过负荷。

（3）接触不良。由于发热量与电阻成正比，当接触不良时回路电阻增加，发热量成倍增加。

（4）安全距离不足及散热不良。一般照明装置及日用电热电器表面温度都较高，在设计和安装时都考虑有一定的散热或通风措施，与危险品也有一定的安全距离（防火间距），一旦这些条件被破坏，则可导致过热，甚至引燃引爆。

2. 施工现场防火

一般情况下，在空气中，当可燃物和起火源结合在一起即可起火燃烧。施工现场的可燃物较多、如木材、人造纤维板材、装饰用纸板、可燃塑料、稻草、锯末刨花、汽油、煤油、油漆和有机溶剂等。而引燃的火源，可能有作业人员扔下未熄的烟头、火柴，各种电气设备所产生的高热或电火花，冬季施工取暖的炉火，建筑施工和安装使用的电（气）焊的火焰及高温铁渣，雷击放电等，因而施工现场起火的危险性是很大的。施工现场的防火措施：

（1）施工现场的平面布置图、施工方法和施工技术，均应符合消防安全要求。

（2）施工现场应明确划分用火作业区。

（3）施工现场的道路应畅通无阻，夜间应设照明，并加强值班巡逻。

（4）不准在高压架空线下面搭设临时性建筑物或堆入可燃物品。

（5）土建开工前应将消防器材和设施配备好，如敷设好室外消防水管、消防栓，配备砂箱、铁锹等。

（6）焊、割作业点与氧气瓶、乙炔桶和乙炔发生器等危险物品的距离不得少于 10 m，与易燃易爆物品的距离不得少于 30 m。

（7）乙炔发生器和氧气瓶的存放之间的距离不得少 2 m，使用时两者的距离不得少于 5 m。

（8）氧气瓶、乙炔发生器等焊割设备上的安全附件应完整而有效，否则严禁使用。

（9）施工现场的焊、割作业，必须符合防火要求。

（10）喷灯火焰与易燃易爆物品、带电体应保持足够的安全距离。

（11）施工现场用电，应严格按照用电的安全管理规定，加强电源管理，以防止发生电气火灾。

（12）冬季施工采用煤炭或电热取暖，应符合防火要求，并指定专人负责管理。

（13）特殊建筑施工现场的防火

① 24 m 以上的高层建筑施工现场，应设置具有足够扬程的高压水泵或其他防火设备和设施。

② 增设临时消防水箱，必须保证有足够的消防水源。

③ 进入内装饰阶段，要明确规定吸烟点。

④ 严禁在屋顶用明火熔化沥青。

⑤ 高层建筑和地下工程施工现场应备有通信报警装置，以便于及时报告险情。

⑥ 易燃、易爆环境施工应采取以下措施：

a. 施工现场供电电气设备选型及电力线路的配置和安装，应符合现行国家标准《爆炸和火灾危险环境电力装置设计规范》及《电气装置安装工程爆炸和火灾危险环境电气装置施工及验收规范》的规定。

b. 在易燃、易爆环境中，严禁产生火花。当不能满足要求时，应采取安全措施。

c. 照明灯具应选用防爆型，导线应采用防爆橡胶绝缘线。

d. 使用手持式或移动式电动工具应采取防爆措施。

e. 严禁带电作业，更换灯泡应断开电源。

f. 电气设备正常不带电的外露导电部分，必须接地或接零。保护零线不得随意断开；当需要断开时，应采取安全措施，工作结束后应立即恢复。

⑦ 易燃仓库的用电管理。

a. 仓库或堆料场内一般应使用地下电缆，若有困难需设置架空电力线时，架空电力线与露天易燃物堆垛的最小水平距离不应小于电杆高度的 1.5 倍。

b. 仓库或堆料场所使用的照明灯与易燃堆垛间至少应保持 1 m 的距离。

c. 安装的开关箱、接线盒，应距离堆垛外缘不小于 1.5 m，不准乱拉临时电气线路。

d. 仓库或堆料严禁使用碘钨灯，以防电气设备起火。

e. 对仓库或堆料场内的电气设备，应经常检查维修和管理，贮存大量易燃品的仓库场地应设置独立的避雷装置。

（14）施工现场灭火器材的配备。

① 一般临时设施区，每 100 m^2 配备 2 个 10 L 灭火机，大型临时设施总面积超过 1 200 m^2 的，应备有专供消防用的太平桶、积水桶（池）、黄沙池等器材设施，且在设施周围不得堆放物品。

② 临时木工间、油漆间、木、机具间等，每 250 m^3 应配置 1 个种类合适的灭火机；油库、危险品仓库应配备足够数量、种类的灭火机。

3. 火灾的扑救方法

1）火灾的扑救方法

① 隔离法。将燃烧物与未燃烧物进行隔离，从而限制火灾范围。

② 窒息法。减少燃烧区的氧气，使燃烧逐渐熄灭。

③ 冷却法。降低燃烧物的温度于着火物燃点以下。

④ 抑制法（化学中断法）。中断燃烧的连锁反应。

2）电气火灾的扑救方法

电气火灾有两个不同于其他火灾的特点：① 着火的电气设备可能是带电的，扑救时要防止人员触电；② 充油电气设备着火后可能发生喷油或爆炸，造成火势蔓延。因此，在进行电气灭火时应根据起火场所和电气装置的具体情况，采取必要的安全措施。

① 切断电源灭火。发生电气火灾后应尽可能先切断电源再扑救，防止触电。切断电源应按规定的操作程序进行，防止带负荷拉隔离开关，采用工具切断电源时应使用绝缘工具，戴绝缘手套，穿绝缘靴。夜间扑救还应注意照明。

通常使用的泡沫灭火机，由于泡沫是由含无机盐类的水溶液组成的，有一定的导电性，对电气设备的绝缘有影响，不宜用于带电灭火。但是切断电源后，泡沫灭火机仍可有效地扑灭由于电气故障引燃的木材、衣物和油类火灾。

② 带电灭火。发生电气火灾，有时情况危急，等断电后再扑救就会扩大危险性，这时为了争取时间控制火势，就需带电灭火。带电灭火的注意事项如下：

a. 带电灭火必须使用不导电灭火剂，如二氧化碳、1211 干粉、四氯化碳等。

b. 扑救时应戴绝缘手套，与带电部分保持足够的安全距离。

c. 当高压电气设备或线路发生接地时，室内灭火人员距离接地点不得小于 4 m，室外不得小于 8 m，进入上述范围应穿绝缘靴、戴绝缘手套。

d. 扑救架空线路火灾时人体与带电导线仰角不大于 45°。

③ 充油设备的灭火。充油设备发生火灾时首先要切断电源，再用干燥黄沙盖住火焰。在火势严重的情况下，可进行放油，在贮油池内用灭火剂灭火。禁止用水灭燃油火头。

④ 旋转电机的灭火。扑救旋转电机的火灾时，应防止轴承变形，可使用喷雾水流均匀冷却，不得用大水流直接冲射，另外可用二氧化碳、1211 干粉灭火器扑救。严禁用黄沙扑救，防止进入设备内部损坏机芯。

任务实施

一、建筑防雷工程施工质量控制

（1）熟悉安全操作规程。施工技术人员应熟悉各施工环节的技术隐患和技术风险，如接地体与引下线之间的焊接容易出现虚焊、假焊、开裂，焊接部位容易应腐蚀等。

（2）施工前的准备工作。要求防雷施工技术人要熟悉安全操作规程，预备好施工材料提前制作接地体，配备接地电阻测试仪等检测设备，准备好施工施工操作工具等。

（3）做好安全防护。采取必要的安全防护设施，在施工现场安排安全员进行监督检查。检查施工人员是否佩戴安全帽，高空作业人员是否系安全绳索，施工现场是否配有灭火器器材，焊接施工现场是否有易燃易爆物品等。

按步骤进行施工操作。第一步挖设地沟（长 3 m，宽 0.5 m，深 0.8 m）；第二步锤入接地极（采用 3 根，长 1.8 m 圆钢或 50 mm × 50 mm 角钢）；第三步采用扁钢连接三个接地极（采用 40 mm × 4 mm 的镀锌扁钢，采用电焊焊接）；第四步对焊接部位做防腐处理（采用沥青涂刷焊接处）；第五步回填地沟并分层夯实。

二、建筑工地火灾成因及对策

近年来，全国各地建筑工地火灾事故频发，造成了重大人员和财产损失，教训十分惨痛。其中，电路引起火灾是火灾事故发生的主要原因，其次是用火不慎、吸烟、违规生产操作。

1. 建筑工地火灾成因分析

2010 年 11 月，上海胶州路某教师公寓在外墙保温节能工程施工过程中，因电焊作业不当，引燃聚氨酯泡沫碎屑，继而引燃防护网、脚手架上可燃材料，导致整栋建筑短时间内迅速形成内外连通的立体燃烧，造成 58 人死亡。总结常见的建筑工地火灾成因，可归纳为以下几个方面。

1）动火作业管理不到位，电气线路敷设不符合防火要求

2017 年 2 月 25 日，南昌海航白金汇酒店火灾，因为操作人员不具备特种作业资质，在未进行审批的情况下，使用氧焊切割设备对楼梯两侧扶手进行切割，切割产生的高温熔渣掉落引燃废弃沙发，火势蔓延并产生高热有毒气体，造成 10 人死亡，产生巨大的社会影响。在施工设备管理、动火作业资质审批监管方面存在的漏洞和不足是引发此次火灾的主要原因。现在大型建筑工地中，各种用电设备多，临时线路多，线路纵横交错点多，一旦发生跑电或漏电，极易酿成火灾事故。

2）易燃可燃品管控不到位

在 2.25 南昌海航白金汇酒店火灾中，其拆除工程施工人员进场施工时，将包厢内搬出的沙发等直接从二楼抛堆至一楼大堂，没有合理存放，易燃材料靠近动火作业区域。一些建筑工地受到场地的限制，在房子和棚屋之间没有必要的防火

分隔，甚至有些材料直接堆放在消防车通道上或者紧急疏散通道处。一旦发生火灾，必将造成巨大损失。

3）人员消防安全意识薄弱，培训措施单一

2009 年 2 月 9 日，央视新址文化中心因非法燃放烟花爆竹引发火灾，点燃外墙保温系统，造成人员伤亡极其重大的财产损失。部分人员的消防安全意识低，消防知识缺乏。施工方仅仅按照消防安全管理规范，制作了相应的消防安全宣传栏，消防意识没有深入到员工心中，培训方式单一，流于形式的情况严重，培训覆盖面较窄，未建立行之有效的培训体系将所有人员纳入培训体系中，造成上述火灾。

2. 建筑工地火灾的预防及应对对策

1）提升员工安全知识与消防意识

由于建筑工地人员的特殊性，消防部门和施工单位要积极开展集中培训工作，其内容主要包括火灾的一般规律、特殊工种作业消防安全、灭火器材的使用以及初期火灾的处置和报警等，以提高建筑工地的施工人员消防安全意识。公司组织观看安全施工教育宣传视频，让员工直观火灾对于事故产生的危害，吸取事故教训，提高防范意识。积极开展消防设施实操以及防火救生演练、消防知识问答等活动，提升员工自我保护能力。

2）完善监督管理制度

建筑工地消防工作必须重视领导责任和消防安全责任。做好"一把手"消防工程，切实将消防安全管理制度落实到位。对于典型的防火到位工作组或者个人进行表彰，如现金奖励、职位提升等。若出现违规现象做到有错必纠，按照责任管理，处罚管理人员和具体违规人员，提升管理人员的监督强度。

3）合理规划施工现场

合理的施工现场规划，可以有效降低火灾发生率。同时，在火灾发生时，也可以及时进行灭火救援。规划重点主要在于不同功能建筑物和设施相对距离应安全；动火场所不宜对其他场所产生威胁；燃料等可燃物品堆放应远离火灾风险高的位置。在施工规划中，应严格按照《建设工程施工现场消防安全技术规范》（GB 50720—2011）进行。如果施工范围小，无法有效设置，可以选用阻燃材料，相应减小间距。

4）做好建筑防火

做好施工现场规划以后，现场就根据需求配置消防设施。在选取临时建筑材料方面，应考虑材料的阻燃性，一般选取 A 级不燃材料。在员工活动区或者人员密集区，应设计疏散通道和应急设备。

任务三　临时用电安全检查要点

知识目标

- 掌握临时用电安全检查的保证项目。
- 了解临时用电安全检查的一般项目。
- 了解用电档案的检查项目。

能力目标

- 能根据规范对外电防护进行检查。
- 能根据规范对防雷、防火进行检查。
- 能根据按规范对配电线路、配电箱施工进行检查。

任务导入

施工现场临时用电的特点是用电设备移动频繁，电气设备和供电线路工作环境相对较差，而且负荷变动大，再加上电气设备操作人员技术素养较低，经常发生擅自乱拉乱接电线现象。因此，临时用电应加强日常管理，定期检查，发现隐患，及时整改。通过本任务的学习可以了解建筑施工安全检查保证项目、一般项目的具体内容。

学习指引

为了能按标准进行建筑施工安全检查，我们需要掌握检查标准中的保证项目内容及要求，熟悉一般项目的内容及要求。

知识链接

根据《建筑施工安全检查标准》（JGJ 59—2018）的要求，检查的要点如下。

一、保证项目

1．外电防护

（1）外电线路与在建工程及脚手架、起重机械、场内机动车道之间的安全距离应符合规范要求。

（2）当安全距离不符合规范要求时，必须采取绝缘隔离防护措施，并应悬挂明显的警示标志。

（3）防护设施与外电线路的安全距离应符合规范要求，并应坚固、稳定。

（4）在外电架空线路正下方不得进行施工，不得建造临时设施或堆放材料物品。

2. 接地与接零保护系统

（1）施工现场专用的电源中性点直接接地的低压配电系统应采用 TN-S 接零保护系统。

（2）施工现场配电系统不得同时采用两种保护系统。

（3）保护零线应由工作接地线、总配电箱电源侧零线或总漏电保护器电源零线处引出，电气设备的金属外壳必须与保护零线连接。

（4）保护零线应单独敷设，线路上严禁装设开关或熔断器，严禁通过工作电流。

（5）保护零线应采用绝缘导线，规格和颜色标记应符合规范要求。

（6）TN 系统的保护零线应在总配电箱处，并在配电系统的中间处和末端处做重复接地。

（7）接地装置的接地线应采用 2 根及以上导体，在不同点与接地体做电气连接。接地体应采用角钢、钢管或光面圆钢。

（8）工作接地电阻不得大于 4 Ω，重复接地电阻不得大于 10 Ω。

（9）施工现场起重机、物料提升机、施工升降机、脚手架应按规范要求采取防雷措施；防雷装置的冲击接地电阻值不得大于 30 Ω。

（10）做防雷接地机械上的电气设备、保护零线必须同时做重复接地。

3. 配电线路

（1）线路及接头应能保证机械强度和绝缘强度。

（2）线路应设短路、过载保护；导线截面应满足线路负荷电流。

（3）线路的设施、材料及相序排列、档距、与邻近线路或固定物的距离应符合规范要求。

（4）电缆应采用架空或埋地敷设并应符合规范要求，严禁沿地面明设或沿脚手架、树木等敷设。

（5）电缆中必须包含全部工作芯线和用做保护零线的芯线，并应按规定接用。

（6）室内非埋地明敷主干线距地面高度不得小于 2.5 m。

4. 配电箱与开关箱

（1）施工现场配电系统应采用三级配电、二级漏电保护系统；用电设备必须有各自专用的开关箱。

（2）箱体结构、箱内电器设置赢符合规范要求。

（3）配电箱必须分设工作零线端子板和保护零线端子板，保护零线、工作零线必须通过各自的端子板连接。

（4）总配电箱与开关箱应安装漏电保护器，漏电保护器参数应匹配并灵敏可靠。

（5）箱体应设置系统接线图和分路标记；并应有门、锁及防雨措施。

（6）箱体安装位置、高度及周边通道应符合规范要求。

（7）分配电箱与开关箱检的距离不应超过 30 m，开关箱与用电设备的距离不应超过 3 m。

二、一般项目

1．配电室与配电装置

（1）配电室的建筑耐火等级不应低于三级，配电室应配置适用于电气火灾的灭火器材。

（2）电装置中的仪表、电器元件设置应符合规范要求。

（3）备用发电机组与外电线路进行联锁。

（4）配电室应采取防止风雨和小动物侵入的措施。

（5）配电室应设警示标志、工地供电平面图和系统图。

2．现场照明

（1）照明用电应与动力用电分设。

（2）特殊场所和手持照明灯应采用安全电压供电。

（3）照明变压器应采用双绕组安全隔离变压器。

（4）灯具金属外壳应接保护零线。

（5）灯具与地面间、易燃物之间的距离应符合规范要求。

（6）照明线路和安全电压线路的架设应符合规范要求。

（7）施工现场应按规范要求配备应急照明。

3．用电档案

（1）总包单位与分包单位应签订临时用电管理协议，明确各方相关责任。

（2）施工现场应制定专项用电施工组织设计、外电防护专项方案。

（3）专项用电施工组织设计、外电防护专项方案应履行审批程序，实施后应有相关部门组织验收。

（4）用电各项记录应按规定填写，记录应真实有效。

（5）用电档案资料应齐全，并应设专人管理。

任务实施

临时用电安全检查

建设工程安全生产管理条例第二十六条明确规定：施工单位应当在施工组织设计中编制安全技术措施和施工现场临时用电方案，对下列达到一定规模的危险性较大的分部分项工程编制专项施工方案，并附具安全验算结果，经施工单位技术负责人、总监理工程师签字后实施。结合《建筑施工安全检查标准》（JGJ 59—2018）（简称“JGJ 59 安全检查标准”）内容。JGJ 59 安全检查标准是立足于安全用电基础上的专业性安全技术规范，一般认为符合安全技术规范要求，方案就不可能违反强制规范条款问题。

一、审查临电方案的基本形式

（1）无论是何种原因去审查临电方案。都可以使临时用电方案得到优化。优化后临时用电方案能够更好地指导临时用电工程的实施、营运、管理工作。（临时用电工程是全寿命周期工程）为满足临时用电方案的使用功能，应使临时用电方案内容符合临时用电工程需要。

（2）程序性审查是对文件经历规定过程程序进行审查，依据过程所产生的结论，做出合理性判定。没有经历规定过程程序的文件不予判定，不对文件实质进行审查。

（3）符合性审查是以规范的强制条款为依据，审查临电方案中违反强制规范条款的内容，使临电方案违反强制规范条款的可能降到最低。

（4）针对性审查是指临时用电工程为在建工程提供个性化服务的程度进行审查，个性化服务能否为在建工程带来经济效益或提高管理、技术、质量水平及节能降耗是衡量临电方案具体指标。

二、施工现场临电方案审查要点

1. 临电方案内容完整性审查

（1）临电方案内容受临时用电工程规模大小影响。JGJ59 安全检查标准规定用电设备总容量大于 50 kW 或数量 5 台以上应编制临时用电方案。低于此规定可不编制临时用电方案但必须制定安全用电措施和电气防火措施。无自然采光的地下大空间施工场所，应编制单项照明临时用电方案。审查时应结合拟建工程规模和特点确定用电方案的内容。

（2）JGJ59 安全技术规范规定的 8 项内容有部分体现在临电方案的图纸、图表之中，其余部分应用文字叙述。一般建筑工程用电方案应有下列图表及文件：

① 临时用电工程总平面图；② 配电装置布置图；③ 配电系统按线图；④ 按地装置设计图；⑤ 用电负荷计算书；⑥ 选择变压器、导线、电缆及电器数量、规格依据；⑦ 确定的外电线路防护措施、安全用电措施及电气防火措施；⑧ 特定情况有照明用电方案。

（3）临电方案除含有上述 8 项内容外。还应包括《建筑施工组织设计规范》（GB/T 50502—2009）要求的框架内容。

（4）临时用电工程验收程序与定期检查、复查验收程序必须纳入临电方案之中，便于以后监督实施。验收程序及复查验收程序必须符合安全技术规范规定。

（5）临时用电工程总平面图应标明与临时用电工程有关的勘察内容。（外电线路、地下管线等）应确定的电源进线、变电所或配电间、配电装置、用电设备位置及线路走向。

（6）配电系统接线图设计，应符合施工现场安全用电三项技术原则（施工现场用电工程三级配电原则，开关箱“一机、一闸、一漏、一箱”制原则）被选用电器参数、规格。型号应在图中标明。

（7）当施工现场与外接电线路共用同一供电系统时，接地装置设计图应标明共用供电系统按地制式，并确定施工现场保护接地、保护接零系统。

2. 临电方案程序性审查要点

（1）临电方案的编制、审核、批准必须履行规定程序，应审查编制人员、批准人员资格（批准人员必须是施工企业技术负责人对照企业营业执照检查）。

（2）临时用电方案必须盖有施工企业印章。

（3）用电负荷计算书中应有计算方法、过程和计算结果，选择变压器、电器、电缆的依据。

（4）临时用电工程的维修和安装施工人员应持有电工证，负责管理临时用电工程的应是项目部电气技术人员。

（5）防护措施：① 外电线路防护及电气设备防护措施；② 防雷击措施；③ 应急预案。

（6）电气火灾防护措施。

（7）管理制度及有关工作程序。

3. 临电方案符合性审查

（1）应在临时用电工程总平面图上标明穿越或邻近施工区域的外电线路走向、高度，电压等级。视危险程度对照 JGJ 59 安全检查标准规定拟定防护预案。

（2）施工现场应采用 TN-S 制式接地，现场使用专用变压器供电 TN-S 接零保护系统中，电气设备的外壳必须与保护零线连接。当施工现场与外接电线路共用同一供电系统时，电气设备的接地、接零保护应与原系统保持一致。

审查临电方案中接地装置设计图中：

① 临时用电工程专用的电源中性点直接接地的低压电力系统有三种制式。规范确定用 TN-S 制式。

② TN-S 按零保护系统中，保护零线应由工作接地、总配电箱（间）处接出。查配电系统图保护零线接法。

③ 采用局部 TN-S 按零保护系统时，审查配电系统图保护零线接法。工作零线必须通过总漏电保护器，保护零线必须由电源进线零线（电源侧工作零线）或总漏电保护器电源侧零线重复接地处引出。

④ 当施工现场与外接电线路共用同一供电系统时，保护接地、接零系统与供电系统相同。

⑤ 重复接地地点：配电室或总配电箱、配电系统中间和末端、大型设备或集中使用施工设备的配电装置处。

⑥ 防雷接地地点：塔式起重机、井字架、龙门架、钢管脚手架等高度超过规范要求的，应设置防雷接地点，做防雷接地上的电气设备必须同时做重复接地，同一台机械上电气设备重复接地与机械防雷接地可共用同一接地体。

（3）配电装置设置应结合配电系统图及配电装置布置图进行。

① 满足三级配电系统、二级漏电保护系统要求。

② 总配电箱（柜）位置。内部配置应符合规范要求，有条件时照明用电与动力用电分开、施工用电与生活、办公用电分开。

③ 分配电箱的位置有固定和移动二类，移动的以最远距离绘制，便于连接开关箱。

④ 装饰装修工程配电装置布置图应单独编制。

⑤ 开关箱必须配置具有短路、过载、漏电保护功能的隔离开关和漏电保护器。总配电箱应有总开关和总漏电保护器。分配电箱应有总隔离开关和分隔离开关，总、分隔离开关配置合理应具有短路、过载功能。开关箱必须配置具有短路、过载、漏电保护功能的隔离开关和漏电保护器。采用熔断器保护的隔离开关时。熔

断器应与所连接的电缆相匹配。

⑥ 电气火灾防护措施内不得有违反安全技术规范中强制条款的内容。

4. 方案的针对性审查要点

(1)大中型建筑工程体量大，临时用电工程也比较大，供电方式不同于普通建筑工程。可按分部工程编制临电方案，照明用电与动力用电分开，生活、办公用电与施工用电分开，计量分开。应使用节能照明电器、智能控制公共部位照明等节能措施。重点审查负荷计算、变压器选择、节能效果。

(2)大空间地下工程，施工环境潮湿或恶劣条件下应考虑用安全电压照明。

(3)达到一定规模的室内装饰装修工程，应采用符合其特点的配电装置布置图。

项目六　施工现场临时用电管理

任务一　临时用电组织设计

知识目标

- 掌握临时用电施工组织编制内容。
- 掌握临时用电施工组织编制方法。

能力目标

- 会编制临时用电施工组织方案。

任务导入

某工程为住宅项目 3 号、7 号楼，结构形式 3 号为框架结构、7 号楼为剪力墙结构，基础为筏板基础。3 号楼地上 14 层，地下人防 1 层；7 号楼地上 17 层，地下 2 层。3 号楼标准层层高为 3.3 m，建筑总高度为 47.9 m；7 号楼标准层层高为 2.8 m，地下二层、地下一层层高分别为 2.8 m、4.2 m，地上一层门市为 3.6 m，地上二层门市为 3.3 m，建筑总高度为 51.7 m。3 号楼建筑面积为 13 850.8 m^2，7 号楼建筑面积为 9 648.6 m^2，总建筑面积为 23 499.4 m^2。

根据该工程的特点施工需要，和工程拟用用电设备的数量及用电总容量，编制临时用电施工组织设计方案。

学习指引

为了编制满足工程要求的临时用电施工组织方案，我们要掌握编制方案的内容以及编制方案的方法。

知识链接

临时用电设备在 5 台及以上或设备总容量在 50 kW 及以上者，应编制临时用电施工组织设计；无自然采光的地下大空间施工场所，应编制单项照明用电方案。临时用电设备在 5 台以下和设备总容量在 50 kW 以下者，应制定安全用电技术措施和电气防火措施。

（1）临时用电施工组织设计的内容和步骤应包括：① 现场勘探；② 确定电源进线、变电站、配电室、总配电箱、分配电箱等的位置及线路走向；③ 进行负荷计算；④ 选择变压器容量；⑤ 设计配电系统，设计配电线路、选择电线或电缆、设计配电装置、选择电器、设计接地装置、绘制临时用电工程图纸（主要包括用电工程总平面图、配电装置布置图、配电系统接线图、接地装置设计图纸）；⑥ 设计防雷装置；⑦ 确定防护措施；⑧ 制订安全用电和电气防火措施。

（2）临时用电工程图纸必须单独绘制，并作为临时用电施工的依据。临时用电施工组织设计及变更时，必须履行“编制、审核、批准”程序，由电气工程技术人员组织编制，经相关部门审核及具有法人资格企业的技术负责人批准后实施。变更用电组织设计时应补充有关图纸资料。

（3）临时用电工程必须经编制、审核、批准部门和使用单位共同验收，合格后方可投入使用。

任务实施

一、编制依据

（1）某建筑设计研究院设计的建筑结构施工图。

（2）本工程的施工组织设计。

（3）某建筑设计研究院的“岩土工程勘察报告”。

（4）中国建筑工业出版社出版的《建筑施工安全技术手册》。

（5）中国建筑工业出版社出版的《建筑施工手册》。

（6）建筑工程施工现场管理制度。

（7）施工进度安排和现场施工条件。

根据《施工现场临时用电安全技术规范》（JGJ 46—2005）的要求，本工程施工现场临时用电配电系统必须采用：三级配电系统、TN-S 接零保护系统以及二级漏电保护系统。

必须履行“编制、审核、批准”程序，由电气工程技术人员组织编制，经由安全部、技术部及专业技术负责人、总工程师、专业监理工程师、总监理工程师审核批准后方可实施。施工技术人员一定要按照技术标准、规程规范、设计要求组织施工，如有变更必须经有关专业技术人员同意（签字）方可变动。

二、现场勘探

根据在建工程的施工组织设计和施工进度计划安排，总平面图和拟定的临时用电平面布置图，确定所用机械设备的位置和三级配电的层次及导线架设（地埋）的布置等。

该工程为筏板基础，为此利用在建工程基础钢筋骨架做临时用电接地装置系统、避雷、重复接地。分别在总配电柜（箱）、塔吊设备开关箱、（卷扬机）线路末端处开关箱各安装一组重复接地；在塔吊设备处安装一组防雷接地，接地电阻值不大于 10 Ω，塔式起重机、总配电箱处，配电线路的中间处和末端处做三处重复接地。每处的重复接地利用 $\phi 12\times 2$ 根镀锌钢筋与基础钢筋骨架，用电焊按规定施焊，每处的接地电阻值用接地电阻测试仪测试，接地电阻测试季节系数见表 6.1。

表 6.1　接地电阻测试季节系数

测试月份	1	2	3	4	5	6
季节系数	1.05	1.05	1	1.6	1.9	2
测试月份	7	8	9	10	11	12
季节系数	2.2	2.55	1.6	1.55	1.55	1.35

实际测试电阻值如下：

塔式起重机处防雷接地：$2.0\times 1.9=3.8\ \Omega$。

塔式起重机开关箱处 PE 线重复接地：$1.5\times 1.9=2.85\ \Omega$。

总配电箱处重复接地：$2.0\times 1.9=3.8\ \Omega$。

动力 1 号分配电箱 PE 线重复接地：$2.0\times 1.9=3.8\ \Omega$。

动力 2 号分配电箱 PE 线重复接地：$3.0\times 1.9=3.8\ \Omega$。

计算测试重复接地电阻值小于 10 Ω（满足设计要求）。

三、确定用电位置及线路走向

该工程施工现场临时用电总电源是由建设单位从供电外网低压系统 380/220 V 电压引入甲方供电配电柜，送至施工单位指定的位置（总配电箱处），整个施工现场按三级配电内容形式布置（示意图表示）总配电箱→分配电箱→开关箱→用电设备（见图 6.1 至图 6.4）。配电箱、开关箱按现场逆时针逐一编号，箱内所用开关均用明显的标志注明其回路和所控用电设备等。所运行的开关箱均有专人负责，整个施工现场有持证电工按时检查和不定期检查，以防发生触电事故。

配电线路由建设单位送至总配电箱处的一侧电源线为三相四线制，380/220 V 低压供电系统，自总配电箱二次侧开始配电，严格按三相五线制（TN-S 系统）覆盖施工现场，一级配电柜至二级配电箱必须全部采用五芯电缆线埋地敷设，不允许使用其他方式代用。做到工作零线和保护零线严格分开，正常情况下不带电的金属外壳必须和保护零线相连接，工作零线仅用于负载 220 V 照明及

220 V 用电设备。保护零线与其他各导线颜色应区别开来，宜采用黄/绿双色线，严禁黄/绿双色线作负荷线用。

施工现场使用配电箱、开关箱，对固定式的安装高度要求为配电箱的中心点与地面的垂直距离应为 1.4 ~ 1.6 m。移动式分配电箱、开关箱其中心点与地面的垂直距离宜为 0.8 ~ 1.5 m。

手持电动工具应采用移动式开关箱，内装漏电保护器。配电箱、开关箱进出线口一律设在箱体的下底面且有防绝缘损坏措施。整个施工现场采用三级配电二级保护，在总配电柜和开关箱内装设漏电保护器，使之具有二级保护功能，有门、有锁、有防雨措施，箱内无杂物。配电箱的采购、安装、维修均应按有关规范、规定执行。

从总配电箱至各分配电箱间导线架设均为暗设，详见施工现场临时用电平面布置图。

四、确定计算负荷

根据临时电源的位置及用电设备分布和现场的环境条件等，确定总配电柜、分配电箱和开关箱位置。由总配电箱控制三相动力设备用电，单相照明用电共计五条支干线，表 6.2 为本施工现场用电设备明细表。

表 6.2　施工现场机械设备明细

序　号	设备名称	功率/kW	数量/台
1	QTZ40 塔吊	30.8，$JC=25\%$	2
2	JZVP500 搅拌机	8.05	1
3	JS500 搅拌机	24.75	2
4	HBT8016 混凝土输送泵	110.0	1
5	PLD800 混凝土配料机	12.0	1
6	水　泵	2.0	1
7	钢筋打环机	3.0	1
8	钢筋切断机	3.0	1
9	钢筋煨弯机	3.0	1
10	钢筋调直机	5.5	1
11	电焊机	10.0	1
12	圆　锯	3.0	1
13	镝灯	3.5	4
14	室内照明	4.0	
15	室外照明	5.0	

1. 用电设备的总设备容量及计算负荷

（1）根据暂载率 JC 计算设备的换算容量：

1 号设备塔吊：$P_S = 2P_e = 2\times2\sqrt{JC}\times P_e = 4\times\sqrt{0.25}\times30.8 = 61.6$ (kW)

2 号设备搅拌机：$P_S = P_e = 8.05$ kW

3 号设备搅拌机：$P_S = 2P_e = 2\times24.75 = 49.5$（kW）

4 号设备混凝土输送泵：$P_S = P_e = 110$ kW

5 号设备混凝土配料机：$P_S = P_e = 12$ kW

6 号设备水泵：$P_S = P_e = 2$ kW

7 号设备钢筋打环机：$P_S = P_e = 3$ kW

8 号设备钢筋切断机：$P_S = P_e = 3$ kW

9 号设备钢筋煨弯机：$P_S = P_e = 3$ kW

10 号设备钢筋调直机：$P_S = P_e = 5.5$ kW

11 号设备电焊机：$S_S = \sqrt{JC}\cdot S_e = \sqrt{0.65}\times10 = 8.06$（kV·A）

12 号设备圆锯：$P_S = P_e = 3$ kW

13 号设备镝灯：$P_S = 4P_e = 4\times3.5 = 14$（kW）

14 号设备室内照明：$P_S = 1.2P_e = 1.2\times4 = 4.8$（kW）

15 号设备室外照明：$P_S = P_e = 5$ kW

三相电动机功率之和：

$$\sum P_1 = 61.6+8.05+49.5+110+12+2+3+3+3+5.5+3 = 260.65\text{（kW）}$$

电焊机类功率之和：$\sum S_2 = 8.06$ kV·A

室内照明：$\sum P_3 = 4.8$ kW

室外照明：$\sum P_4 = 14+5 = 19$（kW）

（2）施工现场总用电量。

$$S_{js} = (1.05\sim1.1)\left(K_1\frac{\sum P_1}{\cos\varphi}+K_2\sum S_2+K_3\sum P_3+K_4\sum P_4\right)$$

查表 3.1 得：$K_1 = 0.6$，$K_2 = 1$，$K_3 = 0.8$，$K_4 = 1$，$\cos\varphi = 0.65$

$$S_{js} = 1.075\times\left(0.6\times\frac{260.65}{0.65}+8.06+0.8\times4.8+1\times19\right)\approx292\text{（kV·A）}$$

$$I_{js} = \frac{S_{js}}{\sqrt{3}U_e} = \frac{292}{\sqrt{3}\times0.38}\approx444\text{（A）}$$

2．配电柜（箱）至分配电箱动力、照明干线计算负荷

（1）总配电箱至第一分配电箱总容量。

$$\sum P_{f1} = 30.8+7+3+9.8 = 50.6\ (\text{kW})$$

$$I_{f1} = \frac{K_p \sum P_{f1}}{\sqrt{3}U_e \cos\varphi} = \frac{1\times 50.6}{1.73\times 0.38\times 0.65} = 118.4\ (\text{A})$$

（2）总配电箱至第二分配电箱总容量。

$$\sum P_{f2} = 5.5+3+3+3+8.05 = 22.55\ (\text{kW})$$

$$I_{f2} = \frac{K_p \sum P_{f2}}{\sqrt{3}U_e \cos\varphi} = \frac{1\times 22.55}{1.73\times 0.38\times 0.65} = 52.8\ (\text{A})$$

（3）总配电箱至第三分配电箱总容量。

$$\sum P_{f3} = 24.75+24.75+2+12 = 63.5\ (\text{kW})$$

$$I_{f3} = \frac{K_p \sum P_{f3}}{\sqrt{3}U_e \cos\varphi} = \frac{1\times 63.5}{1.73\times 0.38\times 0.65} = 148.6\ (\text{A})$$

（4）总配电箱至第四分配电箱总容量。

$$\sum P_{f4} = 30.8+7 = 37.8\ (\text{kW})$$

$$\sum S_{f4} = 8.06\ \text{kV}\cdot\text{A}$$

$$I_{f4} = \frac{K_p \sum P_{f4}}{\sqrt{3}U_e \cos\varphi} + \frac{K_s \sum S_{f4}}{\sqrt{3}U_e} = \frac{1\times 37.8}{1.73\times 0.38\times 0.65} + \frac{1\times 8.06}{1.73\times 0.38} = 100.72\ (\text{A})$$

（5）总配电箱至混凝土输送泵分配电箱总容量。

$$\sum P_{f5} = 110\ (\text{kW})$$

$$I_{f5} = \frac{K_p \sum P_{f5}}{\sqrt{3}U_e \cos\varphi} = \frac{1\times 110}{1.73\times 0.38\times 0.65} = 257.4\ (\text{A})$$

五、选择变压器

根据负荷计算现场总容量为 292 kV·A，所以甲方应提供的容量大于 292 kV·A 的变压器，查表 3.4 得，选用 S9-315/10 三相配电变压器。

六、设计配电系统

1. 设计配电线路、选择导线或电缆

本工程施工现场设计配电线路，详见施工现场临时用电平面布置图，施工现场临时用电导线及导线截面选择如下。

（1）进户电源干线其计算总电流 444 A，应选择 VV 型号电力电缆，导线截面选择 2×（4×185+1×95）。

（2）总配电柜（箱）至 1 号动力分配电箱支干线其计算电流 118.4 A，应选择 VV 型铜芯橡套电力电缆 4×50 +1×25。

（3）总配电柜（箱）至 2 号动力分配电箱支干线其计算电流 52.8 A，应选择 VV 型铜芯橡套电力电缆 4×16 +1×10。

（4）总配电柜（箱）至 3 号动力分配箱支干线其计算电流 148.6 A，应选择 VV 型铜芯橡套电力电缆 4×70+1×35。

（5）总配电柜（箱）至 4 号动力分配箱支干线其计算电流 100.72 A，应选择 VV 型铜芯橡套电力电缆 4×35+1×16。

（6）总配电柜（箱）至砼输送泵分配电箱支干线计算电流 257.4 A，考虑机械强度选择 VV 铜芯橡套电力电缆 3×185+2×95，埋地穿管敷设。

（7）分配电箱至对应的开关箱支线及开关电器的选择，可参照（规范）附录 C（电动机负荷线和电器选配）。

2. 设计配电装置、选择电器

（1）总配电柜以下可设若干分配电箱，分配电箱以下可设若干开关箱。总配电柜（箱）应设在靠近电源的地区。分配电箱应装设在用电设备或负荷相对集中的地区。分配电箱与开关箱的距离不得超过 30 m，（不能满足规定时，根据施工现场实际情况可增设分配电箱）开关箱与其控制的固定式用电设备的水平距离不宜超过 3 m，开关要注明所控制回路或设备名称，配电箱的中心点与地面的垂直距离应为 1.4 ~ 1.6 m。移动式分配电箱、开关箱其中心点与地面的垂直距离宜为 0.8 ~ 1.5 m。

（2）总配电柜（箱）应装设总隔离开关和分路隔离开关，总自动开关和分路自动开关，以及漏电保护器。若漏电保护器同时具备过负荷和短路保护功能，则可不设分路自动开关。也可采用分断时具有可见分断点的断路器，如 DZ20 系列透明的塑料外壳式断路器，这种断路器具有透明的塑料外壳，可以看见分断点，还可兼作隔离开关，不需要另设隔离开关。总开关电器的额定值、动作整定值应与分路开关电器的额定值、动作整定值相适应。

（3）总配电柜漏电保护器的额定漏电动作电流应大于 30 mA，额定漏电动作时间应大于 0.1 s。乘积不大于国标安全界限值（$It \leq 30$ mA·s）。

（4）总配电柜（箱）应装设电压表，总电流表，总电度表。分配电箱应装设总隔离开关和分路隔离开关，总自动开关和分路自动开关如采用分断时具有可见分断点的断路器，可不另设隔离开关。总开关电器的额定值、动作整定值应与分路开关电器的额定值、动作整定值相适应。

（5）电流表与计费电度表不得共用一组电流互感器。分配电箱不设漏电保护器（漏电断路器）。

（6）开关箱装设隔离开关，自动开关以及漏电保护器。每台用电设备应有各自专用的开关箱，必须实行“一机一闸一漏一箱”制，严禁用同一个开关电器直接控制二台及二台以上用电设备（含插座）。

（7）配电箱、开关箱中导线的进线口和出线口应设在箱体的下底面，严禁设在箱体的上顶面、侧面、后面或箱门处。进出线应加护套，导线束不与箱体进、出口直接接触。移动式配电箱和开关箱的进、出线必须采用橡皮绝缘电缆。进入开关箱的电源线，严禁用插销连接。总配电柜和开关箱必须设漏电保护开关（见三级配电二级保护设置原则）单机所采用的漏电保护器的动作电流不得大于 30 mA，振捣器、水泵及电动工具应选用 15 mA。漏电保护器选用防溅型产品。

（8）配电箱、开关箱应采用冷轧钢板或阻燃绝缘材料制作，钢板厚度应为 1.2 ~ 2.0 mm，其中开关箱箱体钢板厚度不得小于 1.2 mm，配电箱箱体钢板厚度不得小于 1.5 mm，箱体表面应做防腐处理。禁止使用木板配电箱和木板开关箱。

（9）配电箱、开关箱内的电器（含插座）应先安装在金属或非木质阻燃绝缘电器安装板上，然后方可整体紧固在配电箱、开关箱箱体内。禁止使用木板或木板包镀锌铁皮做二层底。

（10）正反向运转控制装置中的控制电器应采用接触器、继电器等自动控制电器，不得采用手动双向转换开关作为控制电器。

（11）配电柜四周应设围栏防护，并有防雨措施。门上锁、铁制箱体做可靠接零（PE）保护。室外照明灯具距地面不得低于 3 m，室内灯具不得低于 2.5 m。室内灯具及线路安装高度低于 2.5 m 的必须使用 36 V 安全电压。照明灯具的金属外壳必须作保护接零。

3．设计接地装置

（1）配电装置布置图（见图 6.1）。

（2）配电装置负荷分布图（见图 6.2）。

（3）配电系统单线图（见图 6.3）。

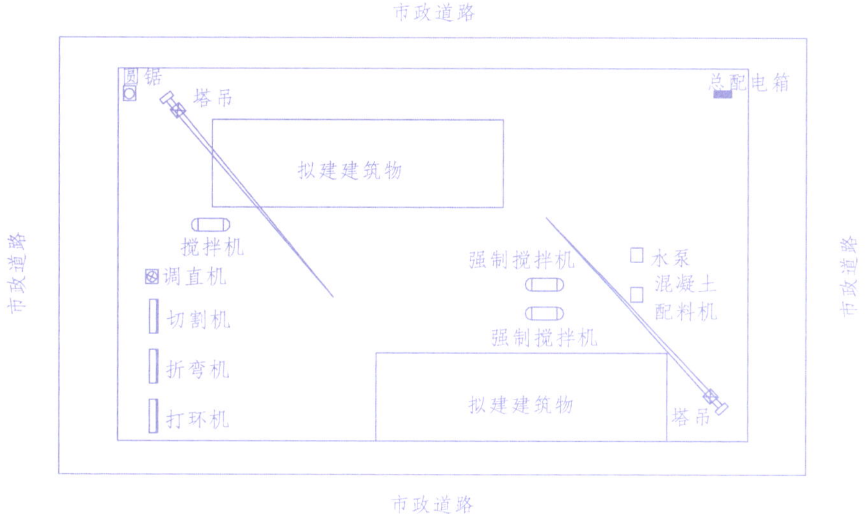

图 6.1　某工程施工现场临时用电平面布置图

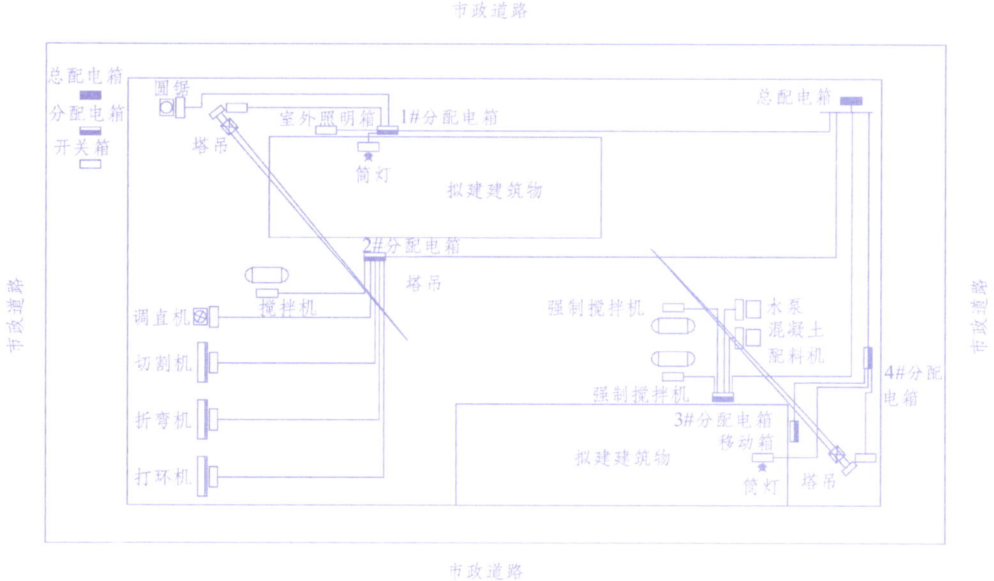

图 6.2　某工程施工现场临时用电配电装置负荷分布图

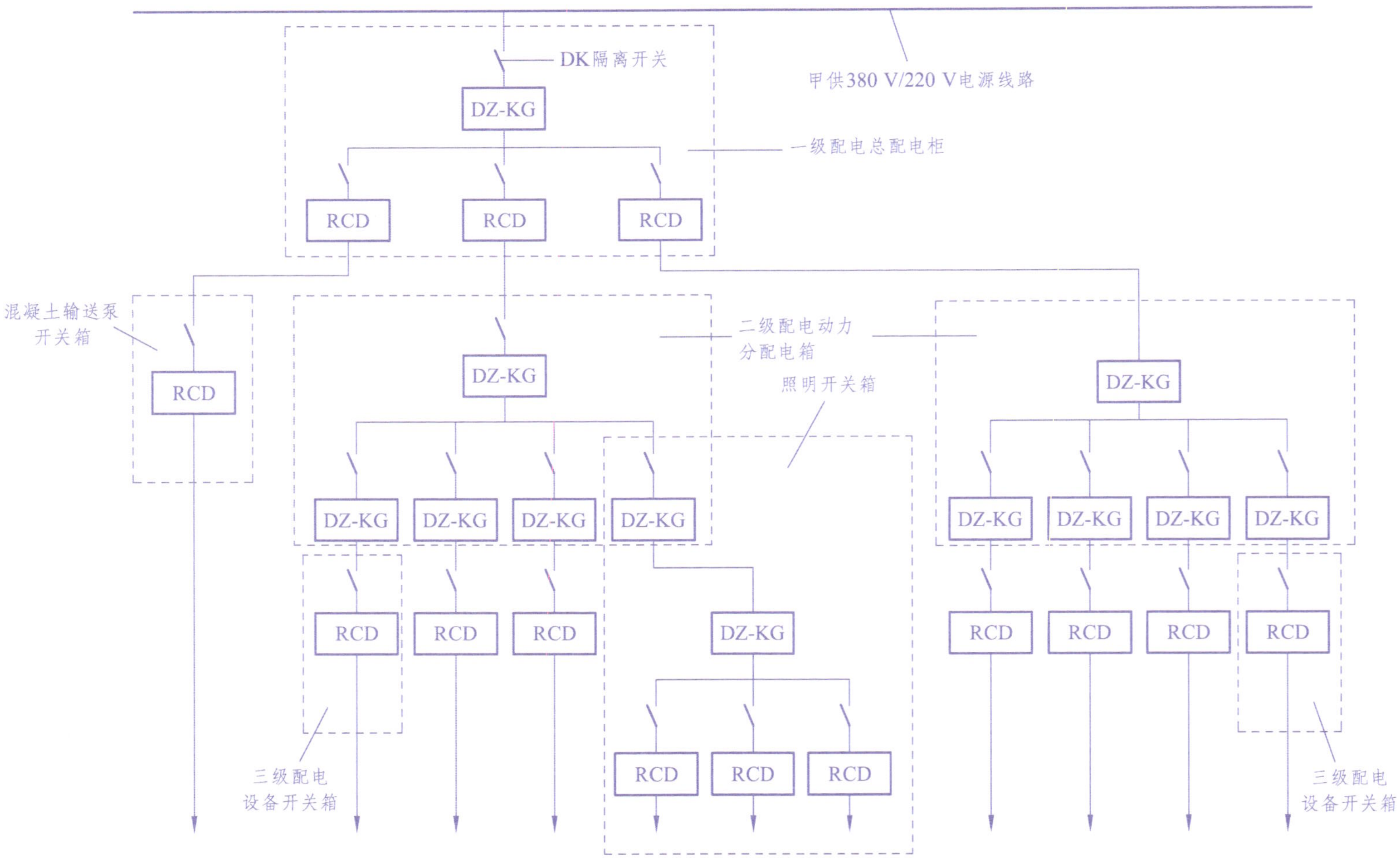
DK隔离开关
甲供380 V/220 V电源线路
DZ-KG
一级配电总配电柜
RCD
RCD
RCD
混凝土输送泵
开关箱
RCD
二级配电动力
分配电箱
照明开关箱
DZ-KG
DZ-KG
DZ-KG
DZ-KG
DZ-KG
DZ-KG
RCD
RCD
RCD
DZ-KG
RCD
RCD
RCD
DZ-KG
DZ-KG
DZ-KG
DZ-KG
RCD
RCD
RCD
RCD
三级配电
设备开关箱
三级配电
设备开关箱

图 6.3　配电系统单线图

七、设计防雷装置

施工现场内机械设备及高架设施的防雷措施。

（1）本工程施工现场内的塔式起重机、龙门架等机械设备，以及钢脚手架和正在施工的，在建工程等金属结构应按照规范规定安装防雷装置。

（2）做防雷接地机械上的电气设备，所连接的 PE 线必须同时做重复接地，同一台机械电气设备的重复接地和机械的防雷接地可共用同一接地体，但接地电阻应符合重复接地电阻值的要求。

（3）机械设备或设施的防雷引下线可利用该设备或设施的金属结构体，应保证电气连接。为了保证安全另外安装一组引下线，采用大于 $\phi 10$ 圆钢或扁钢其截面积大于 48 mm^2，通常用 12 mm × 4 mm、25 mm × 4 mm，还可以采用 16 mm^2 铜芯绝缘线引下。

（4）塔吊设备处做一组防雷接地，同时开关箱处做一组重复接地，接地电阻不大于 10 Ω。

（5）施工现场不少于三处重复接地，专用保护零线全部采用黄/绿双色统一标志多股铜芯线截面积不小于 16 mm^2。

八、确定防护措施

施工现场外电防护应严格按照规范规定执行。

（1）在建工程不得在外电架空线路正下方施工、搭设作业棚、建造生活设施或堆放构件架具、材料及其他杂物等。

（2）在建工程（含脚手架）的周边与外电架空线路的边线之间的最小安全操作距离应符合表 5.1 规定。

（3）施工现场的机动车道与外电架空线路交叉时的最低点与路面的最小垂直距离应符合表 5.2 规定。

（4）起重机严禁越过无防护设施的外电架空线路作业。在外电架空线路附近吊装时，起重机的任何部位或被吊物边缘在最大偏斜时与架空线路边线的最小安全距离应符合表 5.3 规定。

（5）施工现场开挖沟槽边缘与外电埋地电缆沟槽边缘之间的距离不得小于 0.5 m。

（6）当达不到规范的规定时，必须采取绝缘隔离防护措施，并应悬挂醒目的警告标志。

架设防护设施时，必须经有关部门批准，采用线路暂时停电或其他可靠的安全技术措施，并应有电气工程技术人员和专职安全人员监护。防护设施与外电线路之间的安全距离不应小于表 5.4 所列数值。

（7）当规范、规定的防护措施无法实现时，必须与有关部门协商，采取停电、迁移外电线路或改变工程位置等措施，未采取上述措施的严禁施工。

（8）在外电架空线路附近开挖沟槽时，必须会同有关部门采取加固措施，防止外电架空线路电杆倾斜、悬倒。

（9）电气设备防护。

① 电气设备现场周围不得存放易燃易爆物、污染和腐蚀介质，否则应予清除或做防护处置，其防护等级必须与环境条件相适应。

② 电气设备设置场所应能避免物体打击和机械损伤，否则应做防护处置。

九、制定安全用电技术措施和电气防火措施

1. 安全用电技术措施

（1）工地配电必须按 TN-S 系统设置保护接零系统，实行三相五线制，杜绝疏漏。所有接零接地处必须保证可靠的电气连接。保护线 PE 必须采用绿/黄双色线。严格与相线、工作零线相区别，严禁混用。

（2）设置总配电箱，门向外开，配锁，并应符合下列要求：

① 配电箱、开关箱应有防雨措施，安装位置周围不得有杂物，便于操作。

② 由总配电箱引至工地各分配电箱电源回路，采用铜芯橡胶电缆导线套管埋地敷设，电缆在室外直接埋地敷设的深度不应小于 0.6 m，并应在电缆上下均匀敷设细砂，其厚度不小于 50 mm，然后覆盖砖等硬质保护层。

③ 在建高层建筑的临时电缆配电，必须采用电缆埋地引入。电缆垂直敷设的位置应充分利用在建工程的竖井、垂直孔洞等，并应靠近用电负荷中心，固定点每楼层不得少于一处。电缆水平敷设沿墙或门口固定。最大垂直距地不得小于 1.8 m。

引至施工楼层用电，在建筑物内预留洞，并套 PVC 塑料管引上，不准沿脚手架敷设。

（3）用电设备与开关箱间距不大于 3 m，与配电箱间距不大于 30 m；开关箱漏电保护器的额定漏电动作电流应选用 30 mA，额定漏电动作时间应小于 0.1 s；水泵及特别潮湿场所，漏电动作电流应选用 15 mA。

（4）配电箱、开关箱应统一编号，喷上危险标志和施工单位名称。

（5）作防雷接地的电气设备，必须同时作重复接地，同一台电气设备的重复接地与防雷接地可使用并联于基础防雷接地网，所有接地电阻值≤10 Ω。

（6）保护零线不得装设开关或熔断器。

（7）保护零线的截面应不小于工作零线的截面。同时必须满足机械强度要求。

（8）正常情况时，下列电气设备不带电的金属外露导电部分应作保护接零：

① 电机、局部照明变压器、电器、照明器具、手持电动工具的金属外壳。

② 电气设备的传动装置的金属部件。

③ 配电箱（屏）与控制屏的金属框架。

④ 电力线路的金属保护管、物料提升机，均设接地装置。

（9）保护零线除必须在配电室或总配电箱处作重复接地外，还必须在配电线路的中间处和末端处再做重复接地，施工现场不应少于三处重复接地。

（10）每台用电设备应有各自专用的开关箱，必须实行“一机、一闸、一漏”制（含插座）。

（11）配电箱、开关箱的进线和出线口应设在箱体的下底面，严禁设在箱体的上顶面、侧面、后面或门处。移动式配电箱的进、出线必须采用橡胶套绝缘电缆。

（12）所有配电箱门应配锁、配电箱和开关箱应由现场电工专人管理。

（13）所有配电箱、开关箱应每天检查一次，维修人员必须是专业电工，检查维修时必须按规定穿戴绝缘鞋、手套，必须使用电工绝缘工具。

（14）手持式电动工具的外壳、手柄、负荷线，插头开关等，必须完好无损，使用前必须作空载检查，运转正常方可使用。

（15）潜水泵的负荷线必须采用 YHS 型防水橡皮护套电缆，不得承受任何外力。

（16）在潮湿和易触及带电体场所的照明电源不得大于 24 V，在特别潮湿的场所，导电良好的地面工作的电源电压不得大于 12 V。

（17）使用行灯的电源电压不超过 36 V，灯体与手柄应坚固，灯头无开关，灯泡外部有保护网。

（18）产生振动的机械设备的 PE 线的重复接地不少于两处。

（19）现场的物料提升机及外排架均应做防雷接地装置，接地电阻值不大于 10 Ω。

2．安全用电组织措施

（1）建立安全检查制度。包括内容：接地电阻、电气设备绝缘、漏电保护器动作灵敏度等，用电设备是否安全可行并做好检测记录。

（2）建立临时用电施工组织设计的编制，审批验收制度。

（3）建立技术交底，履行交底人与交被交底人的签字手续，写明交底日期。

（4）建立维修制度，做好维修工作日志，内容应详细，记载时间、内容及处结果，并有维修人员及验收人员签字。

（5）建立拆除制度不用的闸箱设备随时拆除。

（6）建立安全用电责任制，落实到人。

（7）持证上岗，禁止非电工无证上岗。

（8）进行专业培训，提高电气工作人员的技术职责。

3．电气防火技术措施

根据国家对建设工程电气防火条例的规定，结合工程实际情况，本着预防为主，消防结合的方针，该工程电气防火技术管理办法如下：

（1）严格执行操作规程，合理配置、整定、更换各种保护电器，对电路和设备的过载、短路故障进行可靠的保护不带病运行。加强设备线路的安全技术管理，保证设备不超载。

（2）合理选用消防器材，在总配电柜（室）处配置干粉灭火器材并禁止烟火，对分配电箱、开关箱设置干燥沙坑。

（3）做到安全用电，节约用电，人走灯灭，人离机停。

（4）加强巡视制度，做好巡回检查记录，在电气装置和线路周围不堆放易燃、易爆和强腐蚀介质，不使用火源、发现电气隐患及时消除。

（5）加强电气设备相间与相间、相间与地间绝缘，防止闪络。合理设置防雷装置。

（6）加强易燃易爆物品的使用和管理，搞好消防培训教育，严格执行监护制度，使之达到安全、经济、合理、有效的技术措施。

4. 电气防火组织措施

（1）建立易燃、易爆物和强腐蚀介质管理制度。

（2）建立电气防火责任制，加强电气防火重点场所烟火管理制度，并设置禁止烟火标志。

（3）建立电气防火检查制度，发现问题及时处理。

十、现场临时电接线示意图

1. 总配电箱（屏）开关电器接线（见图 6.4）

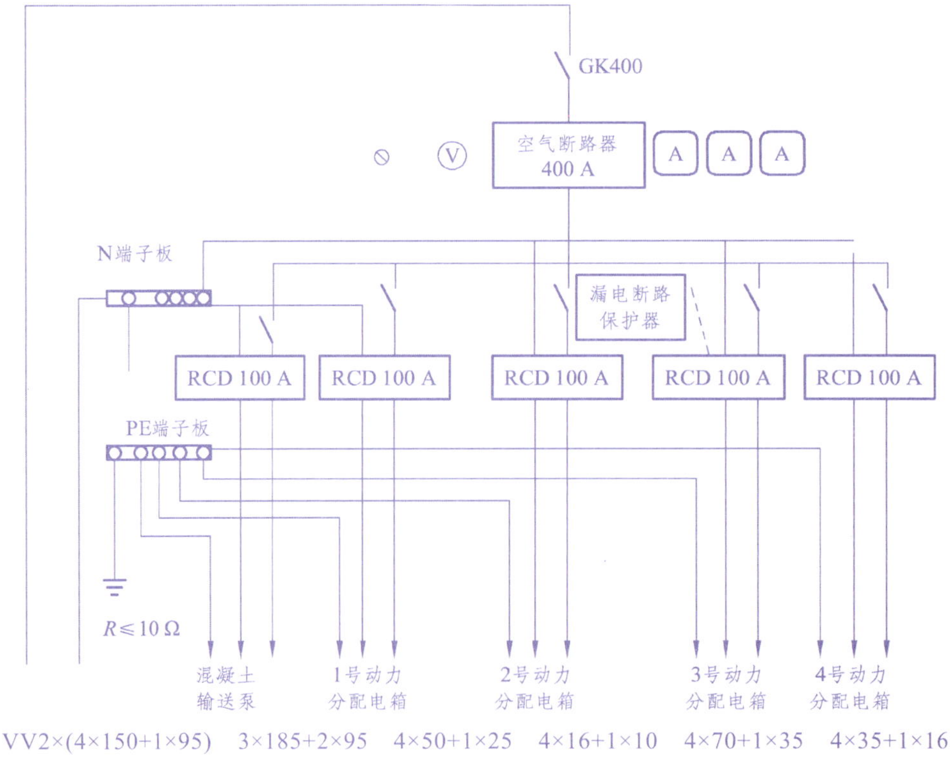

图 6.4 总配电箱（屏）开关电器接线示意图

2．1 号动力分配电箱开关电器接线（见图 6.5）

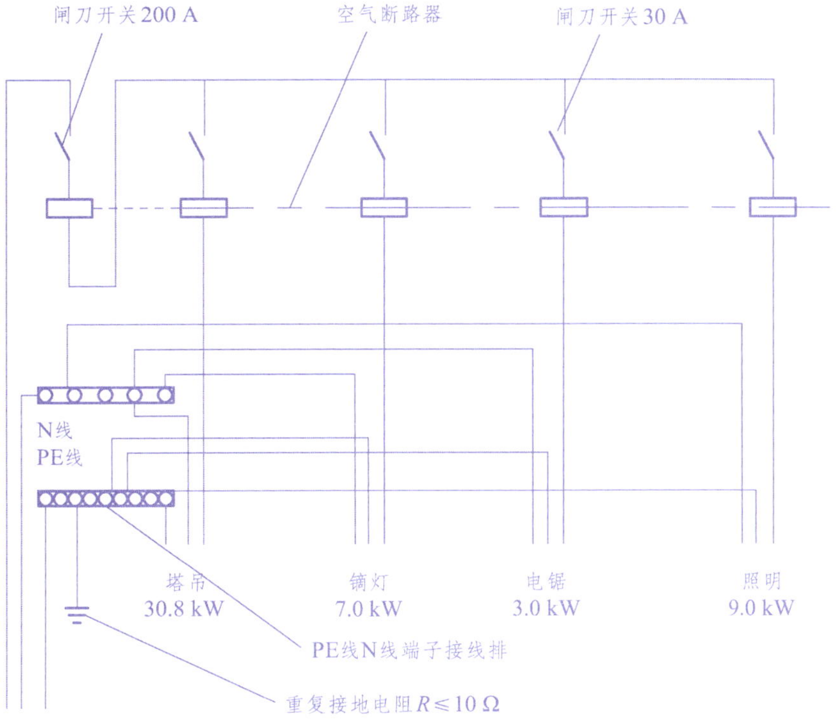

图 6.5　1 号动力分配电箱开关电器接线示意图

3．混凝土输送泵开关箱开关电器接线（见图 6.6）

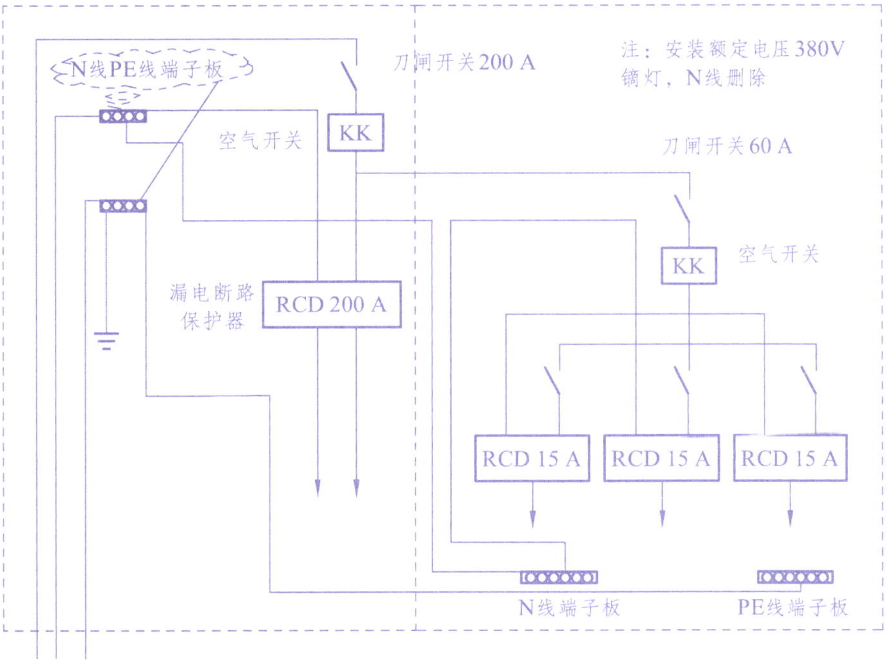

图 6.6　混凝土输送泵开关箱开关电器接线示意图

4. 2号动力分配电箱开关电器接线（见图6.7）

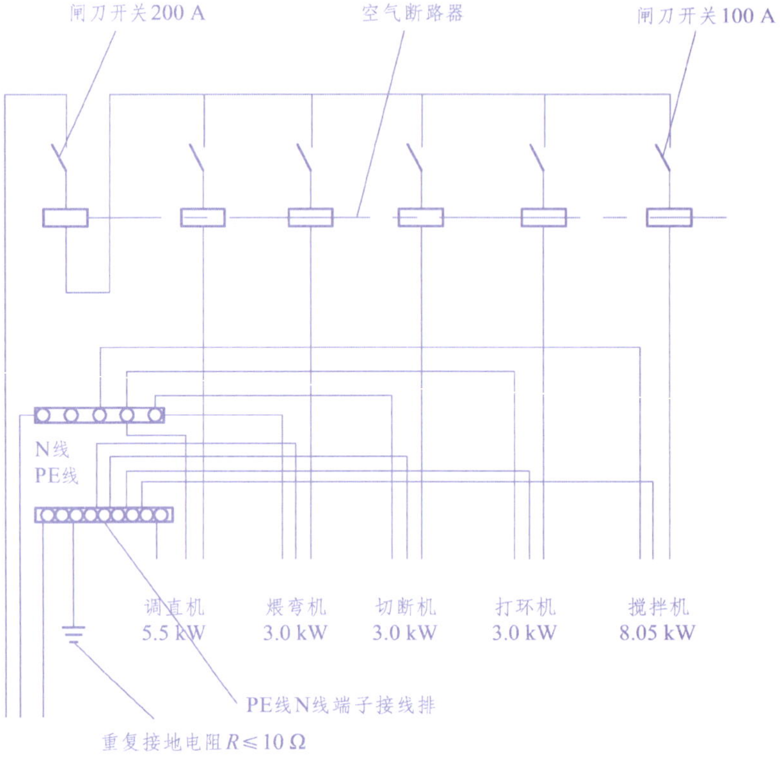

图6.7　2号动力分配电箱开关电器接线示意图

5. 3号动力分配电箱开关电器接线（见图6.8）

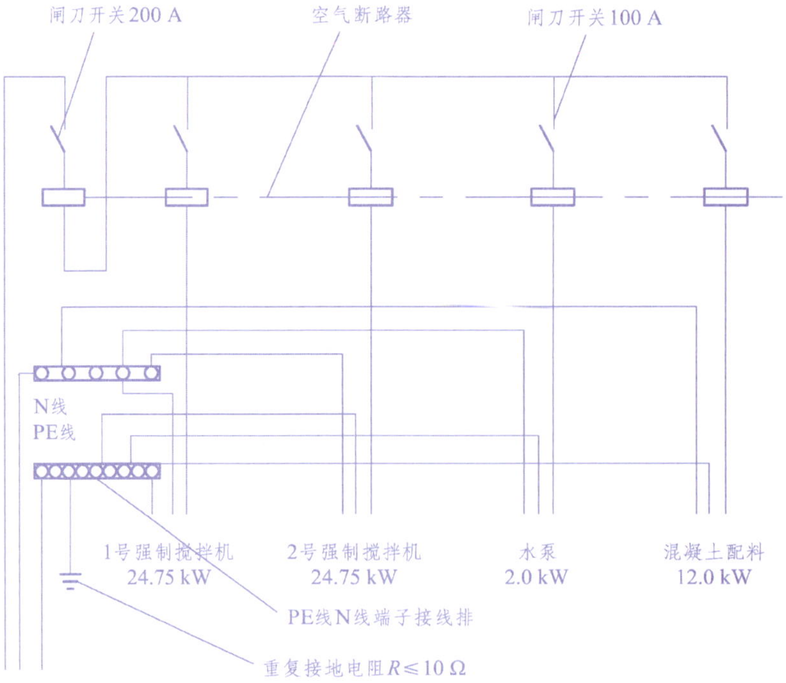

图6.8　3号动力分配电箱开关电器接线示意图

6．4 号动力分配电箱开关电器接线（见图 6.9）

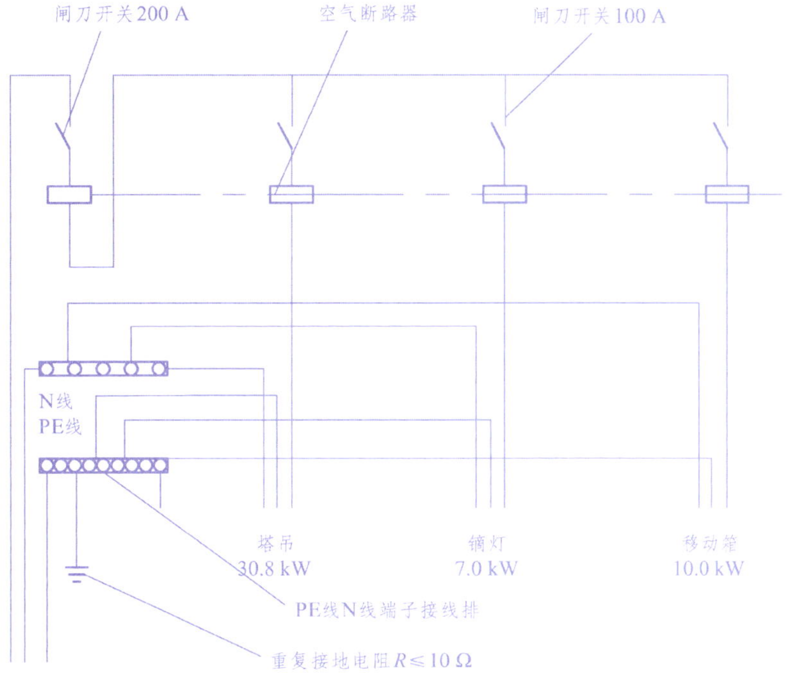

图 6.9　4 号动力分配电箱开关电器接线示意图

7．三级配电电源走向方框系统图（见图 6.10）

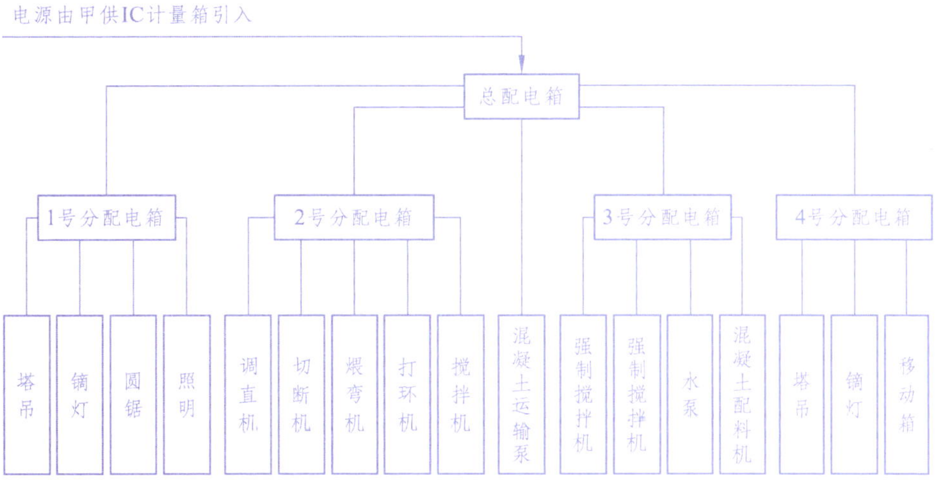

图 6.10　三级配电电源走向方框系统图

8. 电器安全三级配电二级保护联网设置原则（见图 6.11）

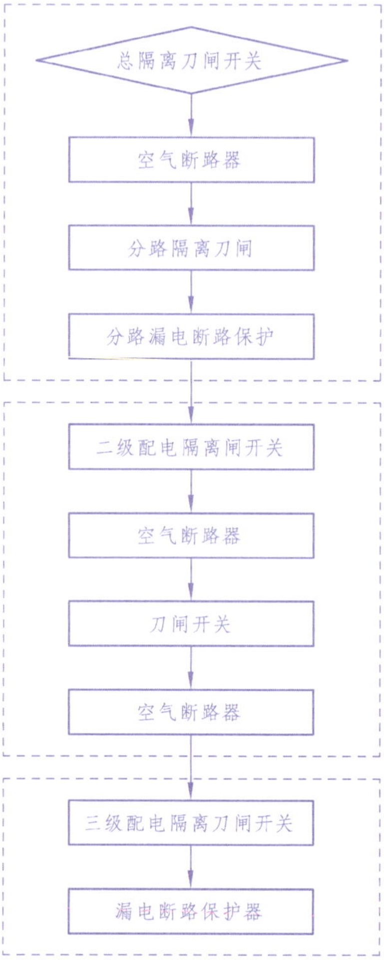

图 6.11　电器安全三级配电二级保护联网设置原则示意图

任务二　临时用电管理

知识目标

- 掌握临时用电管理内容。
- 掌握临时用电设备档案整理编辑方法。

能力目标

- 会编制临时用电设备档案。

任务导入

建筑施工现场临时用电的安全技术档案的编写过程就是施工现场临时用电的安装、运行管理的过程，就是临时用电组织管理措施和电气安全技术措施的实施过程，也是控制和消除施工生产中的电气不安全状态和不安全行为，达到保护职工生命安全和企业财产免受损失的过程。建立临时用电安全技术档案，对加强临时用电的科学化、规范化、标准化起着十分重要的作用，也可以起到预防事故，尽早消除事故隐患的作用，同时可为分析电气事故原因提供原始数据。

学习指引

为了对工程中的临时用电设备进行管理，我们要掌握临时用电设备管理的内容以及临时用电设备档案的整理编制方法。

知识链接

一、电工及用电人员管理

（1）供用电设施投入运行前，用电单位应建立、健全用电管理机构，组织好运行、维护专业班组，明确管理机构与专业班组的职责。

（2）用电单位应建立、健全供用电设施的运行及维护操作规定；运行及维护人员必须学习这些操作规定，熟悉本单位的供用电系统。

（3）用电单位必须建立用电安全岗位责任制，明确各级用电安全负责人。

（4）配备合格的运行和维护人员。

1）用电单位运行、维护人员

（1）用电设施的运行及维护人员必须具备的条件：①经医生检查无妨碍从事电气工作的病症；②掌握必要的电气知识，考试合格并取得合格证书；③掌握触电解救法和人工呼吸法。

（2）用电单位电工须经国家能源局电力业务资质管理中心考试合格后，持电工进网作业许可证上岗工作；其他用电人员是指直接操作用电设备进行施工作业的人员，应掌握安全用电的基本知识和所用设备的性能，须通过相关安全教育培训、技术交底，考核合格后方可上岗工作。新参加工作的维护电工、临时工、实习人员，上岗前也必须经过安全教育，考试合格后在正式电工带领下，方可参加指定的工作。

（3）用电单位的电工作业人员的电工等级应与工程的难易程度和技术复杂性相适应。

2）变电站（配电所）值班人员

（1）熟悉本变电站（配电所）的系统、运行方式及电气设备性能。

（2）持证上岗，掌握运行操作技术。

（3）能认真执行本单位制定的各种规章制度。

（4）值班负责人或单独值班人，应由有实践经验的人员担任。

（5）单独值班人员不得从事检修工作。

3）配齐各类安全、防护用具

（1）变电站（配电所）内必须配备足够的绝缘手套、绝缘靴、绝缘棒、验电器、绝缘垫、绝缘台等安全工具及防护设施。

（2）供用电设施的运行及维护，必须配备足够的合格的常用电气绝缘工具，并按有关规定，定期进行电气性能试验。电气绝缘工具严禁挪作他用。各类用电人员在使用电气设备前，必须按规定穿戴和配备好相应的劳动防护用品。

（3）室内配齐电气消防器材、应急照明灯等。

二、现场用电管理

（1）现场需要用电时，必须提前提出申请，经用电管理部门批准后，通知维护班组进行接引。

（2）接引电源工作，必须由维护电工进行，并应设专人进行监护。

（3）施工用电用完毕后，应由施工现场用电负责人通知维护班组，进行拆除。

（4）严禁非电工拆装电气设备，严禁乱拉乱接电源。

（5）配电室和现场的开关箱、开关柜应加锁。

（6）为防止施工作业人员误碰、误登、误操作危险接近安全距离以内的带电设备或线路，施工现场应按“施现场电力安全标志”进行设置，在主要施工区域、危险部位按规定悬挂安全标志。

（7）施工现场大型用电设备、大型机具等，应有专人进行维护和管理。

（8）移动电气设备时，必须经电工切断电源并做妥善处理后方可进行。

（9）临时用电设施应定期检查，并进行安全用电评价临时用电工程的定期检查时间：施工现场每月不少于一次，基层单位（或公司）每季不少于一次，根据现场情况可缩短检查周期。检查时，应复查接地电阻值和绝缘电阻值。检查工作应按分部、分项工程进行，对安全隐患必须及时处理，并应履行复查验收手续。

建筑施工安全用电，主要包括施工用临时配电设施、施工用电设备的安全，以安全检查的形式对施工现场安全用电进行评价，以改变不安全状况，提高用电设备健康水平为目标。按《建筑施工安全检查标准》（JGJ 59—2011）的规定，做如下检查：

① 施工用电检查评分表是对施工现场临时用电情况的评价。检查的项目包

括：外电防护、安全接地或保护接零系统、配电箱与开关箱、现场照明、配电线路、配电室与配电装置和用电档案等内容。

② 物料提升机检查评分表是对物料提升机的设计制作、搭设和使用情况的评价。检查项目包括：安全装置，防护设施，附墙架与缆风绳，钢丝绳，安拆、验收与使用，基础与导轨架，动力与传动，通信装置，卷扬机操作棚和避雷装置等。

③ 施工升降机检查评分表是对施工现场施工升降机的安全状况及使用管理的评价。检查项目包括安全装置，限位装置，防护设施，附墙架，钢丝绳、滑轮与对重，安拆、验收与使用，导轨架，基础，电气安全和通信装置等。

④ 塔式起重机检查评分表是塔式起重机使用情况的评价，检查项目包括：载荷限制装置，行程限位装置，保护装置，吊钩、滑轮、卷筒与钢丝绳，多塔作业，安拆、验收与使用，附着，基础与轨道，结构设施和电气安全等。

⑤ 起重吊装检查评分表是对施工现场起重吊装作业和起重吊装机械的安全评价。检查项目包括：施工方案、起重机械、钢丝绳与地锚、索具、作业环境、作业人员、起重吊装、高处作业、构件码放和警戒监护等。

⑥ 施工机具检查评分表是对施工中使用的平刨、圆盘锯、手持电动工具、钢筋机械、电焊机、搅拌机、气瓶、翻斗车、潜水泵、振捣器和桩工机械等施工机具安全状况的评价，

（10）施工现场巡视检查。各种电气设施应定期进行巡视检查，每次巡视检查的情况和发现的问题应记入运行日志内。

① 配电设备巡视、检查。

② 配电线路巡视、检查。

③ 检查一般分为电气专业技术人员检查、定期测试和电工的巡回检查等几种，对每一项检查都应规定检查责任人、检查时间、检查项目，并都应做记录。如遇有问题必须进行整改，对整改也必须做出规定，要求定时间、定责任人、定措施。电气专业技术人员的定期检查一般应每周一次，从配电室的配电柜或总配电箱开始到分配电箱、开关箱，对三级配电系统的线路和用电设备进行全面检查。定期测试一般由电工完成，包括对接地电阻的测试、绝缘电阻的测试、剩余电流保护装置的测试。电工巡回检查的目的是监视设备运行情况和及时发现缺陷及用电人员的不安全行为，每班都必须巡视，在雷雨天气必须增加巡检次数，巡视中遵守安全规定。

④ 新投入运行或大修后投入运行的电气设备，在 72 h 内应加强巡视，无异常情况后，方可按正常周期进行巡视。

（11）施工现场运行、维护管理。

① 运行管理。

a. 将巡视检查中发现的线路或设备缺陷应做好记录，列入抢修或维修计划。当用电设施或电气设备发生故障时，由电气专业技术人员提出故障现象，分析故障发生的原因，并注明所采取的维修改进措施。

b. 为了确保线路、设备的正常运行，施工现场的每一只开关箱必须责任到人，对开关箱的使用，停、送电操作顺序，维护等应做出规定。配电箱、开关箱的操作顺序如下：

i. 送电操作顺序：总配电箱→分配电箱→开关箱。

ii. 停电操作顺序：开关箱→分配电箱→总配电箱，但出现电气故障的紧急情况除外。从开关箱到用电设备的这段线路的维护及现场需要临时更改用电设施，应有明确分工，各自处理，确保安全运行。

iii. 夜间电工值班应配足人员（一般为 2 人）。

② 维护管理。

供用电设施的清扫和检修，其时间应安排在雨季和冬季到来之前，中途也应利用停电机会增加清扫次数。电气设备或线路的停电检修，应遵守下列规定：

a. 一次设备完全停电，并切断变压器和电压互感器二次侧开关或熔断器。

b. 设备或线路切断电源并经验电确无电压后，方可装设接地线，进行工作。

c. 工作地点均应悬挂相应的标示牌或装设遮栏。

d. 在靠近带电部分工作时，应设监护人。工作人员在工作中正常活动范围与带电设备的最小安全距离，应符合表 6.3 的规定。在 35 kV 及以下的设备处工作，安全距离小于设备不停电时安全距离（10 kV 及以下为 0.7 m，35 kV 为 1.0 m）时，应设置绝缘隔板或安全遮栏。

表 6.3　工作人员正常活动范围与带电设备最小安全距离

设备电压/kV	距离/m
≤10	0.35
≤35	0.6

③ 生活用电安全管理。

生活用电安全管理应规定宿舍内接线必须由电工完成，严禁所有人员操作的作业包括：a. 将剩余电流保护装置短接；b. 私拉乱接；c. 私自更换熔体；d. 安装、使用规定范围以外的电器。如违反上述规定者，应有相应的处罚措施，以减少触电和发生火灾的危险。

三、施工现场高压配电安全管理

1. 值班电工岗位责任制

（1）遵守国家的电力法规、规程以及各项规章制度，熟悉所管辖设备的性能及运行情况。

（2）按规定对设备进行巡视检查，发现缺陷、隐患及时汇报。

（3）认真做好技术管理工作，认真填写各种运行记录，保管好技术资料、工器具、钥匙、备件，并按规定移交。

（4）服从各级调度命令，认真执行倒闸操作及事故处理。

（5）积极参加施工现场和电工作业班的安全活动。

（6）设备的检修、试验，按工作票要求布置现场安全措施保证工作人员安全。

（7）做好所用交直流、二次回路熔断器（微型断路器）检查、应急照明试验及设备维护和文明生产。

（8）根据规程规定的周期，及时提醒有关工地领导与供电企业联系，做好高压设备的预防性试验、检查工作。

（9）安全工具，消防设施，常用工具及备用品应定期进行试验、维护，及时补充调换，保持齐全、合格。

（10）做好变配电所的卫生整洁工作，不得存放杂物。

（11）认真履行交接班手续。

2．交接班制度

（1）值班人员上下班必须履行交接班手续，按规定时间，接班人员应提前到班，交接班应有记录，且交接班双方须签字确认。如接班人员未按时到达，交班人员不得离开工作岗位。

（2）交接班人员在交接班时应做到如下几点要求：

① 交班人员应按规定详细介绍设备的运行、修试情况及操作票、工作票的执行情况，接班人员应认真听取，如有疑问，必须向交班人员询问清楚，且应查阅运行记录和交接班记录。

② 查点安全用具及技术资料、各种记录、消防用具、维修工具、钥匙等。

③ 交接班人员一起巡视设备的运行情况，接班人员对设备检查或试验确认无问题后方可办理交接班。

④ 检查现场环境卫生及设备整洁情况。

⑤ 正在执行事故处理或倒闸操作时不得进行交接班，待交班人员操作或事故处理完毕后方可办理交接班。

（3）生病、酒后或精神不正常的人不得接班，若遇此情况，交班人员可拒绝交班，并及时报告有关领导。

3．电气设备巡视检查制度

（1）一般巡视检查。

① 值班人员应按规定巡视周期、路线定期巡视所有电气设备，巡视要求走到、看到、听到、闻到，以便及时发现事故隐患，防止事故发生。

② 雷雨天气巡视室外高压设备时，应穿绝缘靴，并不得靠近避雷针或避雷器，距避雷针或避雷器的距离应大于 5 m，且应在雷电活动后巡视。

③ 巡视高压设备时，与带电设备应保持规定的安全距离，不得移开或越过遮栏，禁止触摸高压电气设备，不得进行任何操作和其他工作。

④ 运行人员进入高压设备接地故障点时，应穿绝缘靴，对故障点的安全距离：室内应大于 4 m；室外应大于 8 m。手触摸设备外壳和架构时应戴绝缘手套。

⑤ 在巡视中发现设备缺陷，报告值班负责人安排处理缺陷；发现对威胁设备及人身安全的缺陷时，应及时向有关领导汇报，采取全部停电、部分停电或其他临时性安全措施，并记入设备缺陷记录簿内。

⑥ 巡视变配电装置进出高压室必须随手将门锁好。

（2）特殊巡视检查。

① 高峰负荷期限，设备过负荷或负荷有显著增加。

② 设备运行中的异常现象或有严重缺陷。

③ 气候突变，遇有风、雷、雨、雪、冰雹等恶劣天气或高温季节。

④ 设备发生重大事故，经处理恢复送电后，事故范围内的设备。

⑤ 新设备、长期停运和维修后投入运行的设备。

⑥ 有保电任务，如重要节日及重大活动。

⑦ 根据领导指示或要求，加强值班时。

4. 电气设备缺陷管理制度

（1）值班人员发现缺陷，无论消除与否均应记入缺陷记录簿内，详细记录缺陷设备的名称、部位，发现时间，发现人员及处理时间、结果，处理人员等事项。

（2）发现设备缺陷要及时向有关领导汇报，严重缺陷应及时消除或采取措施，防止造成事故；如不属紧急危及安全运行的一般缺陷，可列入检修计划一并处理。

（3）处理缺陷要检查分析，对今后有可能发生的类似缺陷要制定技术措施，限期整改。

（4）有关领导应定期检查设备缺陷消除情况，对未消除的缺陷应督促尽快处理。

（5）对供电企业管理的设备、表计，发现故障应及时向供电企业或有关部门报告。

5. 操作票制度

（1）凡是改变电气设备运行状态的操作均应填用操作票。

（2）操作票填写应正确、认真、齐全。操作前应先在图板上进行模拟操作无误后再进行设备操作。操作前应核对设备双重名称（设备名称、编号）和位置，操作中应认真执行监护复诵制度，全部操作完毕后进行复查。

（3）倒闸操作必须由两人执行：一人操作，一人监护。

（4）下列操作可不使用操作票：① 事故处理；② 拉合断路器的单一操作；③ 拉开接地隔离开关或拆除全厂（所）仅有的一组接地线。上述操作应记入操作记录簿内。

（5）操作票执行结束后，应加盖“已执行”印章，作废的操作票应加盖“作废”印盖，操作票保存三个月。

6．工作票制度

在电气设备上的工作，应填用工作票或事故抢修单（电气设备发生故障被迫紧急停止运行，需短时间内恢复的抢修和排除故障的工作）。事故应急抢修可不用工作票，但应使用事故应急抢修单，非连续进行的事故修复工作，应使用工作票。

（1）填用第一种工作票的工作：高压设备上工作需要全部停电或部分停电者和其他工作需要将高压设备停电或要做安全措施者；二次系统和照明等回路上工作，需要将高压设备停电或做安全措施者；高压电力电缆需停电的工作等。

（2）填用第二种工作票的工作：控制盘和低压配电盘、配电箱、电源干线上的工作；二次系统和照明等回路上的工作，无须将高压设备停电或做安全措施者；大于设备不停电的安全距离的相关场所和带电设备外壳上的工作以及无可能触及带电设备导电部分的工作等。凡是低压间接带电作业，均应使用低压第 2 种工作票。

（3）工作票签发人、工作负责人、工作许可人应经工地领导批准，并取得供电企业考试合格证后方可各负其责。

（4）供电企业在用户工作，须填用工作票，执行电业和用户双签发制度。

（5）工作票填写应准确、齐全，工作完毕后应妥善保管，保存三个月。

7．现场整洁卫生制度

（1）变电站内外及电气设备须保持清洁，通道要保持畅通。

（2）电气设备外壳及配电屏内二次回路上的污秽灰尘定期停电清扫。

（3）充油设备有渗漏油现象应设法处理，保持设备清洁。

（4）房屋、地面、门窗要保持清洁、完好，安全工具按规定存放整齐。

（5）值班室内外不得堆放杂物，每次交接班前必须打扫干净，保持整洁。

四、安全技术档案管理

（1）施工现场临时用电必须建立安全技术档案，其内容应包括：

① 临时用电施工组织设计的全部资料。

② 修改临时用电施工组织设计的资料。

③ 技术交底资料。

④ 临时用电工程检查验收表。

⑤ 电气设备的试、检验凭单和调试记录。

⑥ 接地电阻、绝缘电阻和剩余电流动作保护装置剩余电流动作参数测定记录表。

⑦ 定期检（复）查表。

⑧ 电工安装、巡检、维修、拆除工作记录。

（2）安全技术档案应由主管该现场的电气技术人员负责建立与管理。档案中，电工安装、巡检、维修、拆除工作记录，可指定电工代管，每周由项目经理审核认可，并于临时用电工程拆除后统一归档。

任务实施

某高速大桥施工现场远离市区，只能依靠安装合适的临时用电变压器进行供电。工程现场临时用电设备多、用电量大，具有临时性、露天性、流动性的特点，现场作业面广、多种施工作业同时进行，人员、用电设备相对集中，机械用电设备频繁移动，这些都决定了临时用电系统的复杂性、危险性，容易导致施工现场的漏电、触电事故。施工前，项目部结合《建筑施工安全检查标准》（JGJ 59—2011）的相关要求，制定临时用电管理措施，从用电安全设计与技术应用方面保障施工安全。具体实施如下。

一、用电技术档案的管理

工程开工前需编制临时用电方案，明确用电规则，建立用电技术档案。其主要内容有施工现场临时用电施工组织设计、用电技术交底资料、临时用电工程检查记录、电气设备试验、定期检（复）查记录以及电工安装、巡检、维修、拆除工作记录等，详细表格见表 6.4 ~ 表 6.10。

二、专业人员的管理

电工上岗作业前，必须通过国家线性标准的考核，考核合格后持证上岗，其他用电人员也要通过一定的安全教育培训、技术交底，考核合格后再工作。临时用电设备和线路的安装、检查、维护或拆除必须由电工完成，并设置相应的人员对其实施监督，电工等级应与工程难度、技术复杂程度相符合。各种用电人员需要对所用设备性能、安全用电基本知识进行熟练掌握，电气设备使用前，必须按规定对相应的劳动防护用品进行穿戴和配备，同时还要对保护设施、电气装置进行严格检查，避免设备带“故障”运行。

三、专业班组的管理

项目部电工班每日对现场用电进行巡查检修，对发现的隐患及时进行处理，并填写电工日检记录表。其检查内容主要有配电箱及开关箱的使用状况，箱内电气开关情况，电动机械和工具的使用状况，电气设备的安全防护，配电设备、用电设备的接零和接地保护，施工作业与架空线路的安全距离，施工现场安全用电的标识、标志，施工现场的照明等。

表 6.4　临时用电档案目录

序号	内　　容	页码
1	技术交底	
2	施工现场临时用电验收表	
3	电工日常巡视记录	
4	配电箱每旬检查记录表	
5	接地电阻测试记录	
6	手持式电动工具绝缘测试记录表	
7	施工现场电气设备检查记录表	

表 6.5　现场临时用电电工操作安全技术交底

<table>
<tr><td>施工单位名称</td><td colspan="2"></td><td>工程名称</td><td colspan="2"></td></tr>
<tr><td>施工部位</td><td colspan="2"></td><td>施工内容</td><td colspan="2">临电</td></tr>
<tr><td>安全技术交底内容</td><td colspan="5">（1）必须经技术培训考核合格后持证上岗。
（2）所有绝缘、检验工具，应妥善保管严禁他用，并要定期检查、校验。
（3）线路上禁止带负荷接电或断电，并禁止带电操作。
（4）危险作业，必须有人在安全距离外监护。
（5）电力传动系统装置的调试和维修时，除采取可靠的断电措施外，在开关箱处应悬挂“有人操作禁止合闸”的标牌，并有专人监护。
（6）施工现场在三相五线制中，保护零线和工作零线的截面载流量的 50% 选择，在单相及二相线路中，工作零线各保护零线的截面积与相线相同。
（7）施工现场临时用电必须采用“三级配电、二级保护”的标准按三相五线制进行敷设。“三级配电”指总配电箱至分配电箱再至开关箱的敷设方式，配电箱的下底与地面的垂直距离应大于 1.3 m 小于 1.5 m；移动式分配电箱、开关箱的下底距地的垂直距离宜大于 0.6 m 小于 1.5 m；且分配电箱与开关箱的距离不得超过 30 m，开关箱与其控制的机械设备不得超过 3 m。“二级保护”指总配电箱装设一总漏电开关，开关箱装设一漏电开关，开关箱内的漏电开关其额定电流漏电动作应不大于 30 mA，额定漏电动作时间不小于 0.1 s，而且必须按“一机一闸一漏电”的标准进行安装。
（8）各配电箱的壁厚不得小于 1.5 mm 的铁皮，并有防雨防尘措施，配电箱的箱门和箱体之间应用不小于 BVR 4 mm^2 的线边接；进出线路必须下进下出。
（9）各机械设备和配电箱的重复接地用不得小于 ϕ12、长度不小于 2.5 m 钢筋作为接地体，测试电阻不大于 4 Ω。
（10）配电箱、开关箱内不得放置任何杂物，并应经常清洁。
（11）室外灯具距地面不得低于 3 m，室内灯具不得低于 2.4 m，按钮天关距地面高度为 1.3 m，与出入口的水平距离为 0.15～0.2 m；严禁将按钮开关与插座靠近装设。
（12）各机械设备的开关禁止采用倒顺开关</td></tr>
<tr><td>交底人签名</td><td></td><td>接受交底人签名</td><td></td><td>交底时间</td><td>年　月　日</td></tr>
</table>

表 6.6　施工现场临时用电验收表

工程名称			
序号	检查项目	检查内容	结果
1	临时用电施工组织设计	是否按临时施工组织设计要求实施总体布置	
2	工地临近高压线防护	工地临近高压线要有可靠的防护措施，防护要严密，达到安全防护要求	
3	支线架设	配电箱引入引出线要采用套管或横担	
		进出电线要排列整齐，匹配合理	
		严禁使用绝缘差、老化、破皮电线，防止漏电	
		应采用绝缘子固定或架空、敷设	
		线路过街埋管要封头，并有一定的深度	
		线路直接埋地，敷设深度不小于 0.6 m，引出地面从 2 m 高度至地面下 0.2 m 处，必须架设防护套管	

续表

序号	检查项目	检　查　内　容	结　果
4	现场照明	手持照明灯要用安全电压 36 V 以下	
		危险场所要用安全电压 36 V，特别场所用 12 V	
		照明导线应在绝缘子上固定	
		现场照明灯要用绝缘橡套电缆，生活照明采用护套绝缘导线	
		照明线路及灯具不能小于规定距离，严禁使用电炉	
		防止电线绝缘差、老化、破皮、漏电、严禁用太阳灯取暖	
5	架设低压干线	不能用竹质电杆，电杆应设横担和绝缘子	
		电线不能架设在脚手架或树木上等处	
		架空线路离地面按规定有足够的高度	
6	配电箱	配电箱制作要统一，做到有色标、有编号	
		电箱制作要内外油漆，有防雨措施，门锁齐全	
		金属电箱外壳要有接地或接零保护，箱内设置齐全可靠	
		电线路、位置安装在合理，N、PE 端子板分设，电线进出配电箱应下进下出并有滴水弯	
7	开关箱溶丝	开关箱要符合“一机一闸一保险”，箱内无杂物不积灰	
		配电箱与开关箱之间距离 30 m 左右，用电设备与开关箱超过 3 m 应加随机开关，配电箱的下沿离地面不小于 1.2 m，箱内严禁动力照明混用	
		严禁用其他金属代替熔丝，熔丝安装合理	
8	接地或接零	严禁接地接零混接，接地体符合要求，2 根之间距离不小于 2.5 m，工作接地不大于 4 Ω；重复接地电阻不大于 10 Ω，且不小于 3 组，接地体不宜采用螺纹钢	
9	变配电装置	露天变压器设置要符合规范要求	
		配电间应有安全防护措施和警告标志	
		配电间的门要朝外开，145 cm 高处装 20 cm × 30 cm 玻璃	
		变配电室内不能堆放杂物，要有防火器材	
101	绝缘保护	电工工具绝缘良好，操作人员采取绝缘保护措施，通常采用绝缘鞋、绝缘手套、绝缘垫板等	

结论意见：

方案编制人：　　　　　　　　日期：　　年　　月　　日

表 6.7 接地电阻测试记录

编号：

单位名称		仪表型号		
工程名称		检测日期		
接地电阻				
接地类型	规定电阻值/Ω	实测电阻值/Ω	测定结果	备注

测验负责人：　　　　检测人员：　　　　安全员：

表 6.8 移动手持电动工具定期绝缘电阻测验记录表

单位工程名称						工作电压					评定结论
工程名称						仪表型号					
绝缘电阻/MΩ											问题及处理意见
设备名称											
回路编号	阻值	阻值	阻值	阻值	阻值	阻值	阻值	阻值	阻值	阻值	
相别											
A　B											
B　C											
C　A											
A　O											
B　O											
C　O											
A　地											
B　地											
C　地											
检验结果											
上次检验日期											

注：施工现场移动电具及手持电动工具应半年测试一次，测试合格后贴上标签，方可使用。

检验负责人：　　　　检测人：　　　　安全员：　　　　年　月

表 6.9　施工现场电气设备检查记录表

工程名称：　　　　检查日期：　　年　　月　　日（星期　　　）　　　天气：（　　）

设备名称	电机数据			绝缘电阻		接地（零）线		漏电开关				外绝缘层检查
	功率/kW	相数/相	电压/V	绕组对壳/MΩ	相间/MΩ	接地（零）线电阻/Ω	截面积/mm^2	动作电流/mA	动作时间/s	可靠性		
										上午	下午	
兆欧表型号： 电压：　　V					检查电工签名：			安全负责人签名： 年　　月　　日				

表 6.10　配电箱每日专项检查记录表

工程名称：　　　检查日期：　　年　　月　　日（星期　　　）　　　天气：（　　）

配电箱名称及编号	检查项目										
	配置位置	防水性能	进、出电缆	箱内接线	PE线	刀闸开关	保险丝	漏电开关	电源插座	门、锁	备注
备注：											

检查电工签名：　　　　　机电工长（每周）签名：　　　　　年　　月

项目七 施工现场常用设备

任务一 电动机

知识目标

- 了解三相异步电动机的构造和工作原理。
- 了解电动机种类、结构、功率、转速和电压的选择方法。
- 了解电动机安全用电的一般要求。

能力目标

- 掌握三相异步电动机结构，并熟悉其工作原理。
- 能按照规范进行电动机的选择。
- 能按照安全用电规范使用电动机。

任务导入

在现代社会中，电能是现代社会使用的主要能源之一。在电能的生产、输送和使用等方面，电机起着重要的作用。电机主要包括发电机、变压器和电动机等类型。电动机将电能转换成为机械能，用来驱动各种用途的生产机械。机械制造工业、冶金工业、煤炭工业、石油工业、轻纺工业、化学工业及其他各种矿企业中，广泛地应用各种电动机。那电动机有哪些种类？工作原理又是什么？何种工况下应该如何正确选择电动机？如何安全使用电动机？通过本任务的学习我们会得到答案。

学习指引

为了能按规范使用电动机，需要掌握常见的三相异步电动机的构造和原理，掌握电动机选择规范和安全用电原则。

知识链接

一、三相异步电动机的构造

交流电动机主要有异步电动机和同步电动机两种，其中三相异步电动机具有结构简单，运行可靠，使用方便，价格低廉的优点。但其电网功率因数较低，调速比较困难，所以三相异步电动机广泛用于对调速要求不高，电网功率因数有办法补偿的场合。

三相异步电动机是由定子和转子两大部分组成，分为鼠笼式和绕线式两种，其构造和定子绕组的连接方法如图 7.1 和图 7.2 所示。

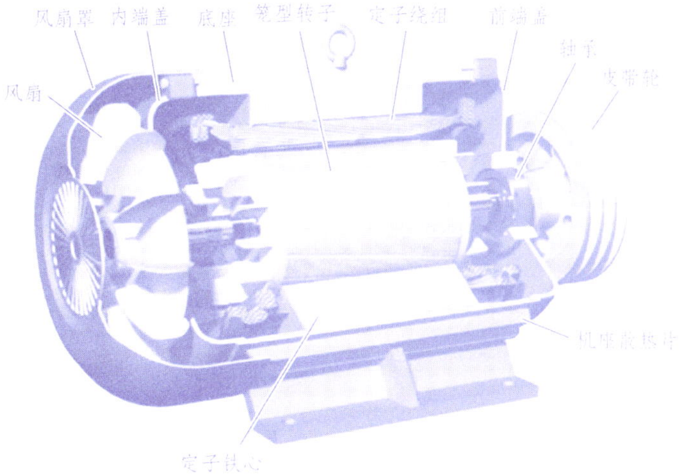

图 7.1　鼠笼式电动机

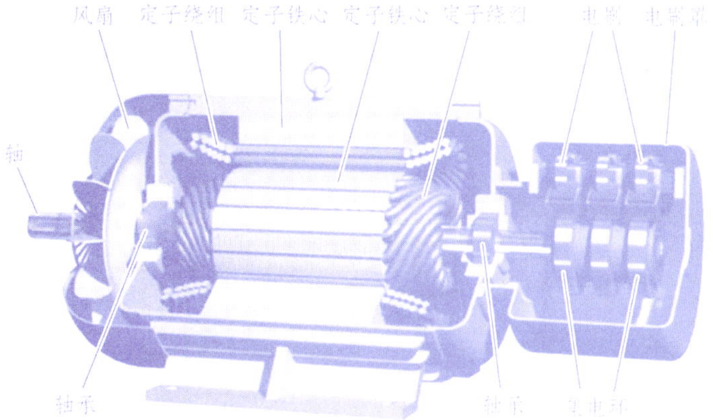

图 7.2　绕线式电动机

定子包括机座、铁心、绕组和端盖等。铁心的内表面上分布着与轴平行的槽，槽内嵌放三相绕组，绕组与铁心之间绝缘良好。定子的三相绕组对称分布在定子铁心上，它们的起始端分别用 U1、V1、W1 表示，对应的末端分别用 U2、V2、W2 表示，绕组有星形和三角形的连接方式（见图 7.3）。为了便于改变接线，三相绕组的 6 个线头都接在电动机外表上的接线盒上。

鼠笼式转子的绕组分铜条绕组和铸铝绕组两种。前者的结构是将铜条插在槽内，铜条的两端分别焊在两个端环上，像一个鼠笼。后者外形和铜条绕组一样，区别是它由铝浇铸而成，并且冷却风扇与绕组一起浇铸而成。

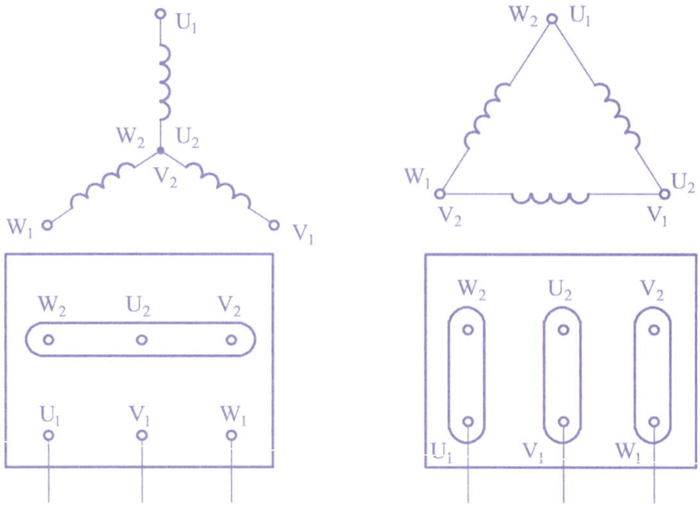

图 7.3　星形连接和三角形连接

二、工作原理

为使三相异步电动机转子旋转，三相定子绕组需建立旋转磁场，如图 7.4 所示，给定的三相绕组加上三相交流电压，绕组中的三相电流便产生了旋转磁场。旋转磁场顺时针方向旋转，则转子相对于磁场逆时针方向旋转。故转子绕组切割了磁力线，闭合的绕组内产生了感生电流。感生电流和旋转磁场相互作用，使转子产生转矩而转动。

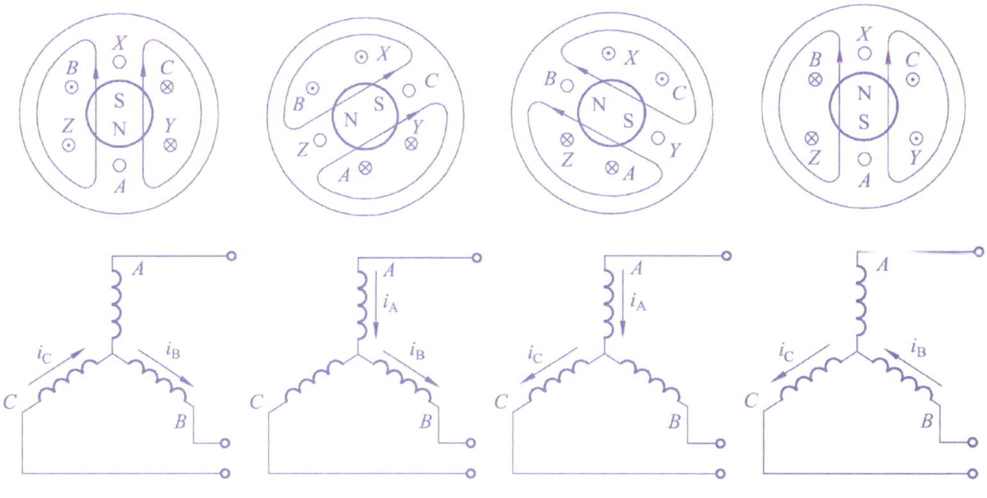

图 7.4　三相对称电流产生的两极旋转磁极

转子的转速（设为 n_2）永远小于旋转磁场的转速（同步转速 n_1），这是因为只有在 $n_2 < n_1$ 的情况下，转子和旋转磁场间才存在相对运动，转子绕组才能切割磁力线，所以这种电动机被称为异步电动机。由于异步电动机的转子电流是靠电

磁感应产生的，故又称为感应电动机。

把异步电动机三根电源线的两根任意对换之后，旋转磁场的方向改变，从而转子的旋转方向也随之改变。

三、电动机安全用电

1. 电动机的保护

（1）电动机应装设接地故障和短路保护装置，并根据设备需要装设过载、断相和低压保护装置。每台电动机应有单独的操作开关。

（2）电动机的短路保护，可采用熔断器或低压断路器的电磁瞬时脱扣器，其熔体的额定电流或瞬时脱扣器的瞬动整定电流应按规定选择。

（3）连续运行的电动机采用熔断器保护时，应设断相保护；当采用断路器保护时，宜设断相保护。电动机断相保护宜选用带断相保护的热继电器。但对短时工作或断续周期工作的电动机或采用低压断路器兼作电动机控制电器的电动机可不装设断相保护。

（4）采用热继电器或过负荷继电器作电动机过载保护时，热继电器宜采用电子式的；对容量较大的电动机，可采用反时限的过电流继电器。

（5）低电压保护器件宜采用低压断路器的欠压脱扣器或接触器的电磁线圈，当采用接触器的电磁线圈作低电压保护时，其控制回路宜由电动机主回路供电；当由其他电源供电且主回路失压时，应自动断开控制电源。

（6）接地故障的保护，对间接接触保护采用自动断电法时，每台电动机宜单独装设接地故障保护；当数台电动机共用一套短路保护电器时，数台电动机可共用一套接地故障保护器件。当电动机的短路保护器件满足接地故障保护要求时，应采用短路保护兼作接地故障保护。接地故障保护常用剩余电流保护装置来完成。

2. 电动机启动前的检查

（1）电动机的集电环与电刷的接触面不得小于 75%。电刷高度磨损超过原标准高度 2/3 时应更新。

（2）直流电动机的换向器表面应光洁，如有机械损伤或火花灼伤时应修整。

（3）长期使用或可能受潮的电动机，使用前应测量电动机绕组的绝缘电阻，不得低于 0.5 MΩ。

（4）检查保护装置是否完好，熔断器、热继电器、低压断路器额定电流与电动机容量是否匹配，热继电器是否复位。

（5）电动机外壳是否有可靠地安全接地或保护接零。

（6）检查传动装置、皮带，松紧是否合适，连接要可靠，无裂伤现象，联轴器螺钉及销子应完整、紧固。旋转装置的防护罩等安全设施是否齐全、良好。

（7）检查电动机的旋转方向是否与转动机械的旋转方向一致

3. 运行中的安全注意事项

（1）运行中电动机应无异响、无漏电、轴承温度正常，电刷与集电环接触良好。

（2）电动机的温升不得超过表 7.1 的规定。

（3）电动机械如在工作中遇停电时，应立即切断电源，把启动开关放到停止位置或加装失压保护装置。

（4）电动机不得在正常运行中突然进行反转运转。

表 7.1　三相异步电动机的温升极限

绝缘等级	A	E	B	F	H
最大允许温升/°C（温度计法）	55	65	70	85	105
最大允许温升/°C（电阻法）	60	75	80	100	125

4. 运行中故障处理

（1）电动机在运行中，如发现下列情况之一，应立即切断电源，对电动机进行详细的检查，排除故障后方可投入运行。

① 运行中发生人身伤亡事故。

② 电动机或启动装置冒烟起火。

③ 电动机发出异响、严重过热，同时转速急剧下降。

④ 电动机所拖动的机械发生故障。

⑤ 设备的传动机械损坏（如断轴、断皮带等）。

⑥ 电动机轴承严重过热。

⑦ 电动机绕组电流超过允许值，或运行中电流猛增。

⑧ 运行中发生剧烈振动。

（2）在电动机发生事故停车后，可根据故障的情况，针对性地检查以下方面。

① 检查电源三相电压是否正常。

② 检查控制开关和启动设备是否正常、熔断器是否一相熔断或解除不良。

③ 检查电动机所拖动的机械是否正常，有无卡阻现象、轴承是否损坏、缺油。

④ 检查从电源到电动机定子绕组的回路是否有开关触头接触不良、导线断线、熔断器一相熔断等造成电动机断相运行的故障，将会使电动机绕组烧毁。其主要原因如下：

电动机定子回路一相断线时，将在电动机气隙中形成两个大小相等方向相反的旋转磁场（即正序和负序旋转磁场），它们对不动的转子产生的电磁转矩等值反向，故电动机将不能启动，只听到“嗡嗡”的响声且电流很大，因而很快就会烧毁绕组。如运行中的电动机发生定子回路一项断线，负序磁场将以大约两倍的同步转速切割转子，一方面对转子产生制动力矩而使转子转速下降，负序旋转磁场切割转子导体的次数增多，使转子导体内的感应电流增大，定子电流也要随之相应增大。加之，原来由三相绕组负担的机械负载转矩，这时要由未断线的两相绕组的电磁转矩来平衡。于是在电动机的机械负载不变的情况下，定子电流将更大。带负载的电动机在这种状态下运行，不久就会烧毁，这对电动机的安全威胁极大。

为防止电动机因断相运行故障而烧毁，应采用如下措施：

a. 电动机应装有过电流保护装置（如装设热继电器、复试脱扣器、反时限电流继电器）或专用断相保护装置。这些保护装置应该能在电动机发生断相运行时可靠地动作，自动断开电源。

b. 在安装和维修工作中，要重视定子回路中触头和接线端子的连接质量。从开关、熔断器、接触器、电缆头到接线盒的所有连接处都应接触可靠，尤其要注意熔断器的连接质量，以防定子回路一相断线。

⑤ 打开电动机端盖，检查定子绕组有无焦痕、转子有无断条或断线。

⑥ 测量绝缘电阻。

5．停机安全注意事项

（1）电动机停止运行前应首先将载荷降至最小，然后切断电源，启动开关拨到停止位置。变速电动机停止运行时，应先将转速逐级降到最低，然后切断电源。

（2）在沿海和潮湿地区施工时，电动机停用后必须采取防潮措施。

任务实施

电动机的选型

一、种类选择

鼠笼式电动机构造简单，坚固耐用，启动设备比较简单，价格和运行费用低，但它的启动电流大，启动转矩较小，调速困难。一般适用于 100 kW 以下，不经常启动，不调速的场合。绕线式电动机启动电流小，启动转矩大，并能在小范围内调速，但结构较复杂，价格较高，适用于电源容量较小（不允许启动电流太大），要求启动转矩大，经常启动和要求小范围调速（调速比不超过 1∶3）的场合，如破碎机、起重机等。

若异步电动机不能满足要求，应考虑选用其他类型的电动机，如直流电动机等。

二、结构形式的选择

（1）开启式电动机的绕组和旋转部分没有设置遮盖装置，通风散热良好，造价低，但只适用于干燥、清洁、没有灰尘和没有腐蚀性气体的厂房内。

（2）防护式电动机的外壳能防止铁屑、水滴等杂物落入电动机内部，但不能防止潮气和尘土的侵袭，适用于环境比较干燥，粉尘少，无腐蚀和爆炸性气体的场合。

（3）封闭式电动机的外壳是全封闭的，散热性能较差，为改善散热条件，机壳制有散热片，尾部装有风扇，适用于有水飞溅、粉尘较多的环境。

（4）防爆式电动机的外壳和接线盒均是密封的，因此该类电动机内部出现火花时，不会导致周围可燃气体的爆炸。这类电动机适用于有可燃气体或易燃爆炸物的场合。

三、功率的选择

电动机的功率选大了，设备不能得到充分利用，功率因数低；选择小了造成温升过高，严重影响电动机的寿命。若工作温升高于额定温升 6 ~ 8 °C，电动机的寿命要减少一半；高于额定温升 40%，寿命只有十几天；高于额定温升 125%，寿命只有几小时。

（1）连续运行且负载恒定的电动机，应取电动机额定功率等于实际需要功率的 1.1 ~ 1.2 倍。

（2）连续运行但负载变动的电动机，可用类比法，即先调查同类生产机械的电动机功率，然后进行分析比较，最后确定电动机功率。

（3）短时工作的电动机，可选用按连续工作设计的电动机。电动机的额定功率为

$$P_e = \frac{P_g}{\lambda}$$

式中，P_g——短时负载功率（kW）；

λ——电动机的过载系数，一般为 1.8 ~ 2.5。

也可选用专为短时工作而设计的电动机，其工作时间有 15 mim、30 min、60 min 和 90 min 四种。此时，应按实际工作时间尽量靠近系列标准工作时间，负载功率尽量靠近系列额定功率的原则选择电动机。

（4）反复短时工作的电动机，一般选用专门设计的电动机，其标准负载持续率有 15%、25%、40% 和 60% 四种（规定一个周期总时间不大于 10 min）。选择原则同（3）。

四、电动机转速的选择

当功率一定时，电动机的额定转速越高，则电动机尺寸越小，质量越小，越经济。但生产机械速度是一定的，当电动机额定转速过高时，必然导致传动部分的传动比加大。因此选择电动机额定转速时，应综合考虑各方面的因素。

五、电动机电压的选择

工程实际中通常选用 380 V 的低压电动机。只有功率很大时才选用 3 000 V 或 6 000 V 的高压电动机。

任务二　电焊机

知识目标

- 了解电焊机的构造和工作原理。
- 了解电焊机安全用电的一般要求。

能力目标

- 掌握电焊机的分类和相关结构，并熟悉其工作原理。
- 能按照安全用电规范使用电焊机。

任务导入

电焊机的用途很广泛。不管是造船企业、工矿企业还是各种建筑企业，电焊机都是不可缺少的工具。电焊机用于材料焊接，在使用时是带电的，因此需要规范使用电焊机，那么如何保证电焊机的安全使用？需要考虑哪些因素？本任务将重点介绍常用电焊机的组成构造及安全用电规范。

学习指引

为了能按规范使用电焊机，需要掌握常见电焊机的构造和原理，掌握电焊机安全用电相关规范。

知识链接

一、电焊机的构造

电焊机有直流和交流两种，都是利用电极与焊件间所产生的电弧热量来熔化金属进行焊接的，其结构图如图 7.5 所示。

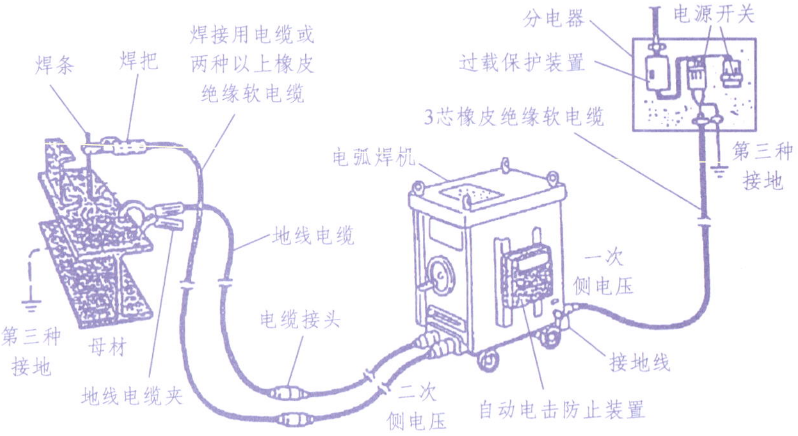

图 7.5　电焊机双线示意图

二、电焊机的工作原理

电焊机工作时，电弧温度可达 6 000 °C 左右，其工作原理如图 7.6 所示。变压器 T 二次侧的空载电压一般为 60 ~ 70 V。电抗线圈 L 是用来限制和调节焊接电流。当焊钳与工件之间产生电弧时，二次回路流过 20 ~ 2 000 A 的电流，在电抗线圈 L 上产生较大的电压降，使焊钳与工件之间的工作电压维持在 30 ~ 40 V。根据焊接电流变动的需要，可通过调节电抗线圈来满足要求。

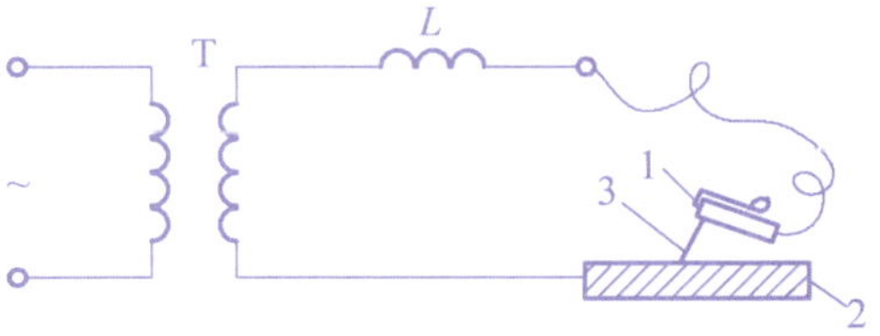

1—电焊钳；2—工件；3—电焊条；T—变压器；L—电抗线圈。

图 7.6　交流电焊机的工作原理

三、电焊机的安全用电规范

1．电焊设备的安全措施

1）电焊设备的安全接地或保护接零

交流焊机的线圈以及直流焊机线包和引线绝缘损坏时，焊机外壳就会带电。

一旦人体接触到漏电的焊机外壳，就会发生触电危险。为了保证安全，所有交、直流焊接设备及其他焊接设备的外壳，都必须做安全接地或者保护接零，其接地电阻不大于 4 Ω。

（1）在电网为三相三线制系统中，应装设安全接地线；在电网为三相四线制供电系统中，应装设保护接零线。

（2）为了防止高压窜入低压造成触电危害，交流电焊机二次侧应当保护接零（或安全接地）。但必须注意二次侧接焊钳的一端是不允许保护接零（或安全接地）的，以避免出现图 7.7（b）所示的危险电流。因此，正确的接法应当如图 7.7（a）所示，将二次侧接工件的一端保护接零（或安全接地）。

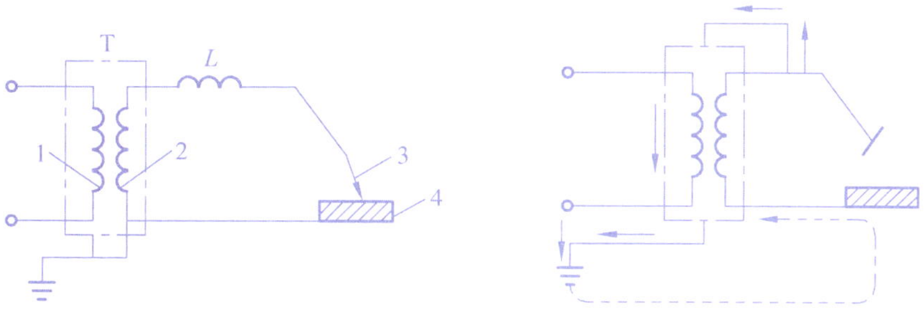

（a）正确接法　　（b）错误接法

T—变压器；*L*—电抗线圈；1—一次绕组；2—二次绕组；3—焊钳；4—工件

图 7.7　交流电焊机的安全接地或保护接零

（3）不应同时存在的安全接地或保护接零，焊接变压器的二次线圈一端安全接地或保护接零时，则焊件本身不应接地，也不应保护接零。否则，一旦焊接回路接触不良，焊接电流就可能通过安全接地或保护接零线并将其熔断，使人身安全受到威胁，同时还有引起火灾的可能。因此，凡是再有安全接地或保护接零线的工件上进行焊接时，应将焊件的安全接地或保护接零线暂时拆除，待焊完后再恢复。

（4）所有焊接设备的安全接地或保护接零线，不得串联接入接地体或者零线干线，应并联接入。

（5）安全接地或保护接零线与焊接设备外壳的连接必须按顺序进行，不得颠倒。应首先将导线接到安全接地上或保护接零干线上，然后再将另一端接到焊接设备的外壳上；拆除安全接地或保护接零线时，其顺序与连接时相反。

（6）安全接地或保护接零线应符合以下要求：

① 要有足够的截面积，接地线截面积一般为相线截面积的 1/2～1/3，保护接零线截面积的大小，应保证其容量大于离电焊机最近熔断器熔体额定电流的 2.5 倍，或大于相应的低压断路器跳闸电流的 1.2 倍。

② 要保证足够的机械强度；连接部位一定要牢固，螺栓不得松动；中间不得有接头，以防松动，产生接触不良。

③ 接地线不应搭接在电线管或可燃性气体或液体的管道上。

（7）为避免有害电流，焊接时最好把焊件与大地隔开来。

2）焊机自动断电装置

空载运行次数较多和空载持续时间超过 5 min 的中小型电焊机，可装设空载自停装置。为保证安全和节能，可采用熄弧自动断电装置。当焊条与工件接触时，开关会立即闭合进行焊接。当焊条离开焊件时，开关能延时自动断开，延时断开的目的是防止短时停焊引起开关频繁动作而增加变压器冲击电流次数，并保证不影响换接焊条和满足断续焊接工作的需要。这样不仅安全，而且限制了焊接变压器的空载运行，使空载电流和损耗大大降低，从而提高功率因数，节约电能。

3）绝缘要求

焊机的线圈和线路带电部分对外壳和对地之间、焊接变压器的一次绕组与二次绕组之间、相与相及线与线之间，都必须符合绝缘标准要求，其绝缘电阻值不得小于 1 MΩ。若绝缘电阻值低于 1 MΩ 时，要进行烘干处理，待合格后方可使用。但电阻机各线圈对电焊机外壳的热态绝缘电阻值不得小于 0.4 MΩ。

4）安全防护罩

电焊机的裸露导电部分和转动部分应装设安全保护罩。直流电焊机的调节器被拆下后，机壳上露出的孔洞应加设保护罩。

5）电源开关

电焊机的电源开关应单独设置，直流电焊机的电源应采用启动器控制。

6）使用环境

电焊机应放在干燥通风、防御、防潮的场所，如果是露天使用应加罩防雨、防尘设施。

7）维修保养，确保焊机安全使用

焊机在定期维修保养中，发现绝缘损坏，电刷磨损、受潮及其他缺陷时，应及时修理。交、直流焊机的常见故障及处理方法，分别见表 7.2 和表 7.3。

表 7.2　交流弧焊机的常见故障及处理方法

故障原因	可能原因	处理方法
焊机不起弧	（1）电源无电压； （2）焊机接线错误； （3）焊机绕组有短路或断路； （4）电源电压过低； （5）电源线或焊接电缆截面积太小	（1）检查开关和熔断器的接通情况及电源有无电压； （2）检查一次和二次的接线是否正确； （3）检查绕组情况，消除短路或断路处； （4）调整电源电压； （5）选用截面积足够的焊接电缆或电源线

续表

故障原因	可能原因	处理方法
导线接线处过热	接线处接触电阻过大或接线处螺钉松动	将接线松开，用砂纸或小刀将接触导电处清理出金属光泽，然后拧紧螺钉
焊机绕组过热	（1）焊机过载； （2）焊机绕组短路； （3）通风器工作不正常	（1）按规定的负载持续率下的焊接电流值使用； （2）重绕线圈，恢复绝缘； （3）恢复通风机的正常运行
焊机铁芯过热	（1）电源电压超过额定电压； （2）铁心硅钢片短路； （3）铁芯夹紧螺杆及夹件的绝缘损坏； （4）重绕一次线圈后，线圈匝数不足	（1）检查电源电压值与焊机标牌上的规定数值是否相符，并应设法调低电压； （2）清洗硅钢片，并重刷绝缘漆； （3）更换绝缘材料； （4）检查线圈匝数并验算各项电气技术数据
焊机外壳带电	（1）绕组碰壳； （2）电源引线或焊接电缆碰外壳； （3）绕组绝缘老化	（1）检查各绕组的绝缘电阻； （2）检查电源引线和焊接电缆与接线端子板的连接情况； （3）重绕线圈，恢复绝缘
焊机振动及响声过大	（1）动铁心上的螺杆和拉紧弹簧松动或脱落； （2）传动动铁心或动线圈的机械有故障； （3）绕组短路	（1）紧固动铁心及拉紧弹簧； （2）检修传动机构，如手柄、螺杆、齿轮和电动机等； （3）重绕线圈，恢复绝缘
摇不动调节手柄或动铁心、动线圈不能移动	（1）调节机构上油垢太多或已锈死； （2）移动路线上有障碍卡阻； （3）调节结构已磨损	（1）清洗或除锈； （2）清除障碍物； （3）检修或更换磨损的机械部件
焊接电流不稳定	动铁心在焊接时位置不稳定	将动铁心调节手柄固定或将动铁心固定
焊接电流过小	（1）焊接导线过长、电阻大； （2）焊接导线放置成盘形，电感大； （3）电缆线有接头或与工件接触不良	（1）减小导线长度或加大线径； （2）将导线放开，使之不成盘形； （3）使接头处接触良好
焊机输出电流反常（过小或过大）	（1）电路中起感抗作用的线圈绝缘损坏时，引起电流过大； （2）铁心磁回路中由于绝缘损坏产生涡流，引起电流变小	检查电路或磁路中绝缘情况，针对故障原因，加以处理

表 7.3　旋转式直流电焊机常见故障及处理方法

故障原因		可能原因	处理方法
电刷有火花	电刷有火花，随后全部换向片发热	（1）电刷为磨好或磨损量过大； （2）电刷盒的弹簧力弱； （3）电刷在刷盒中跳动或摆动； （4）电刷架歪曲，超过允许误差范围或未旋紧； （5）电刷边直线未与换向片对准	（1）重新研磨或更换电刷，但在更换电刷时，不可同时换去大于换向器电刷总数的 1/3 电刷数； （2）调整好压力，必要时可调换架框； （3）检查电刷在刷中的行动电刷与刷盒夹中间隙不超过 0.03 mm； （4）检修电刷架； （5）校正每组电刷，使换向片排成一直线
	个别换向片有碳迹	换向器分离，即个别换向片凸出或凹下	如故障不显著，可用 00 号玻璃砂纸研磨，如研磨后无效则应上车床车削
	一组电刷中个别电刷跳火	（1）接触不良； （2）在无火花电刷的刷绳线间接触不良，引起相邻电刷过载并跳火	（1）观察接触表面，松开接线，清除污物或调整已松弛的刷握弹簧； （2）更换不正常的电刷排除故障
换向器片组大部分发黑		换向器振动	用千分表检查换向器，其摆动不应超过 0.03 mm
焊机过热		（1）焊机过载； （2）电枢线圈短路或换向器短路； （3）换向器脏污	（1）减小焊接电流； （2）消除短路处； （3）清理换向器，去除污垢
导线接头处过热		接头处接触电阻过大或接线处螺钉过松	将接头松开，用砂纸或小刀将接触导电处清理出金属光泽，然后旋紧螺钉
焊接过程中电流忽大忽小		（1）电缆线与焊件接触不良； （2）电流调节器可动部分松动； （3）电刷与铜头（电极）接触不好	（1）使电缆线与焊接接触良好； （2）固定好电流调节器松动部分； （3）使电刷与铜头（电极）接触良好

2．电焊机使用安全注意事项

（1）应按电焊机铭牌上规定的技术数据（或在其允许范围内）进行操作。电焊机容量常以负载持续率为 65% 确定。由于手动电焊机工作周期一般规定为 5 min，在取负载持续率为 65% 时，则持续工作时间可为 195 s，中断时间应为 105 s。若焊接电流低于额定焊接电流时，则持续时间可适当延长，但也不宜延长过多。电焊机严禁超载使用，确保安全运行。

（2）恰当选择焊接电流的大小，一方面是为了安全，另一方面它涉及焊接质量。焊接（铜质工件）电流值通常按 $I=(30\sim50)d$ 进行选择（I 为所需选择的额定电流值，A；d 为电焊条的直径，mm；30 ~ 50 为系数范围：平焊或焊接较厚的工件时应选较大值，其他焊接如立焊、横焊、仰焊，或者焊接工件较薄时应选较小值），还可根据焊接时的各种具体情况及操作者的实践经验，在焊接过程中随时适当地调节焊接电流的大小，以确保焊接质量与操作安全。

（3）在焊接过程中需调节电流大小，应在空载时进行，且在调节电流机构时要注意上限和下限，切勿调过损坏操作机构，调节的操作机构应经常加润滑油。

（4）电焊机在工作中不宜长期处于短路状态，特别注意在非焊接状态时，绝对禁止焊把与焊件直接接触，以免造成短路烧毁电焊机。在同一地点多台单相电焊机同时使用时，在接线时应注意均衡接入三相电源，尽量使三相负载基本平衡。电焊机在工作时，尽量避开高温，阳光直射的地方，禁止易燃易爆物品靠近工作现场。在载荷运行中，焊接热源应经常检查电焊机的温升，如绝缘等级 A 级超过 60 °C、B 级超过 80 °C 时，必须停止运转并降温。

（5）电焊把钳绝缘必须良好。作业人员除应穿防护工作服、戴防护手套和护目镜外，还应穿绝缘工作鞋，以防触电。雨天不得露天电焊，在潮湿地方作业时，操作人员应站在铺有绝缘物品的地方并穿好绝缘鞋。

① 为了防止触电和飞溅的熔化金属沫对人体的灼伤，电焊工人应穿电焊防护服、皮围裙、胶底鞋、戴帆布手套和防护面罩。高空焊接或切割时，必须挂好安全带，焊件周围和下方应采取防火措施并有专人监护。

② 在易引起触电的危险场所工作，如在金属容器中作业时，应戴头盔、护肘等防护用品，应认为电焊电压是危险电压，焊工应尽量避免身体无保护部分与带电部分直接接触，必要时要有人监护，最好将焊件与大地隔绝。

③ 在雨天或潮湿场所，常会有麻电现象，故在使用前应测试一下焊钳的绝缘电阻，若低于 1 MΩ 时，应待烘干处理合格后方可使用。

（6）严禁焊接带压力，带电及盛装有易燃、易爆、有毒物质的容器或管道。施焊点周围有易燃、易爆危险物质时，应在采取必要的安全措施后方可施焊。

（7）焊接贮存过易燃、易爆、有毒物质的容器或管道时，必须经过严格的置换、清洗、吹扫，必要时要进行检测，确认无危险时方可施焊，注意通风换气，严禁向容器和管道内直接输氧气，并在施焊过程中随时监测。容器内使用的照明电压不得超过 12 V，且应有人在现场监护。

（8）直流电焊机启动时，检查转子的旋转方向应符合焊机标志的箭头方向。若数台在同一场地作业时，应逐台启动，并使三相载荷平衡。电焊机启动后，应检查电刷和换向器，如有大量火花，应停机查明原因，经排除故障后方可使用。

（9）对焊机应安置室内，并有可靠地安全接地或保护接零。如多台对焊机并列安装时，间距不得少于 3 m，并应分别接在不同相位的三相电源网络上，分别有各自控制的刀型开关。

对焊机在焊接前，应根据所焊钢筋截面，调整二次电压，不得焊接超过对焊机规定直径的钢筋。

（10）移动电焊机时，一定要先切断电焊机电源，并且在移动时切勿使电焊机受到剧烈振动和其他物体的冲击，以免使外壳与带电体接触。

（11）电焊机在工作完毕或临时离开工作现场时，应及时切断电源。

3．焊接急性中毒的原因及预防措施

（1）焊接急性中毒原因。

① 在狭小的作业空间，焊接有涂层（如漆、塑料、镀铅锌等）或经过脱脂的焊件时，涂层物质和脱脂剂在高温作用下，将会产生有毒气体和有毒蒸气。

② 由于设备内存放有生产性毒物，如苯汞蒸气、氰化物等，当焊工进入设备内动火而引起中毒。

③ 焊接过程中产生较多的窒息性气体（如 CO_2、CO）和其他有毒气体，且在通风不好和作业面狭小空间内操作，这样就可能使焊工急性中毒。

④ 采用置换动火焊补时，置换后的容器内属于缺氧环境，焊工进入动火时引起窒息。

⑤ 对可燃和有毒介质的容器采用带压不置换动火时，从焊补的裂缝喷出有毒气体或有毒蒸气。

（2）预防急性中毒的措施。

① 在焊接作业点装设局部排烟装置。

② 在容器、管道内或地沟里进行焊接作业时，应有专人看护或两人轮焊（即一人工作，一人监护），如发现异常情况，可及时抢救。

③ 为消除焊接过程产生的窒息性和其他有毒气体的危害，应加强机械通风，稀释毒物的浓度。可根据作业点空间大小、空气流动和烟尘、毒气的浓度等，采取局部通风换气和全面通风换气的措施。

④ 对有毒和可燃介质的容器进行带压不置换动火时，焊工应戴防毒面具，而且应在上风侧操作；采取置换作业补焊时，在焊工进入前，对容器内空气进行化验，必须保持含氧量在 19%～21%，有毒物质的含量应符合《工作企业设计卫生标准》的规定。

任务实施

焊接电源的安全使用

一、焊接电源控制装置

焊接电源的控制装置必须是独立的，容量符合焊接电源要求。控制装置应能可靠地切断设备最大额定电流，以保证安全。

1．电焊机采用熔断器保护

（1）单台交流弧焊变压器、弧焊整流器或电阻焊机采用熔断器保护时，其熔体的额定电流，宜按式（7.1）确定。

$$I_{RN} \geqslant K_{C1} I_{Nh} \sqrt{\varepsilon_N} \qquad (7.1)$$

① 交流弧焊变压器、弧焊整流器。

当熔体电流 I_{RN} 按 $1.2\sqrt{\varepsilon_N}I_{Nh}$ 选用时，即根据电焊机的额定负载持续率以及额定输入电流 I_{Nh}，则焊机的电源导线截面积及熔体电流可按表 7.4 所列系数计算选择。

表 7.4　导线电流及熔体电流与负载持续率、额定输入电流的关系

负载持续率	0.05	0.10	0.15	0.20	0.25
$\sqrt{\varepsilon_N}$	0.224	0.317	0.338	0.447	0.500
导线允许电流 $I_y \geqslant \frac{\sqrt{\varepsilon_N}I_{Nh}}{0.875}$	0.26 I_{Nh}	0.36 I_{Nh}	0.44 I_{Nh}	0.51 I_{Nh}	0.57 I_{Nh}
熔体额定电流 $I_{RN} \geqslant 1.2\sqrt{\varepsilon_N}I_{Nh}$	0.27 I_{Nh}	0.38 I_{Nh}	0.47 I_{Nh}	0.54 I_{Nh}	0.60 I_{Nh}
负载持续率	0.30	0.40	0.50	0.60	0.65
$\sqrt{\varepsilon_N}$	0.548	0.633	0.708	0.775	0.807
导线允许电流 $I_y \geqslant \frac{\sqrt{\varepsilon_N}I_{Nh}}{0.875}$	0.63 I_{Nh}	0.72 I_{Nh}	0.81 I_{Nh}	0.89 I_{Nh}	0.92 I_{Nh}
熔体额定电流 $I_{RN} \geqslant 1.2\sqrt{\varepsilon_N}I_{Nh}$	0.66 I_{Nh}	0.76 I_{Nh}	0.85 I_{Nh}	0.93 I_{Nh}	0.97 I_{Nh}

② 电阻式焊机。

$$I_{RN} \geqslant 0.7 I_{Nh} \qquad (7.2)$$

（2）当同一单相线路上有多台电焊机时，保护电焊负荷线路的熔断器选择为

$$I_{RN} \geqslant K_{C2} \sum \frac{S_N\sqrt{\varepsilon_N}}{U_N} \qquad (7.3)$$

当短路电流超过启动设备的极限遮断电流时，还需要求

$$t_R \leqslant \frac{1}{2} t_q \qquad (7.4)$$

式中，I_{RN}—— 熔断器熔体额定电流（A）；

S_N——电焊机额定视在功率（kV·A）；

U_N——电焊机一次侧额定电压（V）；

K_{C2}——计算系数（当电焊机为 3 台及以下时取 1，当电焊机为 3 台以上时取 0.65）；

t_R——熔断器熔体熔断时间（保证启动设备安全时间）；

t_q——启动设备断开动作时间；

I_{Nh}——电焊机一次侧额定电流（$I_{Nh}=S_N/U_N$）（A）；

ε_N——电焊机额定负载持续率（%）；

K_{C1}——计算系数，取 1.2～1.25。

2．电焊机采用低压断路器保护

（1）低压断路器延长时间过电流脱扣器（热脱扣器）整定电流

$$I_{op} \geqslant K_C I_{Nh}\sqrt{\varepsilon_N} \tag{7.5}$$

式中，I_{op}——热脱扣器整定电流（A）；

K_C——计算系数，交流弧焊机与整流弧焊机可取 1.3，电阻焊机可取 1.1。

（2）低压断路器瞬时电流脱扣器的整定电流

$$I_{op} \geqslant K_C I_{Nh} \tag{7.6}$$

式中，I_{op}——低压断路器瞬时电流脱扣器正定电流（A）；

I_{Nh}——电焊机一次额定电流（A）；

K_C——计算系数（对于动作时间小于等于 0.02 s 的 DZ 型低压断路器，交流弧焊机、动圈式整流弧焊机取 3.7，闪光对焊机取 4.4，电阻焊机取 2.2）。

二、焊机的一、二侧引线

（1）电焊机低压侧的引线电流一般很大，在与电焊机及焊接钳连接时，必须采用铜线鼻子，一定要连接牢固，以防二次端子板烧坏，并应避免引线乱绞、乱拉、受压或挤伤。

焊接电缆的截面积应根据电焊机二次焊接电流的大小，按规定选用（见表 7.5），以保证导线不致过烧而损坏绝缘层。

表 7.5　电缆截面积与最大使用电缆

导线截面积/mm^2					
导线截面积/mm^2	单股	25	50	70	95
	双股		2×16	2×25	2×35
最大许用电流/A		200	300	450	600

焊接电缆不应有中间接头，宜选用 YHS 型橡皮绝缘铜芯软电缆，其长度不应大于 30 m。在使用电焊机过程中要经常对电焊机连接柱、连接处以及电缆进行检查，发现有烧坏或者是接触不良处，应及时修复好再使用。

（2）电焊机电源线的载流量不应小于电焊机的额定电流；断续周期工作制的电焊机的额定电流应为其额定负载持续率下的额定电流，其导线载流量应为断续负载下的载流量。

① 当电焊机的容量较小时，其额定输入电流 I_{Nh}（额定负载持续率 ε_N 时）不大于 10 mm² 铝芯线或 6 mm² 铜芯线的长期允许电流时，导线截面积可按额定输入电流 I_{Nh} 选择。

② 较大容量电焊机，其导线截面积应按计算电流 I_C 选择，即

$$I_C = \frac{P_S}{0.875U_N\cos\varphi_N} = \frac{\sqrt{\varepsilon_N}S_N\cos\varphi_N}{0.875U_N\cos\varphi_N} = \frac{\sqrt{\varepsilon_N}S_N}{U_N\times 0.875} = \frac{\sqrt{\varepsilon_N}I_{Nh}}{0.875} \tag{7.7}$$

式中，P_S——电焊机换算到 $\varepsilon=100\%$ 时的功率（kW）；

ε_N——电焊机铭牌上的额定负载持续率；

S_N——相应 ε_N 时的额定视在功率（kV·A）；

$\cos\varphi_N$——电焊机的额定功率因数；

U_N——电焊机的一次侧额定电压（kV）；

I_{Nh}——电焊机的一次侧额定电流（A）。

（3）按接触对焊的原理，对焊机可分为电阻和闪光对焊机两大类。其对焊原理为首先将两金属板材、棒材或管材等焊件分别夹紧在固定和活动的两个电极上进行通电加热，通过调节两焊件的距离，使其焊件端面达到塑性或熔化状态，同时给以一定的顶锻压力，使其连接起来。为满足载流量的需要，对焊机导线的截面积应不小于表 7.6 的规定。

表 7.6　对焊机一次侧导线截面积

对焊机的额定功率/kV·A	25	50	75	100	150	200	500
一次电压为 220 V 时的导线截面积/mm²	10	25	35	45			
一次电压为 380 V 时的导线截面积/mm²	6	16	25	35	50	70	150

（4）二次绕组抽头连接铜板必须压紧，接线柱应有垫圈。合闸前详细检查接线螺母、螺栓及其他部件应无松动或损坏。

（5）电焊线通过道路时，必须架高或穿入防护管内埋设在地下，如通过轨道时，必须从轨道下面穿过。

（6）电焊机电源线必须接线正确，首先应检查电焊机一、二次侧的接线，焊接变压器一次侧线应接电源，二次侧线应接负载（即电焊机焊把线）。在接线时，特别注意电焊机铭牌上所要求的电压，如 220 V 或 380 V 时，应把电焊机电源线分别接到相应的 220 V 或 380 V 的电源线上，如接错将会烧毁电焊机。

（7）固定使用的电焊机电源线应和其他配电线路同样要求；可移动的电焊机其他电源线应按临时线处理，架线时应保持适当的高度，并采用电焊机橡套软电缆，且不宜过长。

（8）焊机与配电箱连接的电源线，除应保证良好的绝缘外，其长度不应超过5 m，进线处必须设置防护罩。

任务三　混凝土机械

知识目标

- 掌握混凝土搅拌机电气原理。
- 熟悉混凝土泵和振捣器的电气原理。
- 熟悉混凝土机械的电气使用规程。
- 熟悉混凝土机械的故障分析流程。

能力目标

- 会阅读混凝土搅拌机、混凝土泵和振捣器的电气原理图。
- 会操作混凝土搅拌机、混凝土泵和振捣器。
- 会处理混凝土设备的常见电气故障。

任务导入

混凝土机械是施工现场常见的一类机械，这些设备是如何运转的？它们是怎样与配电箱连接？操作设备前应该做哪些检查？常见的电气故障是如何产生的？如何进行分析和排除？本任务将重点介绍施工用混凝土设备的操作。

学习指引

为了保证施工作业的安全，要掌握混凝土机械的作业原理及基本的电气操作控制过程，并能够分析处理典型的电气故障。

知识链接

现场施工过程中常用的混凝土施工机械包括多种形式，其中较为常见的包括混凝土搅拌机、混凝土泵及混凝土振动机几种。

一、混凝土搅拌机

混凝土搅拌机是对组成混凝土的各种物料进行搅拌的一种机械。锥形反转出料自落式混凝土搅拌机因其通用性较好，是目前应用较为广泛的一种混凝土路拌机械。

1. 混凝搅拌机基本结构

锥形反转出料混凝土搅拌机（见图 7.8）是正转搅拌反转出料，拌筒内有 2 块低叶片和 2 块高叶片，在出料锥内装有 2 块出料叶片。由于高、低叶片均与拌筒圆柱体母轴成 40°～45° 的夹角，因此对拌和料除了有提升自落作用外，还增加了拌筒前后料流的轴向窜动，能在较短时间内将物料拌和成匀质混凝土。其基本组成包括以下几部分：

图 7.8 锥形自落式混凝土搅拌机

（1）上料系统。上料系统的作用是将水泥、砂、石等物料投入到搅拌筒中。

（2）搅拌系统。搅拌系统的作用是将混凝土物料搅拌均匀，并送出搅拌筒。

（3）供水系统。

（4）电气控制系统。电气系统负责对各部分的运行过程进行控制。电气系统主要控制完成几项功能：① 料斗升降功能；② 搅拌功能；③ 出料功能。

（5）底盘。底盘的作用是支撑搅拌机的各部分。

2. 混凝土搅拌机电气原理

JZC350 型双锥反转自落式搅拌机的电气控制原理如图 7.9 所示。图中，M1 为搅拌电动机，M2 为进料升降机，M3 为供水泵电动机。当电动机正转时，进行搅拌操作；反转时，进行出料操作。

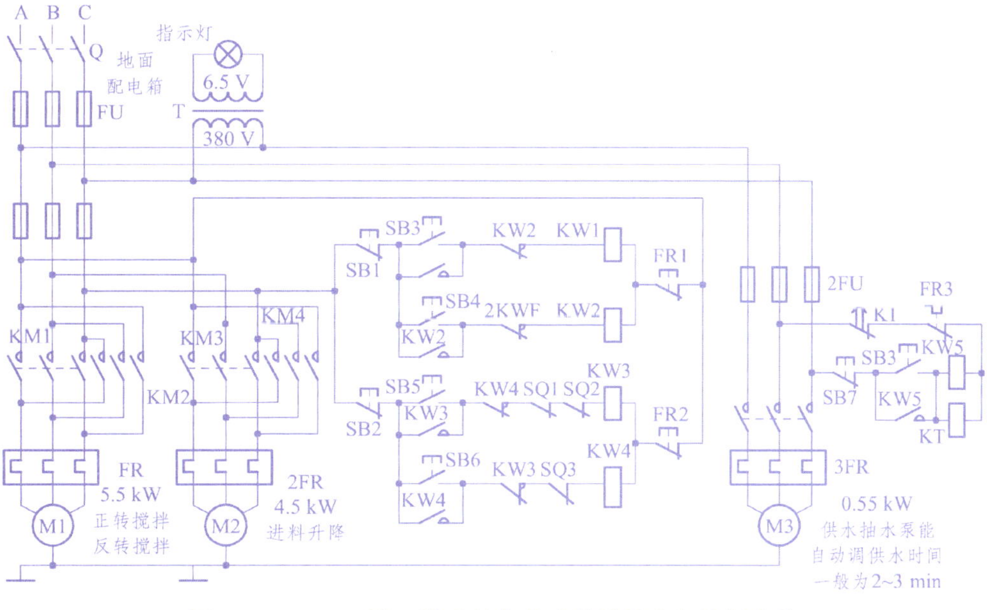

图 7.9 JZC350 型双锥反转自落式搅拌机电气控制电路

1）进料升降控制

电动机 M2 控制料斗的升降，接触器 KM3 接通时电机正转，料斗上升；接触器 KM4 接通时电机反转料斗下降。

（1）料斗上升控制。

把原料水泥、砂子和石子按 1∶2∶3 的比例配好后，倒入送斗内，按下上升按钮 SB5，KM3 得电吸合并自锁，其主触点接通 M2 电源，M2 正转，料斗上升，当上升到一定的高度后，料斗挡铁碰撞上升限位开关 SQl 和 SQ2，使接触器 KM3 断电释放，料斗倾斜把料倒入搅拌机内。其控制流程如图 7.10 所示。

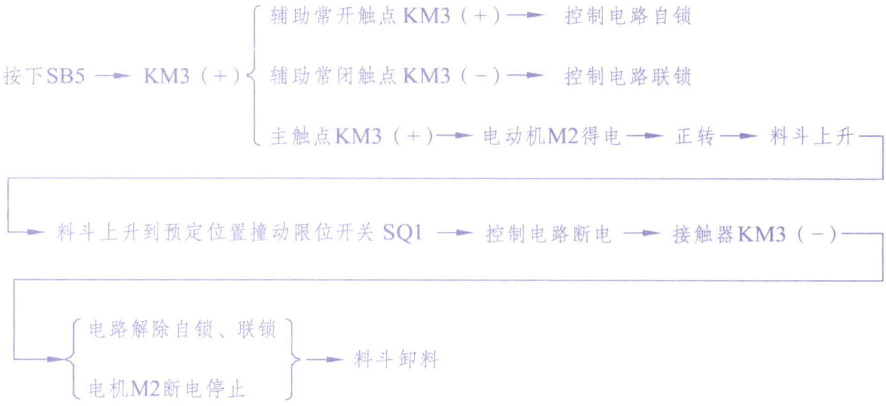

图 7.10　料斗上升过程

（2）料斗下降控制。

卸料完成后，按下下降按钮 SB6，KM4 得电吸合并自锁，其主触点逆序接通 M2 电源，使 M2 反转，卷扬系统带动料斗下降，待下降到料斗口与地面平时，挡铁又碰撞下降限位开关 SQ3，使接触器 KM4 断电释放，料斗停止下降，为下次上料做好准备。其控制流程如图 7.11 所示。

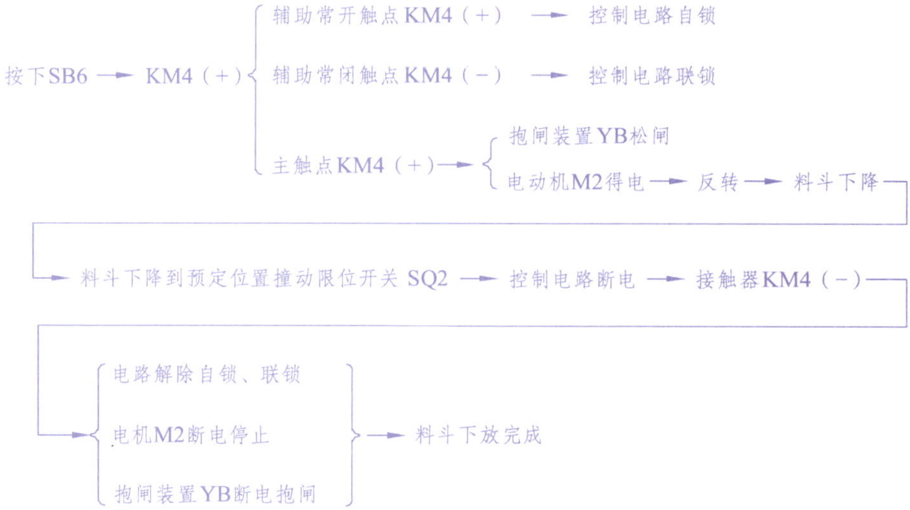

图 7.11　料斗下降过程

2）供水控制

待上料完毕后，料斗停止下降，按下水泵启动按钮 SB8，使接触器 KM5 得电吸合并自锁，其主触点接通水泵电动机 M3 的电源，M3 启动，向搅拌机内供水，同时时间继电器 KT 也得电吸合，待供水时间到（按水与原料的比例，调整时间继电器的延迟时间，一般为 2～3 min），时间继电器的常闭延时断开的触点断开，使接触器 KM5 断电释放，水泵电动机停止。也可根据供水的情况，手动按下停止按钮 SB7，停止供水。其控制流程如图 7.12 所示。

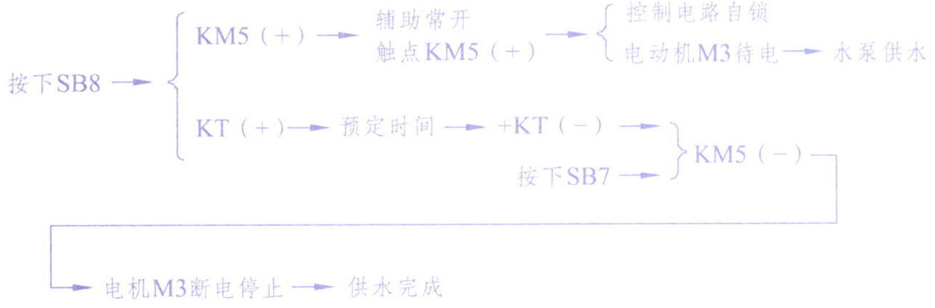

图 7.12　供水过程

3）搅拌出料控制

电动机 M1 控制物料的搅拌，接触器 KM1 接通时电机正转搅拌；接触器 KM2 接通时电机反转搅拌，同时出料。

（1）搅拌作业。

停止供水后，按下搅拌启动按钮 SB3，搅拌控制接触器 KM1 得电吸合自锁，正相序接通搅拌机的 M1 的电源，搅拌机开始搅拌，待搅拌均匀后，按下停止按钮 SB1 搅拌机停止。其控制流程如图 7.13 所示。

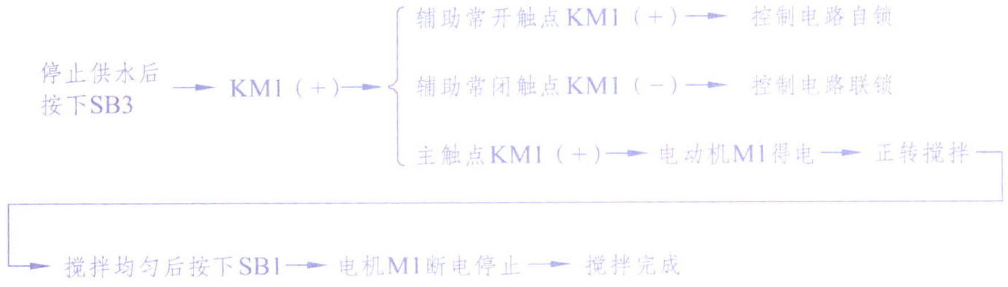

图 7.13　搅拌过程

（2）出料作业。

按下出料按钮 SB4，KM2 得电吸合并自锁，其主触点反相序接通 M1 电源，M1 反转把搅拌好的混凝土泥浆自动搅拌出来。待出料完或运料车装满后，按下停止按钮 SB1，KM2 断电释放，M1 停止转动和出料。其控制流程如图 7.14 所示。

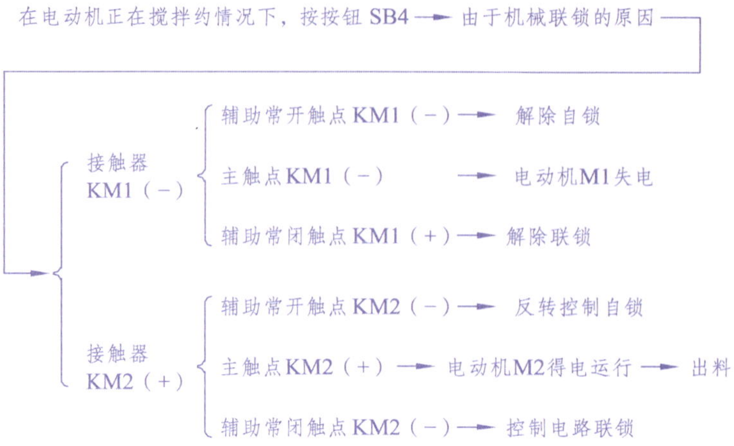

图 7.14　反转出料过程

4）设备电气保护

设备的电气保护环节包括以下几方面：

（1）电源开关Q装在搅拌机的旁边的配电箱内，它一方面用于控制总电源供给，另一方面用于出现机械性电器故障时紧急停电用。

（2）三台电动机设有短路保护、长期过载保护、接地保护。

（3）料斗设有升降限位保护。

（4）为防止电源短路，正反转接触器间设有互锁保护。

（5）电源指示灯，指示电源电路通断状态。

3．使用注意事项

（1）每台设备应有专用的配电箱，施工现场停止作业1 h上时，应将其断电上锁。箱内应装设防溅型剩余电流动作保护装置，由于使用于潮湿场所，其额定剩余动作电流不应大于15 mA，额定剩余电流动作时间应小于0.1 s。

（2）搅拌机配套电气设备的金属外壳或构架应做可靠的安全接地或保护接零。

（3）搅拌机应根据配套电动机容量选用橡皮护套电缆作负荷线，尤其是水泵电机的负荷线必须采用YHS型防水橡皮护套电缆，并不得承受任何外力。

（4）工作前应检查电源电压，电压升降幅度不得超过搅拌机电气设备额定电压的5%。

（5）作业前先进行空载试验，检查搅拌筒或叶片旋转方向是否与箭头所示方向一致；如方向相反，则应换接电动机任意两相电源线。反转出料的搅拌机，应使搅拌筒正反向运转数分钟，检查有无冲击抖动现象，如有异常噪声应停机检查。

（6）应经常清除电器上的积尘，并进行必要的调整。

4．电气故障分析

锥形反转出料搅拌机常见的电气故障与处理方法见表7.7所示。

表 7.7 锥形反转出料搅拌机常见故障及处理方法

故障现象	可能原因	处理方法
按下进料或搅拌电动机的启动按钮，电动机不运转	（1）接触器连锁触头接触不良或线圈断路。 （2）热继电器动作未复归或触头接触不良。 （3）电源无电压或电源熔体熔断。 （4）进料或搅拌按钮控制路断线、线路不通或按钮损坏。 （5）电动机主回路触头有接触不良或线头松动、脱落，引起电机缺相启动。 （6）电动机被机械负载卡死。 （7）电动机轴承损坏卡死。 （8）电动机绕组被烧坏	（1）修复接触不良的接触器联锁触头或更换同型号的接触器线圈。 （2）热继电器属自动复位方式，待数分钟后就会自动复位，即可重新启动搅拌机；如属手动复位方式，只要用手按下热继电器的复位按钮，控制电路即可恢复正常；如热继电器的热元件烧坏或动断触头接触不好，应更换同型号的热继电器或修复动断触头，并重新调整好动作电流。 （3）电源无电压，应设法恢复供电；熔体熔断，应更换同规格熔体。 （4）按钮回路有断线或线头松动，脱落时，应重新接牢；接触辅助触头不能可靠闭合或断开时，应修复或更换触头，必要时更换接触器或按钮。 （5）主回路熔体及接触器主触头接触不良，应予以检修或更换；载路接头有松动或脱落时应重新接好。 （6）用手转动电动机皮带轮，如为过重或卡死时，应排除搅拌机机械方面的故障。 （7）电动机轴承损坏，应更换同型号轴承。 （8）电动机绕组烧坏，应更换新绕组
进料斗只能升不能降或只能降不能升	（1）限位开关不能动作、动作后不能复位或接触不良。 （2）联锁触头接触不良。 （3）按钮不能动作或接触不良。 （4）接触器线圈断线或烧坏而不能动作	（1）限位开关动断触时应修复或更换；如机械故障使其碰撞的限位开关无法复位，应处理机械故障。 （2）联锁触头接触不良时，应修复或并接该接触器另一对动断辅助触头。 （3）更换或修复不能接通或接触不良的按钮。 （4）接触器线圈断路或短路时，应更换同型号线圈
供水泵电动机启动后不能按规定时间停转	(1)时间继电器线圈烧坏。 （2）接触器铁心释放慢或断电后不释放。 （3）时间继电器机械机构不动作或动作触头太脏引起短路	（1）若时间继电器线圈断路或短路，要更换同型号继电器线圈。 （2）接触器不释放或释放慢时，如是主触头熔焊，应使其分开，更换合格的触头；如是接触器机械部分动作不灵活，应消除卡阻现象；如是铁心极面有油污，应用布清理铁心极面。 （3）对于空气阻尼式时间继电器，若其动作机构不能使触头断开，应修复或更换继电器；如为动作触头内部太脏引启短路，必要时也应更换继电器
电动机严重发热	（1）电动机超载。 （2）电动机工作电压过低。 (3)电动机两相运转。 （4）搅拌机长时间在阳光直射下环境温度较高的场所工作。 (5)电动机风叶损坏。 （6）电动机轴承损坏	（1）检修搅拌机机械部分故障。 （2）设法调整电源电压，保证电压质量。 （3）查找缺相原因，如电路熔体熔断、接触器主触头烧坏一相、接线端子处烧断或线头脱落等，应采取相应措施，使其恢复正常。 （4）搅拌机工作在室外场地时，应采取遮阳措施，避免阳光直射。 （5）更换已损坏的电动机风叶。 （6）更换已损坏的同型号轴承

续表

故障现象	可能原因	处理方法
搅拌机只能正转搅拌或只能反转出料	（1）不能动作的回路中联锁触头闭合不好，或另一回路中换相接触器主触点有熔焊现象，而不能使联锁触头复位。 （2）不能动作的主回路的接触器主触头烧坏或有接触不良处。 （3）不能动作回路的按钮未接通电路。 （4）不能动作的接触器线圈断线或烧坏	（1）设法分开已熔焊的接触器主触头，使接触器做联锁的辅助触头复位闭合；如因污物太多使辅助触头接触不良时，应及时清理，必要时更换接触器。 （2）更换已烧坏的接触器主触头或修复接触不良的主触头。 （3）修复或更换接触不良或不通的按钮。 （4）接触器的线头脱落应重新接牢，线圈烧坏应更换

二、混凝土输送泵

混凝土输送泵，又名混凝土泵，由泵体和输送管组成（见图 7.15）。它是一种利用压力，将混凝土沿管道连续输送到浇注工作面的一种混凝土输送机械，主要应用于房建、桥梁及隧道施工。它能一次连续地完成水平输送和垂直输送并浇灌。混凝土泵按其驱动形式可分为活塞式、挤压式、风动式三种类型。活塞式又可分为机械式和液压式。

图 7.15　混凝土输送泵结构示意图

1. 结构及原理

1）混凝土输送泵结构

HBT60 型混凝土泵，如图 7.16 所示。该混凝土泵属于液压活塞式，拖挂式中型混凝土泵，由料斗、泵送系统、液压系统、清洗系统、电气系统、电机、行走底盘等组成。它以 S 管阀作分配阀，以电动机作动力源，通过管道压送混凝土进行水平和垂直运输并浇注凝土的施工机械。

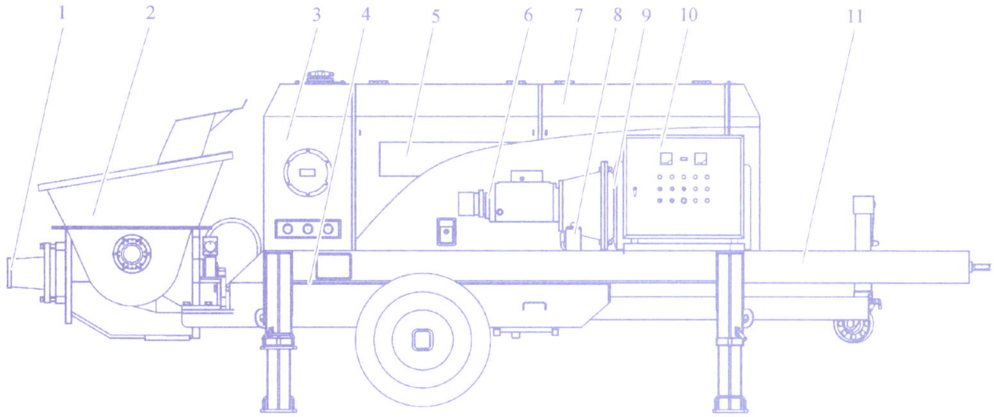

1—分配机构；2—料斗；3—液压油箱；4—机架；5—拖运桥；6—冷却系统；7—机体；
8—润滑系统；9—动力系统；10—电控系统；11—泵送系统

图 7.16　HBT60 混凝土输送泵

泵送系统通过分配阀的转换完成混凝土的吸入与排出动作，其控制系统由 380 V 电源主回路，220 V 交流控制回路，DC 24 V 控制回路，电磁阀执行机构组成。整机通过主电机驱动实现作业。

正常运行时定子绕组接成三角形的是三相鼠笼式异步电动机，在启动时临时成星形，待电动机启动后接近额定转速时，在将定子绕组通过星-三角形降压启动装置接换成三角形运行。

分配阀是混凝土泵中的关键部件。其分配阀控制系统的可编程控制器由 220 V 交流回路提供工作电源，DC 24 V 控制回路提供输出控制电压，它由主电机启动信号输入（星形-三角形启动）、主油缸位置限位检测、手动分配阀调整、手动主油缸调整、自动泵送启动和停止、反泵控制、可编程控制器输出执行等部分组成，接线如图 7.17 所示。

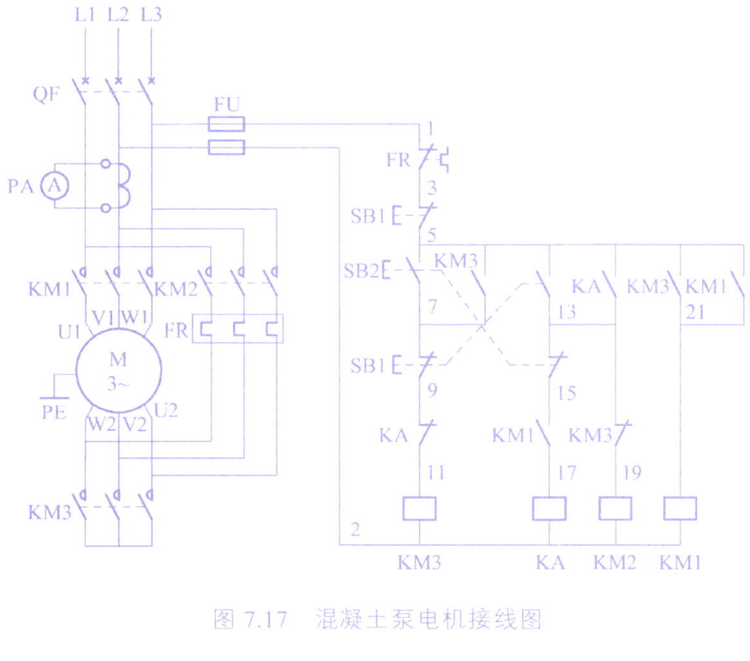

图 7.17　混凝土泵电机接线图

2）电机启动过程

（1）合上空气开关 QF 接通三相电源。

（2）按下启动按钮 SB2，首先交流接触器 KM3 线圈通电吸合，KM3 的三对主触头将定子绕组尾端联在一起。KM3 的辅助常开触点接通使交流接触器 KM1 线圈通电吸合，KM1 三对主常触头闭合接通电动机定子三相绕组的首端，电动机在 Y 接下低压启动（见图 7.18）。

（3）随着电动机转速的升高，待接近额定转速时（或观察电流表接近额定电流时），按下运行按钮 SB3，此时 SB3 的常闭触点断开 KM3 线圈的回路，KM3 失电释放，常开主触头释放将三相绕组尾端连接打开，SB3 的常开接点接通中间继电器 KA 线圈通电吸合，KA 的常闭接点断开 KM3 电路（互锁），KM3 的常开接点吸合，通过 SB2 的常闭接点和 KM1 常开互锁接点实现自保，同时通过 KM3 常闭接点（互锁）使接触器 KM2 线圈通电吸合，KM2 主触头闭合将电动机三相绕组连接成三角形，使电动机在△接法下运行（见图 7.19）。完成了星形-三角形接压启动的任务。

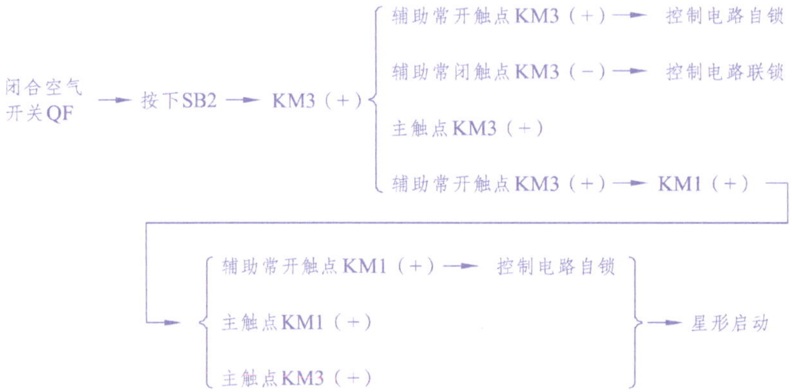

图 7.18　混凝土泵电机星形启动

图 7.19　混凝土泵电机三角形运行

3）保护元件

（1）热继电器 FR 作为电动机的过载保护，热继电器 FR 的热元件接在三角形的里面，流过热继电器的电流是相电流，定值时应按电动机额定电流的计算。

（2）KM2 及 KM3 常闭触点构成互锁环节，保证了电动机星-三角形接法不可能同时出现，避免发生电源短路事故。

2．使用注意事项

（1）使用现场要设置电机接地线和紧急停止开关。

（2）启动电机，使油泵空载运行，若环境温度较低，要适当延长空运转的时间，使液压油的温度升至 15 °C 以上才能泵送。

（3）向料斗内加入一满斗清水，开正泵将水打入管道中，以湿润料斗及输送管道。

（4）启动搅拌器，向料斗内加入水泥砂浆 1 ~ 3 斗，开正泵打入管道中，使管道润滑。

（5）料斗中的混凝土平面维持在搅拌轴以上 10 ~ 20 cm，供料跟不上时，要暂停泵送。但暂停时间不得超过 15 min，暂停时间内应每隔 3 ~ 5 min 做两个流程反泵和正泵操作，防止混凝土沉积造成堵管。

（6）搅拌轴卡住不转时，要暂停泵送，及时排除故障。

（7）发现料斗中的混凝土有离析倾向时要暂停泵送，立即清除分离骨料或补充砂浆，或打开底部的排料阀，放掉多余的石子，否则可能发生堵管。

（8）垂直向上泵送中断后再次泵送时，要先进行反泵，把分配阀内的混凝土吸回料搅拌后再泵送出去。

（9）泵送过程中，要注意观察两个压力表的显示，如果看到异常压力显示或听到异常声响时，可能是输送管路已经堵塞，要马上停机检查或进行相应的反泵、反搅拌操作。如果反泵、正泵操作几次仍不能消除时，应立即拆开管路排除堵塞。

（10）当水箱内清水出现混浊或有较多砂粒时，应及时换掉。

3．电气故障分析

混凝土泵常见的电气故障与处理方法见表 7.8。

表 7.8　混凝土泵常见故障及处理方法

故障现象	可能原因	处理方法
传动部分发生异响	（1）联轴器损坏。 （2）电机或油泵安装螺栓松动	（1）更换。 （2）拧紧安装螺栓
输送缸内有异响	（1）输送缸活塞损坏。 （2）连杆螺栓松动。 （3）输送缸磨损过度	（1）更换活塞。 （2）拧紧连接螺栓。 （3）更换输送缸
电动机不启动	（1）未合上空气开关。 （2）差一相电源	（1）合上相应的开关。 （2）检修
电动机不转，有嗡嗡声	（1）有一相断电。 （2）传动机械卡死	（1）检修。 （2）检修消除机械故障
启动时空气开关跳闸	可能有一相接地	检修

续表

故障现象	可能原因	处理方法
泵送主油路不工作	（1）电源线接错造成油泵反转。 （2）分配油路无压力	（1）将三相线中任意两根互换。 （2）检查分配油路
搅拌轴转速下降或不转	（1）液压马达故障。 （2）水泥配比不适合泵送	（1）检修液压马达。 （2）调整水泥配合比
液压油温升太快	（1）外负荷过高，溢流阀经常溢流。 （2）冷却水中断。 （3）油泵故障造成温升	（1）消除阻力根源或人为影响。 （2）保证冷却水畅通。 （3）检修或更换油泵

三、混凝土振捣器

混凝土振动器是一种借助动力通过一定装置作为振源产生高频振动，并使这种振动传给混凝土，以振动捣实混凝土的设备。

1. 插入式振捣器

1）作用原理

插入式振捣器由原动机、传动装置和工作装置（振动棒）三部分组成。在建筑施工中，用振动棒可直接插入混凝土内部，将振动传给混凝土，使之捣实，以增加混凝土及其与钢筋的结合力，从而保证构件的整体强度。

在工程中使用得较多的混凝土内部振捣器（通称插入式振捣器）属于电动软轴偏心式和电动软轴行星式振捣器。电动软轴行星式振捣器是一种高频振动器，由电动机、防逆装置、软轴软管组件、振动棒等组成，但它的软轴没有增速器，而是利用振动子的行星运动得到很高的振动频率。这两种振捣器外形与电气原理线路基本相同，电路部分都是由电源插头、四芯橡皮软电缆、电源开关和电动机组成。电动软轴偏心式振捣器一般都配用二极小型电动机，其接线如图 7.20（b）所示。

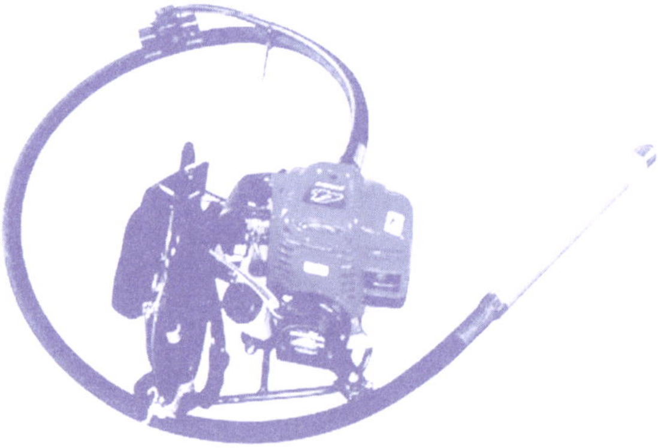

（a）外形

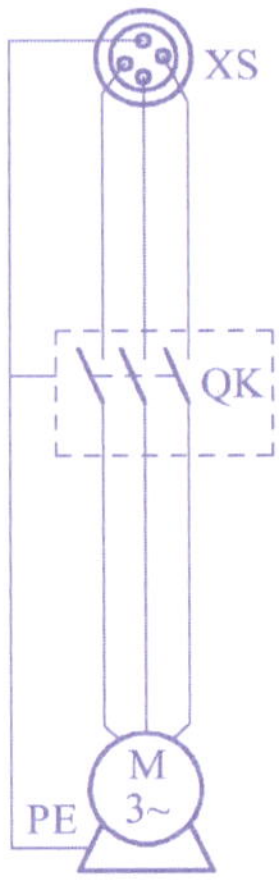

（b）接线

图 7.20　插入式混凝土振捣器

当需要振动器工作时，只要将电源线插头插入配电箱上插座 XS，再合上刀闸 QK 即可工作。在建筑施工中临时电源线一般都架设到振动器工作的附近，装有临时配电箱，便于施工用电。

2）使用振动器注意事项

（1）使用之前应先将振动器清理干净，并检查电源线是否连接良好，然后用 500 V 绝缘电阻表测量电动机的绝缘电阻，其阻值应大于 0.5 MΩ，否则应进行烘干处理。

（2）振动器上的电动机及开关必须有可靠的安全接地或保护接零，且应在其电源上装设剩余电流动作保护装置，熔断器选配也须符合要求。

（3）电动机接通电源后，如电动机转动而软轴不转，应立即断开电源开关，并调换电源的任意两相接线，使电动机按要求的方向运转。

（4）工作停止移动器时，应停止电动机的转动；搬运振动器时应切断电源。不得用软管和电缆线拖拉、扯动电动机。

（5）电缆线不得有裸露之处，电缆线必须放置在干燥、清洁处，不允许在电缆线上堆放其他物品以及车辆在其上面直接通过。不能用电缆线吊挂振动器。

（6）振动器操作人员应掌握一般安全用电知识，作业时应穿绝缘胶鞋和戴绝缘橡皮手套。

（7）作业完毕，应将电动机、振动棒、软管擦刷干净，妥善存放，并应防止电动机受潮。

3）振动器常见故障及其处理

振动器常见故障及处理方法见表 7.9。

表 7.9　插入式振动器常见故障及处理方式

故障现象	可能原因	处理方法
电动机转速降低，停机再启动时不转	（1）定子铁心松动。 （2）相熔体熔断或一相断线	（1）拆卸检修。 （2）更换同规格熔体，检查并接通断线
电动机旋转，软轴不旋转或缓慢转动	（1）电动机转向不正确。 （2）软管过长。 （3）防逆装置失灵。 （4）软轴接头与软轴松脱	（1）对调任意两相电源线。 （2）软轴、软管一端对齐，另一端要使软轴接头比软管接头长 55 mm，多余软管要锯去。 （3）修复防逆装置。 （4）紧固软轴接头
振动器手柄、电动机或开关外壳漏电	（1）振动器安全接地或保护接零线接触不好或断路。 （2）开关和电动机接线处电线绝缘磨损，触碰外壳。 （3）电动机绝缘损坏	（1）查找接地或接零线的接触不良处或断线处，并重新接好。 （2）检查出入开关和电动机接线盒的线路，有绝缘破损地方应用绝缘胶布包好。 （3）电动机绕组如受潮应做干燥处理，如果烧坏应更换绕组

续表

故障现象	可能原因	处理方法
振动无力或振动有困难	（1）电压过低。 （2）电动机轴承损坏严重。 （3）振动棒顶盖振松磨坏，使灰浆进入损坏轴承或漏入灰浆太多，增大摩擦力。 （4）软管与软轴摩擦力太大。 （5）行星振动子不启振。 （6）滚道有油污	（1）调整电压。 （2）更换同规格轴承。 （3）清洗更换滚动轴承并拧紧顶盖固定螺栓，防止灰浆再次漏入，如振动棒外壳损坏严重，应更换并对滚动轴承进行清洗加油。 （4）检测软管、软轴长度，使之符合要求。 （5）摇晃棒头或将端部轻轻碰木块或地面。 （6）清扫油污，检查油封，消除漏油
振动器在接通电源时熔断器熔体熔断	（1）振动器电源开关内有短路。 （2）电源负荷线在破损处发生接地或相间短路。 （3）负载过大。 （4）电动机绝缘损坏。 （5）电动机内部接线错误	（1）消除开关短路点，必要时更换电线或造成短路的电气设备。 （2）从电源查启，将电源线路的破损处用绝缘胶布包好，再加以隔离固定。 （3）如是电动机轴承损坏应及时更换，如是机械部分原因要拆开振动棒进行检修。 （4）电动机三相绕组有短路时，应进行绝缘处理，如果短路严重或发生在线圈内部，应更换电动机绕组。 （5）纠正电动机接线的错误
振动器电动机温升过高	（1）电源电压过低、过高或三相电压严重不平衡。 （2）线路接头有接触不良，造成缺相运行。 （3）负载过大、电动机轴承损坏或负载零件损坏。 （4）振动器长时间在高温环境中工作	（1）三相交流电压严重不平衡，应调整三相负荷；电压过高、过低时，可通过供电部门调整变压器分接头。 （2）消除连接线的接触不良处。 （3）电动机转动不灵活、轴承有杂音时、应及时更换同规格轴承；电动机超载应检查振动器负载部分零件。 （4）避免在高温环境中作业或将振动器改为断续工作方式

2．平板式振动器

1）作用原理

平板式振动器是在混凝土外部或表面进行振动密实混凝土的振动设备，它能浮放在未凝固的混凝土表面上，并在偏心块旋转时产生的分力作用下沿混凝土表面自行滑移。其适用于振实大面积、厚度薄（有效振动深度大约为 25 cm）的混凝土混合料。一般用于浇铸厚 20 cm 的楼板、地面等混凝土公共工程中。

平板式混凝土振动器是由一台全封闭式的三相两级电动机和振动器底板所组成的。在电动机转子轴两端装有两个偏心块，当电动机旋转时振动器产生振动。由于振动器电动机功率较小，因此所配电用的开关、线路也较简单，一般在振动器电动机的引出线旁边加装倒顺开关，就可直接控制平板式振动器的工作。

2）平板式振动器使用要求

（1）振动器的负荷线必须采用耐气候型的橡皮护套铜芯软电缆。使用振动器之前一定要检查电缆线有无破损，电动机绝缘情况是否良好，并应先进行试运转之后方能投入工作。

（2）由于平板振动器使用于潮湿场所，故剩余电流动作保护器应采用防溅型产品，其额定剩余动作电流应不大于 15 mA，额定剩余电流动作时间应小于 0.1 s。

（3）振动器上的开关和电动机应采取安全接地或保护接零后方能通电使用。

（4）在使用振动器时，操作人员应戴绝缘手套、穿绝缘胶鞋。

（5）在操作时可通过倒顺开关选定电动机运转方向，使振动器能够向前或向后振动移动。用干燥绝缘绳拉动平板振动器进行移位，移动或转向时不得用脚踢电动机。电源线必须固定在平板上，电器开关应装在手把上。

（6）振动器引出电统不能拉得过紧，以防断线。作业是必须注意电气设备的安全，电源线上应装设熔断器，不允许车辆在其上直接通过。

（7）在振动器作业中应经常检查轴承及电动机温度，如温升超过 60℃或有其他异状和异响时，应立即停机检查。

（8）振动器停止使用时应断开电动机电源，搬运振动器时应切断电源，且不能在地面上任意拖拉。

（9）要保持振动器外壳清洁，以保证电动机运转时散热良好，并应防止电动机受潮。电缆及配电开关也必须放在干燥处，以防受潮漏电。

3）平板式振动器常见故障及其处理

平板式振动器常见故障及处理方法见表 7.10。

表 7.10　平板式振动器常见故障及处理方法

故障现象	可能原因	处理方法
通电后电动机不转	（1）电源无电压。 （2）电动机电源熔体熔断。 （3）电动机连接线与接线端子松动或脱落。 （4）倒顺开关触头接触不良。 （5）电动机绕组烧毁	（1）查找线路无电原因，设法恢复供电。 （2）检查电动机电源熔体熔断原因，并更换同规格熔体。 （3）电动机接线端子及倒顺开关接线有线头脱落或松动，应重新接好。 （4）将倒顺开关扳到正、反转位置，如触头接触不好，应修复之。 （5）电动机三相绕组绝缘损坏，应更换电动机绕组
电动机转动而振动器不启振	振动器偏心块脱离电动机轴	紧固好偏心块
电动机温升过高	（1）在高温环境中长时间工作。 （2）电动机外壳灰浆过多，影响散热	（1）避免在高温环境中工作或将振动器改为断续工作制。 （2）清除电动机外壳的油污、灰浆，使电动机外壳通风散热良好
电动机在工作时噪声较大	（1）振板连接螺栓松动。 （2）电动机轴承损坏。 （3）电动机定子与转子相互摩擦	（1）紧固振板连接螺栓。 （2）电动机轴承旷动严重或损坏，应更换相同规格的轴承。 （3）当定子与转子相摩擦时，一般更换电动机轴承即可，若为转子与定子之间有杂物、电动机轴承与转子配合或与大盖配合不紧等情况，可经处理后重新装配电动机

任务实施

混凝土机械的电气检查

一、混凝土搅拌机电气检查

1. 作业前电气部分检查

混凝土搅拌机在作业前应重点检查以下项目：

（1）电源电压升降幅度不超过额定值的 5%。

（2）电动机和电气元件的接线牢固，保护接零或接地电阻符合规定，各传动机构、工作装置制动器等均紧固可靠。

作业前应先启动搅拌机，空载运转。应确认搅拌筒或叶片旋转方向与筒体上箭头所示方向一致，对反转出料的搅拌机应将搅拌筒正反转运转数分钟，无冲击抖动现象或异常噪声。

2. 作业中电气部分检查

作业中应观察机械运转情况，当有异常或轴承升温过高等现象时，应停机检查。当需检修时，应将搅拌筒内的混凝土清除干净，然后再进行检修。

3. 作业后检查

作业后应对搅拌机进行全面清理，做好润滑保养，切断电源，锁好箱门，当操作员需进筒内时，必须固定好料斗，切断电源或卸下熔断器，锁好开关箱，挂上“禁止合闸”的标牌，并有专人在外监护。

二、混凝土输送泵电气检查

混凝土输送泵的电气控制系统包括主回路、220 V 交流控制回路及 24 V 直流控制回路。其电气控制系统能否长期的正常运行，很大程度上取决于日常对电气控制系统的检查及维护。

1. 使用前的电气检查

（1）供电电源的检查：供电电源应为 380 V/50 Hz，允许电网电压在（380 ± 38）V 范围内波动（见图 7.21）；当输送泵电机功率分别为 75 kW、90 kW、110 kW 时，变压器容量或发电机容量应大于电机功率的 1.5 ~ 2 倍。

输入电缆采用三相四线制，并进行接地安全保护，接地线的接地电阻不应大于 4 Ω。同时，应选择足够的线径以避免电缆被烧坏。

（2）在开机之前，电控柜所有电源开关均应处于“关”的位置（见图 7.22）。

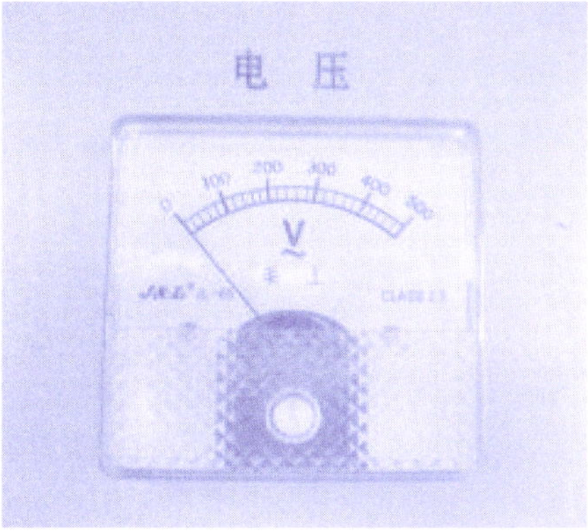

图 7.21　供电电源检查

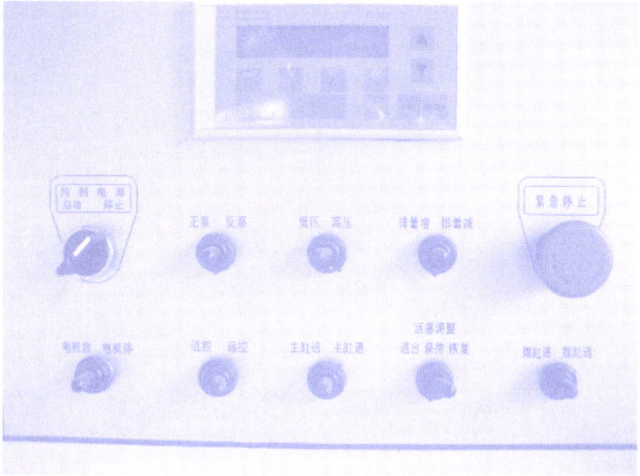

图 7.22　开关检查

（3）在开机前，要检查电动机周围是否有杂物，电源电压是否偏高（大于 420 V）或偏低（小于 340 V）。检查熔断器、断路器等是否完整无损坏，联轴器等螺栓是否松动。检查各按钮、开关是否操纵自如，其防护有无破损。

（4）检查远控盒与电控柜的接口插座是否正确连接，目测检查远控盒、工作行灯插座，如有锈蚀、破损、烧伤等应及时更换。

（5）检查电气控制柜，要求电气控制柜及电器元件整洁，无尘埃堆积（见图 7.23），散热风扇工作正常（见图 7.24），柜内无杂物。

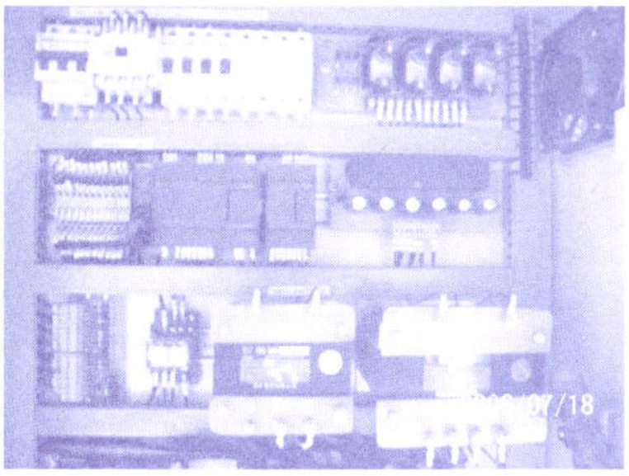

图 7.23　混凝土泵电控柜检查

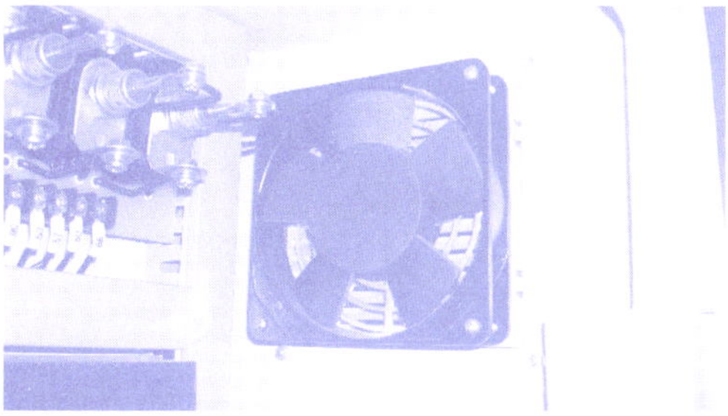

图 7.24　电控柜风扇检查

（6）检查接线，要求电气元件无断线、脱线、接触不良、短路，各触头螺钉无松脱等（见图 7.25）。

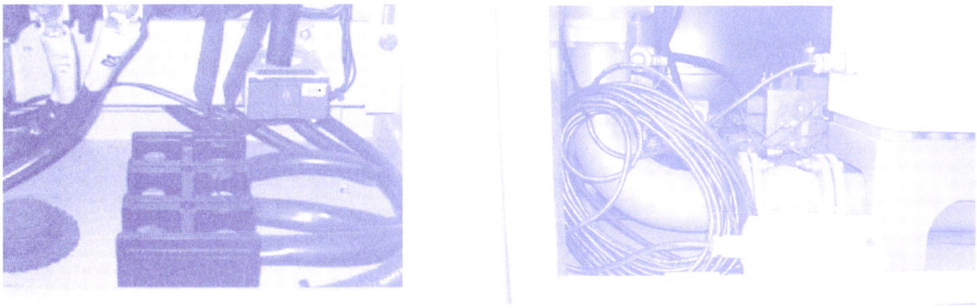

图 7.25　混凝土泵接线检查

2．启动、运行状态中的电器检查

（1）检查电机旋转方向：点动电机，让电机运转 1～2 s，观察电机转向。从电机输出端看，正确的转向应是逆时针方向，若电机转向不正确，应在电控柜内接口处任意交换 L1、L2、L3 中两相电源。电机反转时间不应超过 2 s，否则损坏主油泵。

（2）电机启动要迅速果断，电机多次启动时，应保持适当的间隔时间，以防电机过热，连续启动不超过 5 次。

（3）合闸后电机不转或过慢，或声音不正常，应迅速停机检查。

（4）电机启动后，要观察电压表、电流表，看电机端电压是否过高过低，三相是否平衡；看电流是否超过铭牌上规定的额定电流的正常范围。

（5）电机启动后，主电机“Y”转为“△”运转约需 10 s，这时按钮指示灯亮，待灯亮后方可开始泵送混凝土的操作步骤。

（6）触摸电机的温升，与平时相比是否正常。

（7）触摸电机的振动，振动感异常，说明电机基座不牢固，或联接螺栓有松动，或电机本身有故障，应停机处理。

（8）闻电机运转气味是否正常，闻到焦味、烟味等异常气味，应立即停机检查是否发生绝缘破损、绕组部分烧坏。

（9）听电机运转声音是否正常，听到有碰撞等不正常声响时，应及时查明原因，予以排除。

（10）在运转中，如遇紧急情况，应立即按急停开关停机。待查明原因，排除异常因素之后，方可重新启动。

三、混凝土振捣器

混凝土振捣器在使用过程中应严格保证绝缘，作业时应注意：

（1）振动器应安装漏电保护装置，保护接零应牢固可靠。作业时操作人员应穿绝缘胶鞋和戴绝缘手套。

（2）电源动力线通过道路时，应架空或置于地槽内，槽上必须加设盖板保护。

（3）胶皮软管与电动机的连接必须牢固，胶管的弯曲半径不得小于 50 cm，以免折断，并不得多于两个弯。操作时，振捣器应自然垂直沉入，拉管时不得用力太猛，如发现胶管漏电，应立即切断电源进行检修。

（4）雨天操作时，振捣器的电动机应有防雨装置。在使用时要注意棒壳与软管的接头必须密封，以免水浆侵入。

（5）电源闸箱距实际操作地点最远不得超过 3 m。电源闸箱如有专人看管，必须精神集中，及时按指挥信号准确送电。

（6）插入式振捣器在钢筋网上面振捣时，应注意勿使钢筋夹住振动棒或使棒体触及硬物而受到损坏。此外，还要随时注意电线的绝缘，如发现漏电或电动机零线脱落，应及时切断电源进行修理。

（7）工作时，振动棒不能插入太深，以棒的尾部露出 1/3 ~ 1/4 为宜。软轴部分不得插入混凝土中。

（8）在操作中进行移动时，电动机的导线须保持足够的长度和松度，勿使其拉紧，以免线头被拉断。

（9）振捣器的外表面应保持清洁，不得使水泥浆黏结在电动机壳上，以免妨碍电动机散热。操作振捣器时，电动机温升不得超过 75 °C，必要时停机降温，运转中发现障碍，应立即停机排除。

（10）当在一个构件上使用几台附着式振捣器同时工作时，则各个振捣器的频率必须保持一致，以免产生互相干扰等现象。

任务四　起重机械

知识目标

- 掌握卷扬机电气系统工作原理。
- 掌握塔式起重机电气系统工作原理。
- 熟悉起重机械的使用规程。
- 熟悉起重机械的故障分析流程。

能力目标

- 能够准确识读典型卷扬机电气系统图。
- 能够准确识读典型塔式起重机电气系统图。
- 能够根据电气原理图操作起重机械。
- 能够处理起重机械的常见故障。

任务导入

建筑施工作业中需要采用起重装置进行物料的吊运以及构件的对接等作业。其中，卷扬机和塔式起重机是最为常见的施工用电起重设备。这些设备是如何运转的？它们怎样与配电箱连接？操作设备前应该做哪些检查？常见的电气故障是如何产生的？如何进行分析和排除？本任务将重点介绍起重机械的操作。

学习指引

为了保证施工作业的安全性，要掌握起重机械电气系统的工作原理及基本的电气操作控制过程，并能够处理典型的电气故障。

知识链接

建筑施工采用的物料提升装备主要有电葫芦、卷扬、塔式起重机等形式，适合于不同施工规模和施工条件。

一、电葫芦

电动葫芦简称电葫芦，是一种轻小型起重设备。多数电动葫芦由人使用按钮在地面跟随操纵，或也可在司机室内操纵或采用有线（无线）远距离控制。电动葫芦是一种特种起重设备，安装于天车、龙门吊之上，其体积小，自重轻，操作简单，使用方便，可以在储料仓库用于吊装物料。

1．结构及原理

电葫芦的结构如图 7.26 所示，其电气原理如图 7.27 所示。图中 M1 是提升电动机，用接触器 KM1、KM2 控制它的正反转，用于提起和放下重物；M2 是移动电动机，用 KM3、KM4 控制它的正反转，使电葫芦前后移动。

YB 是三相断电型电磁制动器，当制动电磁铁线圈通电后，它的闸瓦与闸轮分开，电动机可以转动；当制动电磁铁线圈断电后，在弹簧的作用下，使闸瓦与闸轮压紧，实现电动葫芦的停车制动。

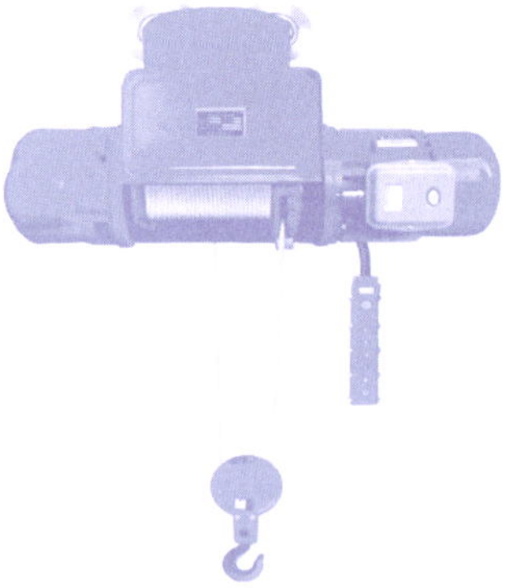

图 7.26　电葫芦结构示意图

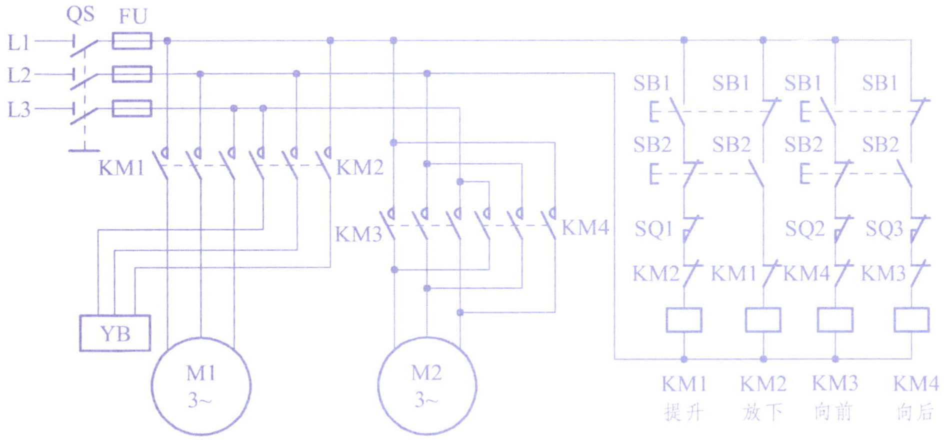

图 7.27　电葫芦电气原理图

闭合电源开关 QS，电葫芦控制电路通电开始进行作业。

1）升降作业

（1）起升。

按下 SB1，接触器 KM1 的得电通路为：L1→QS→FU→SB1 常开触点（已闭合）→SB2 常闭触点→SQ1 常闭触点→KM2 常闭触点→KM1 线圈→FU→QS→L2，电动机 M1 正转，提起重物。

松开按钮 SB1，由于没有采用自锁措施，接触器 KM1 失电，M1 制动停车，停止提升。

（2）下降。

按下按钮 SB2，则接触器 KM2 得电，电动机 M1 反转，物体被放下。

松开按钮 SB2，KM2 失电，M1 制动停车，物体停止向下运动。

2）移动作业

如果要使电动葫芦前后移动，则按下按钮 SB3 或 SB4，接触器 KM3 或 KM4 得电，便可以实现电动葫芦的前后移动。

3）保护元件

在控制电路中安装有限位开关，分别通过辅助常闭触点 SQ1、SQ2 和 SQ3 控制上升、前进和后退移动达到极限位置时电路的切断。

如果在提升物体过程中，物体被提至极限位置而没有及时松开按钮 SB1 时，行程开关 SQ1 被压下，SQ1 常闭触点断开，KM1 失电，物体不再被提升，实现了电动葫芦的上限保护。SQ2 和 SQ3 为电动葫芦前后移动的限位行程开关。

SB1～SB4 为复合按钮，与接触器 KM1～KM4 的常闭触点共同构成控制电路的机械-电气联锁，用以防止接触器 KM1 和 KM2、KM3 和 KM4 同时通电，从而避免主电路短路事故的发生。

2．电葫芦使用要求

1）起重作业前的电气检查

（1）电气连接线路是否有老化、破损现象，各处连接是否牢固，绝缘是否完好。

（2）操作控制器外壳是否完好，各控制按钮的按下、弹起是否正常。

（3）起重限位是否正常。

（4）室外使用时，电机防雨罩是否固定牢固等。

2）作业过程中安全注意事项

（1）提升速度、高度应适当，移动应缓慢、平稳。

（2）由两人同时从两边操作控制器时，注意做好配合，尽量使抬升、行走速度和停止保持一致。

（3）夜间吊装作业应有足够的照明，遇到大雪、暴雨、大雾及六级以上大风时，应停止作业。

3）作业后的安全管理

（1）起重作业结束后，应做简单检查和维护，将电机、钓钩系统等复归停放位置，并断开动力电源。

（2）对作业过程中发现的故障和存在的安全隐患，及时进行整改和消除。一时或当班不能解决的，在设备运行记录中注明，在下班次作业前给予解决。

3．电葫芦典型故障排除

电葫芦的典型电气故障及处理方法见表 7.11。

表 7.11　电葫芦常见故障及其处理方法

故障现象	原因分析	处理方法
按起动开关后电动葫芦不工作	（1）不通电。 （2）缺相。葫芦主、控回路的电器损坏、线路断开或接触不良。 （3）电压过低。葫芦电机端电压比额定电压低 10% 以上，电机启动转矩过小，使葫芦起吊不动货物，而无法工作	（1）用试电笔测试，如没送电，等送电后再工作。 （2）将葫芦电机从电源线路上断开，检修主、控回路线路。 （3）测量电机输入端电压，然后点动启动和停止开关，检查分析控制电器及线路的工作情况，对有问题的电器或线路进行修复或更换，当确认主、控回路无故障，方可重新试车
电动葫芦运行时出现异常响声	（1）接触器出现了故障（如交流接触器触头接触不良、电压等级不符、磁心被卡等）。 （2）电机单相运转。 （3）电机轴承缺油或损坏。 （4）机械部分的噪声如减速器故障（减速箱或轴承缺润滑油、齿轮磨损或损坏、轴承损坏等）	（1）检修故障接触器，无法检修时必须更换。 （2）检查电机接线。 （3）检查电机轴承是否缺油或损坏，及时润滑或更换损坏轴承。 （4）检查减速器的减速箱或轴承在使用前是否加了润滑油，使用中是否定期更换润滑油

续表

故障现象	原因分析	处理方法
制动时停机下滑距离超过规定要求	制动环磨损过大，使制动弹簧压力减小，制动力降低	调整制动螺栓或者更换制动环
电动机温升过高	（1）长期超载使用。 （2）电机轴承损坏。 （3）制动间隙不足导致电流变大发热。 （4）电机未按线制工作	（1）检查负载情况。 （2）检查电机轴承是否损坏，如损坏需更换。 （3）检查制动间隙并重新调整。 （4）检查接线是否断开或短路，重新接线
重物升至半空，停车后不能再启动	（1）系统电压过低或波动是否过大。 （2）三相电机运转中缺相，停机后无法启动	（1）电压平稳后再重新启动设备运转。 （2）检查电源相数
不能停车或到极限位置仍不停车	（1）接触器的触头熔焊，接触器的触头不能断开。 （2）限位器失灵，葫芦不停车	（1）检查接触器是否熔焊，如发生熔焊需更换。 （2）检查限位器是否损坏或接线断路，如有此类情况应重新接线或更换限位器
钢丝绳只上不下	行程限位器损坏	更换行程限位器

二、卷扬机

1．卷扬机的作用、原理

卷扬机在建筑施工中，广泛应用于起重、拖曳重物等工作。

卷扬机的传动方式有手动式、电动式、液压式、气动式等；机械传动形式有蜗轮蜗杆式、圆柱齿轮式、行星齿轮式、卷筒式等；制动方式有电磁抱闸制动、人力机械摩擦制动等。在建筑施工中最常用的为单筒快速卷扬机，图 7.28 和 7.29 所示分别为卷扬机外形和传动示意图。卷扬传动是以电动机为动力的，先通过联轴器和减速器，再通过离合器驱动卷筒。

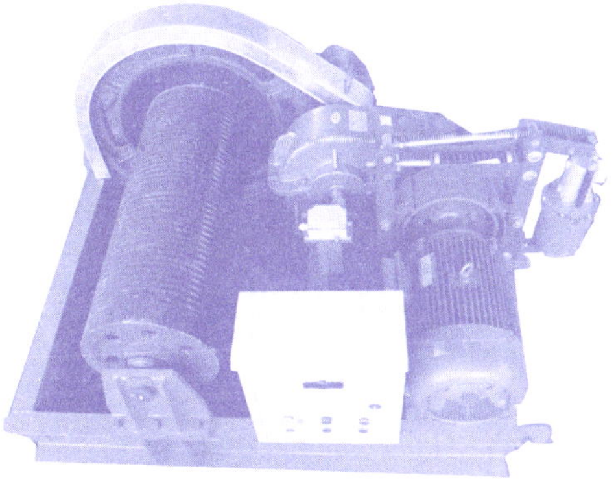

图 7.28　卷扬机

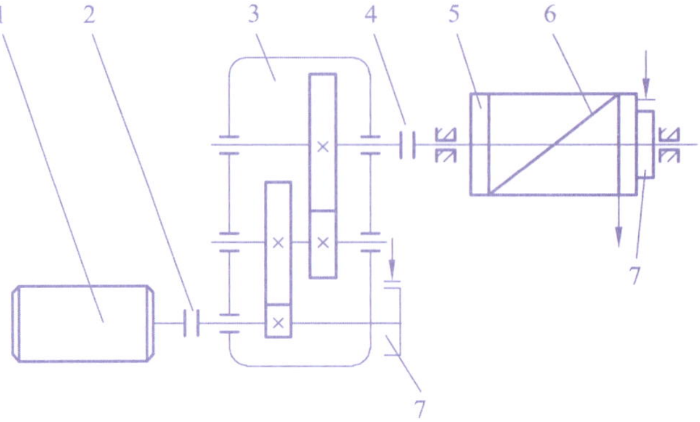

1—电动机；2—联轴器；3—齿轮减速箱；4—联轴器；
5—卷筒；6—钢丝绳；7—制动器。

图 7.29　卷扬传动示意图

图 7.30 和图 7.31 所示为卷扬电气系统的接线图及其电气原理图。电磁抱闸 YB 不通电时抱紧电动机使其不能转动。在 KM1 或 KM2 接通时，电动机和电磁抱闸 YB 线圈同时通电。电磁抱闸 YB 在通电情况下，电磁衔铁被吸合到铁心上，衔铁通过传动机构使制动器闸瓦松开。电机在接触器 KM1 或 KM2 接通时可实现正反转。FR 为热继电器，在卷扬作业时可以实现过载保护，在出现电动机不能承受的过载时切断电动机电路，为电动机提供过载保护的保护电器。

闭合开关 QF1，使主电路准备作业；闭合 QF2，使控制电路准备作业。

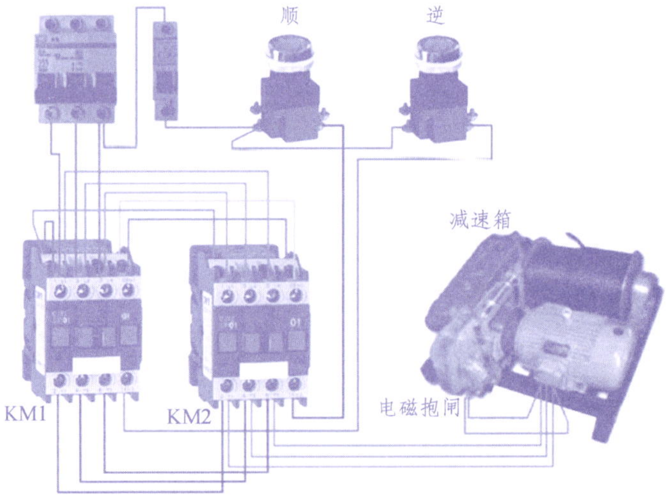

图 7.30　卷扬电气接线示意图

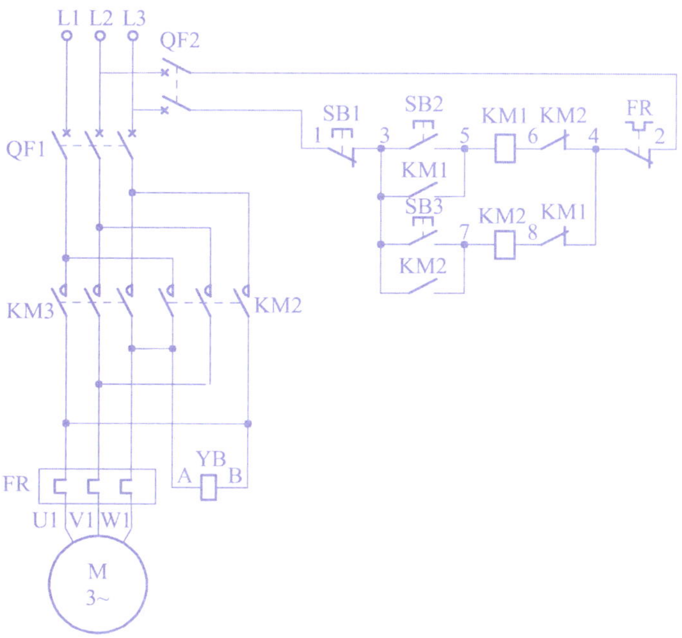

图 7.31　卷扬电气原理图

1）起升作业

如图 7.32 所示，提升时按下正转的起动按钮 SB2，交流接触器 KM1 线圈得电、吸合，且 KM1 常开辅助触头闭合自锁，KM1 三相主触头闭合，电动机得电正转运转，电动机拖动装置上升。

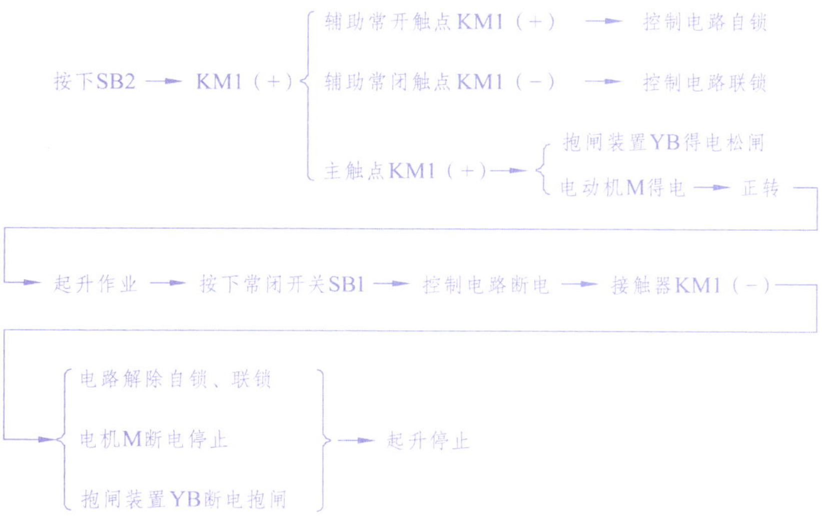

图 7.32　卷扬起升作业流程

提升过程需停止时，可按下停止按钮 SB1，正转交流接触器 KM1 线圈失电、释放，KM1 三相主触头断开，电动机失电（靠惯性仍能运转），但电磁抱闸 YB 的线圈同时断电，制动器在弹簧的作用下，使衔铁离开铁心，制动器闸瓦抱住电动机的转轴进行制动，拖动装置停止。

2）下降作业

如图 7.33 所示，下降时，按下反转按钮 SB3，反转交流接触器 KM2 线圈得电吸合，且 KM2 的常开辅助触头闭合自锁，KM2 的三相主触头闭合，电动机及电磁抱闸的线圈 YB 得电，使制动器的闸瓦松开，电动机得电，反转运行拖动装置下降。

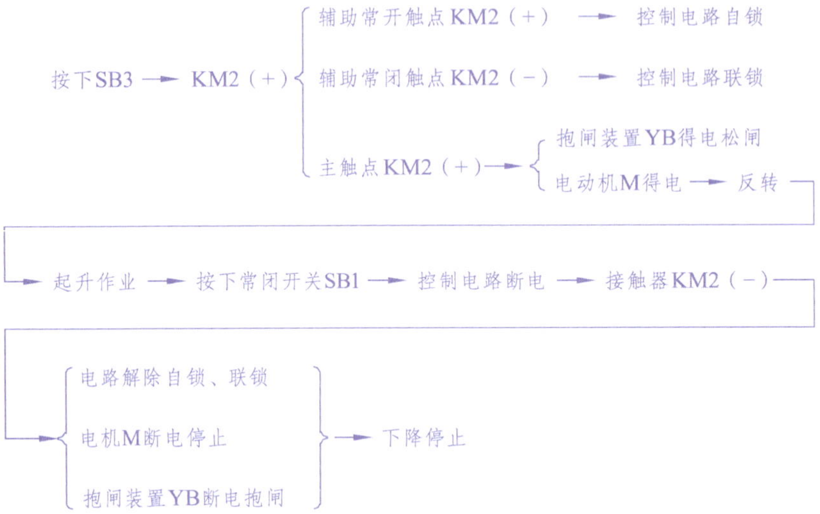

图 7.33　卷扬下降作业流程

下降过程需要停止时，按下停止按钮 SB1，接触器 KM2 的线圈失电，KM2 的三相主触头断开，电动机失电，靠惯性可继续运转一会儿，但此时电磁抱闸的 YB 的线圈断电，导致制动器的闸瓦抱住电动机的转轴进行制动，拖动装置停止下降。

2．卷扬机使用注意事项

（1）为保护机械设备及电气控制设备不受潮和给操作人员创造一个安全作业条件，应搭设操作棚。

（2）卷扬机必须有良好的安全接地或保护接零，接地装置的接地电阻不得大于 4 Ω。在同一供电网络内，安全接地或保护接零不得混用。

（3）卷扬机使用前要先做空载正、反转试验 5 次，应达到运转平稳并无异常响声；传动、制动机构灵活可靠；各紧固件及连接部件无松动现象；润滑良好，无漏油现象。

（4）钢丝绳的选用应符合产品出厂说明书规定。卷筒上的钢丝绳全部放出时应留有不少于 3～5 圈；钢丝绳的末端应固定可靠；卷筒边缘外周至最外层钢丝绳的距离应不小于钢丝绳直径的 1.5 倍。卷筒上的钢丝绳应排列整齐，严禁在转动中用手、脚去拉、踩钢丝绳。

（5）钢丝绳的牵引方向应和卷筒相互垂直，如需改变牵引方向时，应在卷筒正前方设置导向滑轮。从卷筒中心线到第一个导向滑轮的距离，带槽卷筒应大于卷筒宽度的 15 倍；无槽卷筒应大于 20 倍。当钢丝绳在卷筒中间位置时，滑轮的位置应与卷筒轴心垂直。

（6）制动摩擦片（瓦）与制动轮的接触面积不应少于75%，并保持均匀的间隙（2～3 mm）。制动轮表面如磨痕深达0.5 mm时需进行修理。

（7）物体提升后，操作人员不得离开卷扬机。停电或休息时，提升物应降至地面。下班时应切断电源，关好配电箱。

（8）使用单转卷扬机，必须用制动控制下降速度，不能过快和过猛制动，要缓缓降落提升物。

（9）电动机轴承要定期加注润滑脂，并应注意检查电动机的控制设备。

3. 卷扬机常见故障及其处理

卷扬机常见故障及处理方法见表7.12。

表7.12 卷扬机常见故障及处理方法

故障现象	原因分析	处理方法
按上升或下降按钮，提升或下降接触器吸合后，电动机不转	（1）接触器主触头损坏。 （2）电动机引线松脱。 （3）热继电器发热元件损坏。 （4）制动器仍在制动状态	（1）检修或更换主触头。 （2）接牢线头。 （3）更换发热元件。 （4）修复电磁铁制动机构或电磁铁线路与电源线的接触不良处
开机后触碰限位开关，电动机不停	（1）限位开关触头损坏。 （2）限位开关接线错误	（1）检修开关触头。 （2）纠正接线错误
按上升或下降按钮，电机转向不正确	电源相序接错	切断电源，然后调整相序（调整任意两相电源线）
按上升或下降按钮，提升或下降接触器已吸合，但一松手，电动机就停	（1）接触器自锁触头接触不良。 （2）控制自锁触头线路开路或接触不良	（1）修复接触器触头。 （2）恢复自锁触头至按钮的线路连接，使之接触良好
按上升或下降按钮，提升或下降接触器不吸合	（1）接触器线圈开路。 （2）接触器动作机构卡死。 （3）接触器或按钮联锁触头、按钮动合触头以及热继电器动断触头接触不良或损坏。 （4）熔体熔断。 （5）控制回路线头连接有松动或脱落	（1）更换同型号线圈。 （2）找出卡死原因，并消除。 （3）检修触头，使之接触良好。 （4）查出原因，更换同规格熔体。 （5）找出松动或脱落线头，并将其接牢
开机运行后不能停机	（1）控制线路接错。 （2）按钮及控制回路潮湿有短路处，形成了回路。 （3）接触器开关触头熔焊。 （4）接触器电磁铁极面油污过多，引起释放缓慢或不释放	（1）按线路图重新连接。 （2）停止按钮被电弧烧坏或因潮湿而短路，应做烘干处理或更换按钮；电源与接触器线圈一边有短路点时应予以清除，必要时重新接线。 （3）分开熔焊触头，更换烧坏的动静触头。 （4）将接触器电磁铁极面上的油污擦干净

三、塔式起重机

塔式起重机简称塔机，它具有回转半径大、提升高度高、操作简单、装卸容易等优点，是建筑工地普遍使用的一种起重机械。塔机又分为轨道行走式、固定式、内爬式、附着式、平臂式、动臂式等，目前建筑施工和安装工程中使用较多的是上回转自升固定平臂式塔机。

1．结构及原理

塔机外形如图 7.34 所示，由金属结构部分、机械传动部分、电气系统和安全保护装置组成。电气系统由电动机、控制系统、照明系统组成。通过操作控制开关完成重物升降、塔臂回转和小车行走操作。其操作台如图 7.35 所示。本小节以 QTZ80 型塔式起重机为例，对其电气控制原理进行分析。

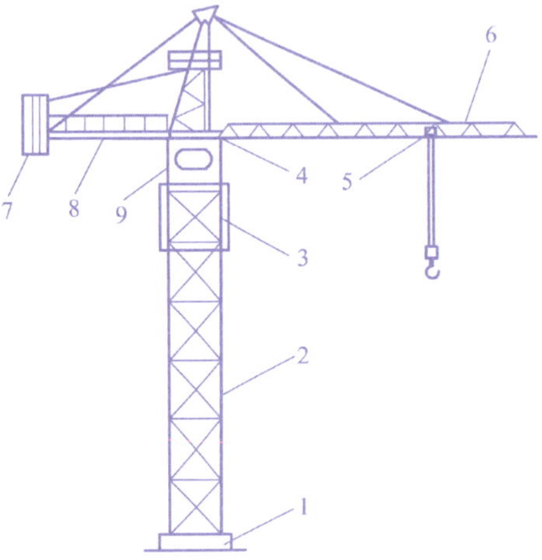

1—机座；2—塔身；3—顶升机构；4—回转机构；5—行走小车；6—塔臂；7—配重；8—平衡臂；9—驾驶室。

图 7.34 塔式起重机外形

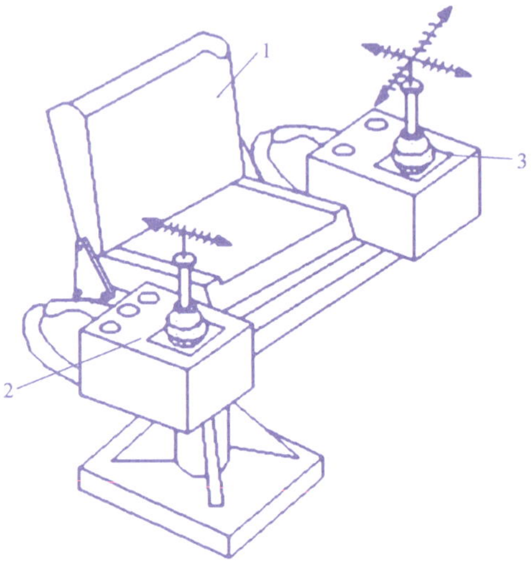

1—座椅；2—右联动台；3—左联动台。

图 7.35 塔式起重机操作台

1）主回路部分

图 7.36 所示为塔式起重机主电路部分。其中 M6 电机控制小车以低速、中速或高速挡前后移动，并通过 YB 抱闸实现制动。M5 电机控制塔臂以低速、中速或高速挡左右移动，并通过 M4 电机进行反向制动。M3 电机控制升降操作，并通过 M2 电机制动。

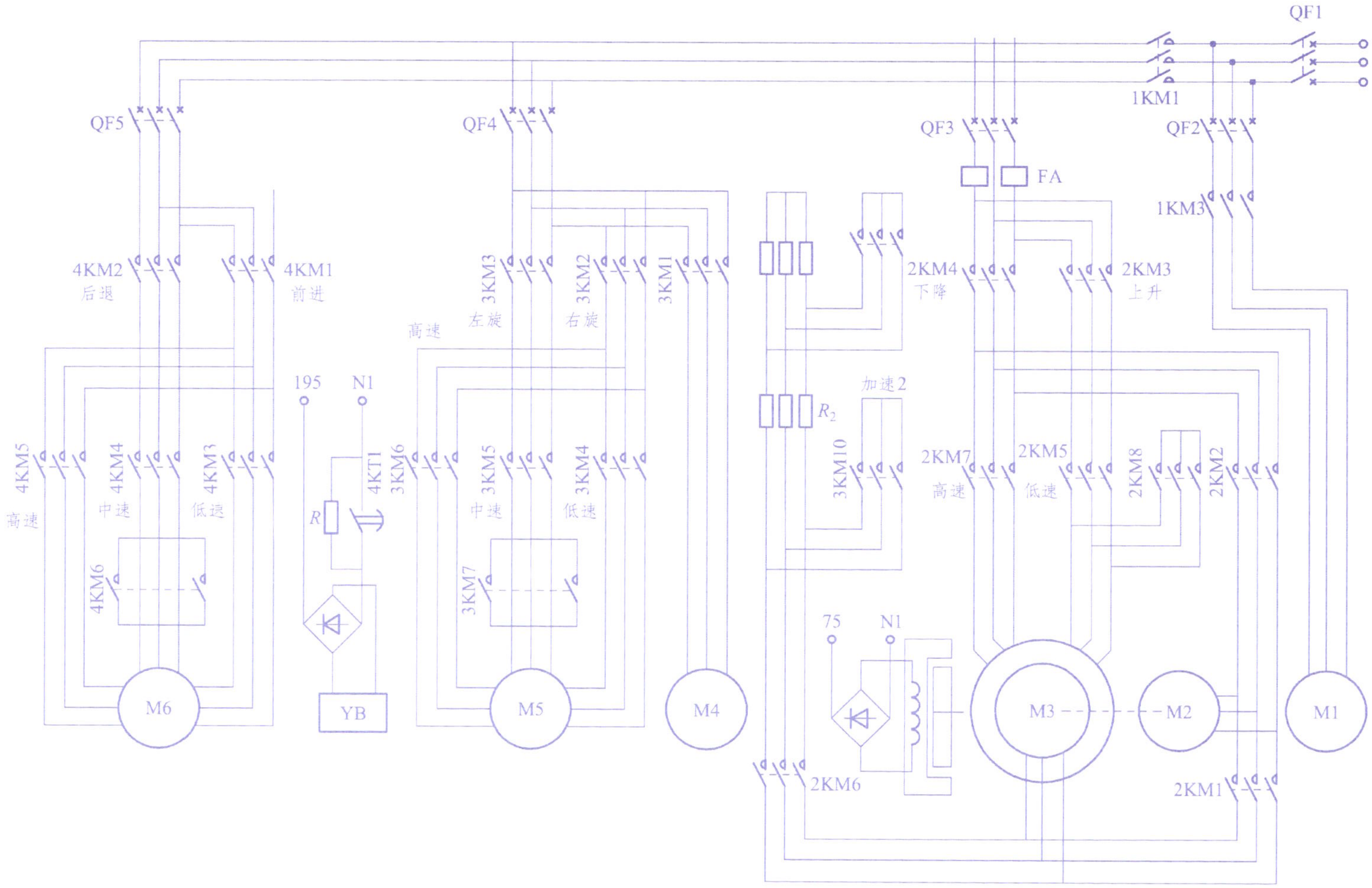

图 7.36 QTZ80 型塔式起重机电气主线路

2）小车行走控制

小车行走控制线路如图 7.37 所示。操作小车控制开关 SA3，可控制小车以高、中、低三种速度向前、向后行进。

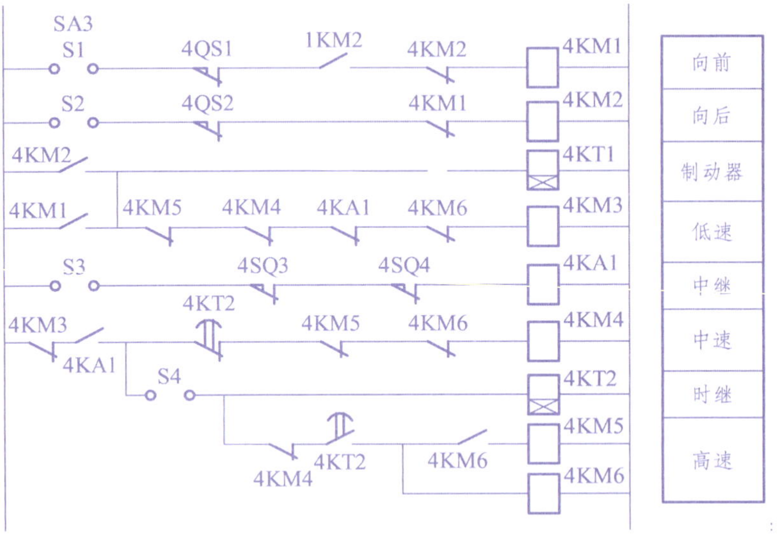

图 7.37　小车行走控制线路图

其控制原理如下：

（1）低速前进。

当力矩不超限时，辅助常开触点 1KM2 得电闭合。操作小车控制开关，使 S1 触点闭合，此时接触器 4KM1 得电。延时打开常闭触头 4KT1 在辅助常开触点 4KM1 闭合的条件下得电接通，使制动器 YB 缓慢释放。与此同时，接触器 4KM3 得电闭合，此时小车以低速挡运行。其控制流程如图 7.38 所示。

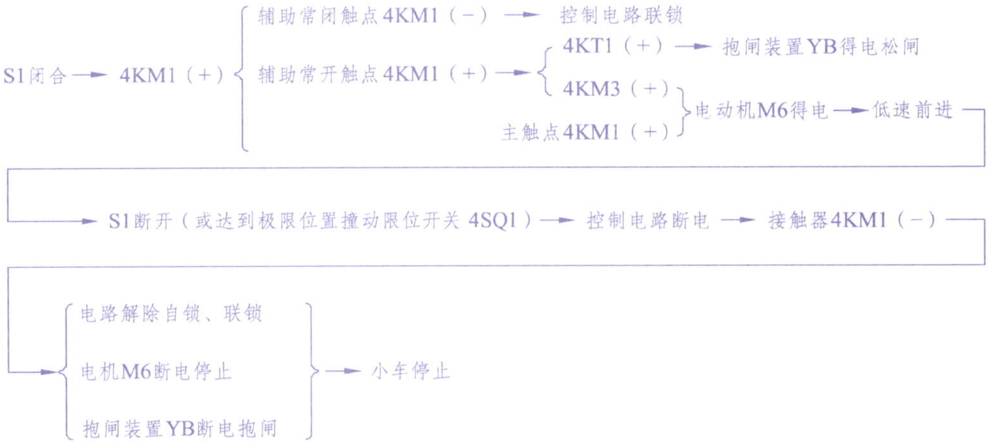

图 7.38　小车低速前进控制流程

（2）中速前进。

当主令拨动到中速挡使 S3 触点接合，中间继电器 4KA1 得电，辅助常开触点

4KA1 闭合。此时接触器 4KM4 接合，小车以中速挡运行。其控制流程如图 7.39 所示。

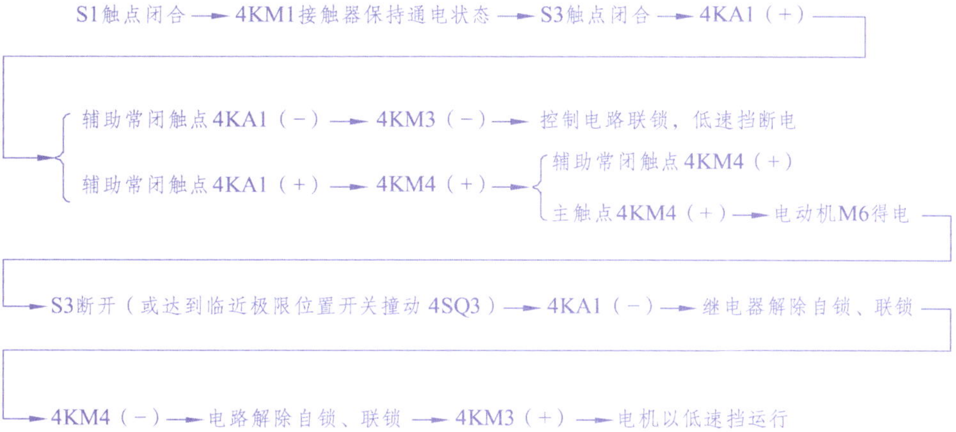

图 7.39 小车中速前进控制流程

（3）高速前进。

当主令拨动到高速挡使 S4 触点接合，中间继电器 4KT2 通电，延时断开辅助常闭触点 4KT2 缓慢断开，使 4KM4 接触器断电，其常闭触点断电闭合；同时延时闭合常开触点缓慢闭合，使接触器 4KM6 通电；4KM6 常开触点闭合，使接触器 4KM5 通电。接触器 4KM5 和 4KM6 的主触点闭合，小车以高速挡运行。其控制流程如图 7.40 所示。

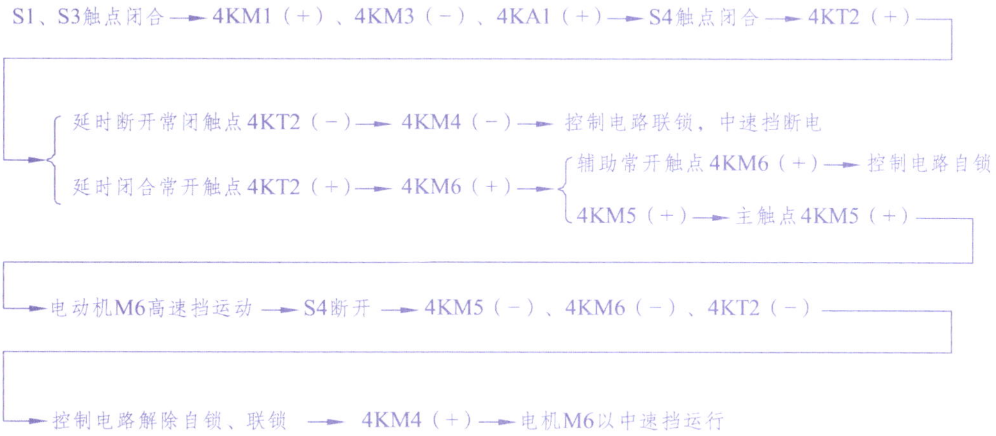

图 7.40 小车高速前进控制流程

（4）后退行驶。

小车后退行驶控制即控制 S2 触点接合，各挡实现运转的流程与前进挡相似。

（5）线路保护。

① 终点极限保护。

当小车前进（后退）到终点时，终点极限开关 4SQ1（4SQ2）断开，控制线路中前进（后退）支路被切断，小车停止行进。

② 临近终点减速保护。

当小车行走临近终点时，限位开关 4SQ3、4SQ4 断开，中间继电器 4KA1 失电，中速支路、高速支路同时被切断，低速支路接通，电动机低速运转。

③ 力矩超限保护

力矩超限保护接触器 1KM2 常开触头接入向前支路，当力矩超限时，1KM2 失电，向前支路被切断，小车只能向后行进。

2）塔臂回转控制

塔臂回转控制线路如图 7.41 所示，操作回转控制开关 SA2，可控制塔臂以高、中、低三种速度向左、向右回转作业以及回转制动。

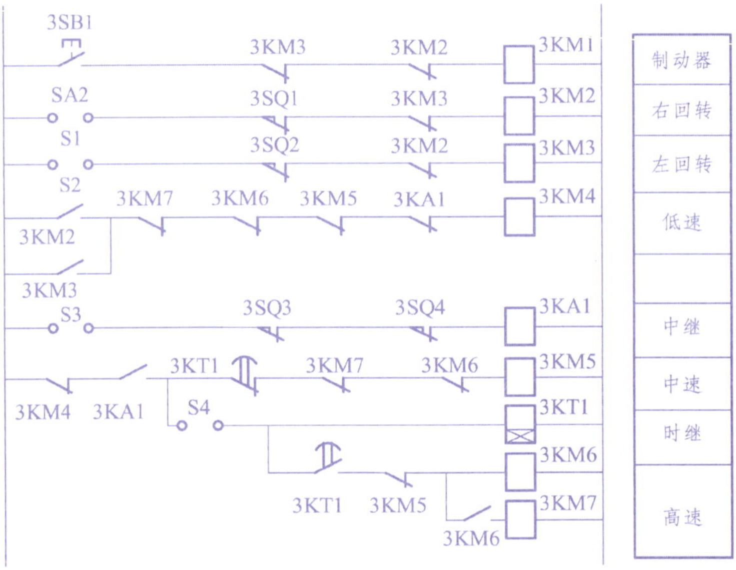

图 7.41　塔臂回转控制线路图

（1）低速右向回转。

操作塔臂回转控制开关，使 S1 触点接合，此时接触器 3KM2 通电，塔臂可实现右向回转。辅助常开触点 3KM2 闭合，使接触器 3KM3 通电接合，3KM2 和 3KM3 主触点接合，此时小车以低速挡运行。其控制流程如图 7.42 所示。

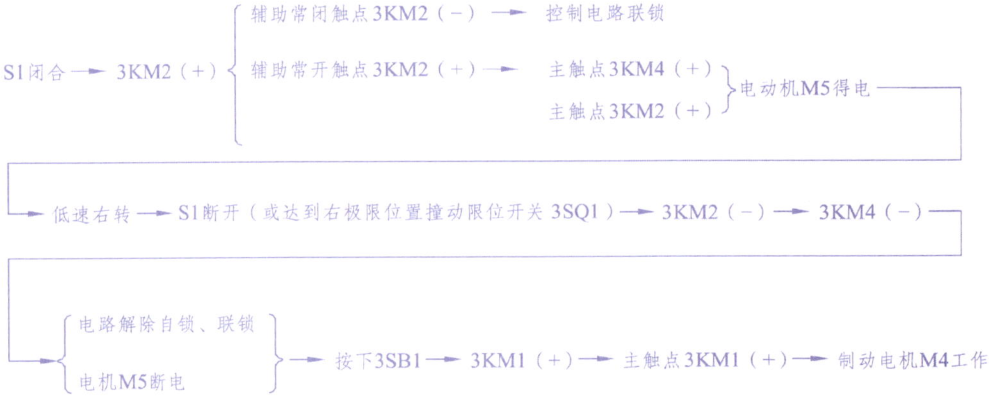

图 7.42　塔臂低速右向回转控制流程

（2）中速右向回转。

当主令拨动到中速挡使 S3 触点接合，中间继电器 3KA1 得电，辅助常开触点 3KA1 闭合。此时接触器 3KM5 接合，塔臂以中速挡右转运行。其控制流程如图 7.43 所示。

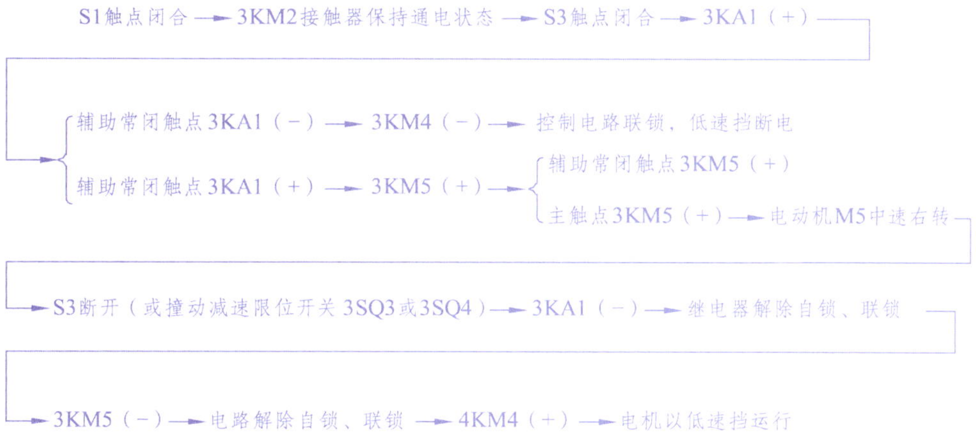

图 7.43　塔臂中速右向回转控制流程

（3）高速右向回转。

当主令拨动到高速挡使 S4 触点接合，中间继电器 3KT1 通电，延时断开辅助常闭触点 3KT1 缓慢断开，使 3KM5 接触器断电，其常闭触点断电闭合；同时延时闭合常开触点缓慢闭合，使接触器 3KM6 通电；3KM6 常开触点闭合，使接触器 3KM7 通电。接触器 3KM6 和 3KM7 的主触点闭合，塔臂以高速挡右转运行。其控制流程如图 7.44 所示。

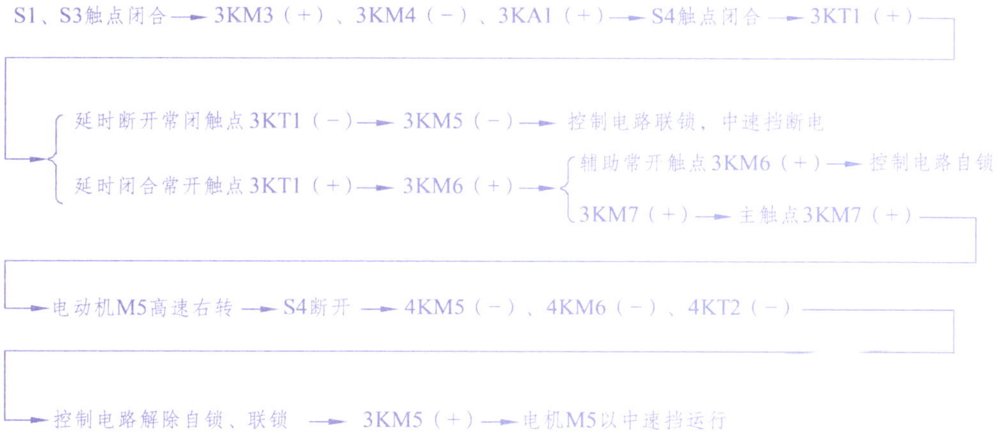

图 7.44　塔臂高速右向回转控制流程

（4）左向回转作业。

塔臂左向回转作业控制即控制 S2 触点接合，各挡实现运转的流程与右向回转作业的控制相似。

（5）线路保护。

① 回转角度限位保护：当向右（左）旋转到极限角度时，限位器 3SQ1（3SQ2）动作，3KM2（3KM3）失电，回转电动机停转，只能做反向旋转操作；

② 回转角度临界减速保护：当向右（左）旋转接近极限角度时，减速限位开关 3SQ3（3SQ4）动作断开，3KA1、3KM5、3KM6、3KM7 失电，3KM4 得电，回转电动机低速运行。

3）起升控制

操作起升控制开关 SA1 分别置于不同挡位，可用低、中、高三种速度起吊。起升控制线路如图 7.45 所示，为了便于分析电气控制过程，现将提升状态五个挡位对应控制线路分解叙述。

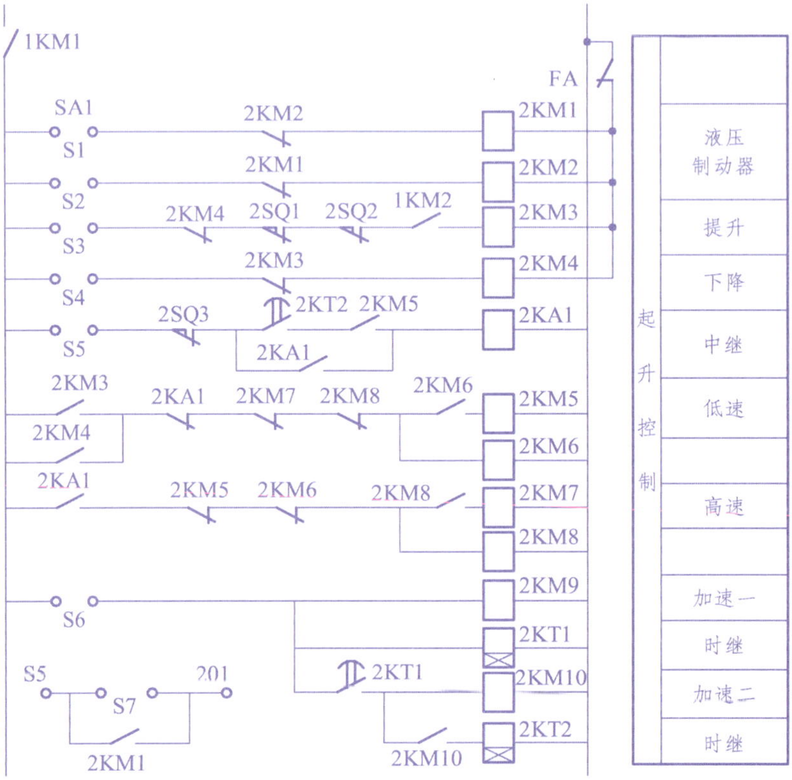

图 7.45　起升控制线路图

（1）Ⅰ挡起升控制。

控制开关拨至上升第Ⅰ挡，S1、S3 闭合，控制线路分解为图 7.46。接触器 2KM1 得电、力矩限制接触器 1KM2 触头处于闭合状态，2KM3 得电使低速支路长开触头闭合，2KM6、2KM5 相继得电，对应主线路 2KM6 闭合，转子电阻全部接入，2KM1 闭合，转子电压加在液压制动器电机 M2 上使之处于半制动状态，2KM5 闭合，滑环电动机 M3 定子绕组 8 级接法，2KM3 闭合，电动机得电低速正转（上升）。通过线间变压器 201 抽头 110 V 交流电经 2KM1 触头再经 75 号线接入桥堆，涡流制动器启动。

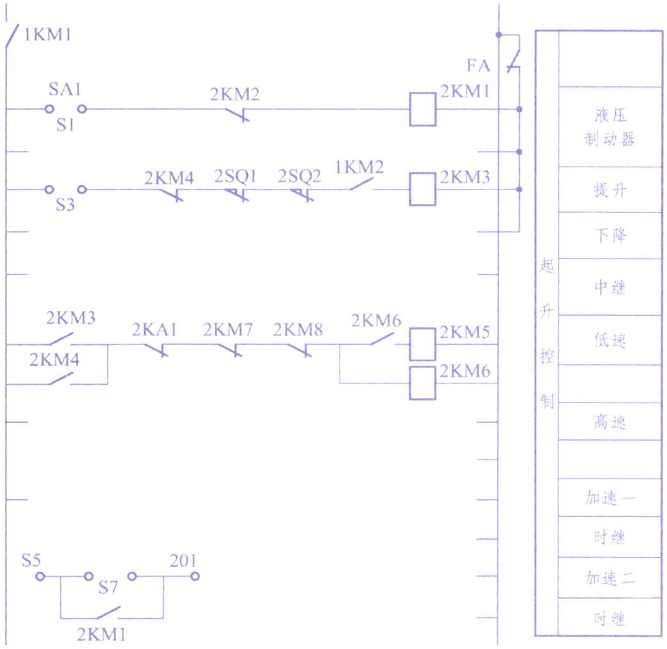

图 7.46　起升 Ⅰ 挡控制线路分解图

（2）Ⅱ挡起升控制。

如图 7.47 所示，当控制开关拨至第Ⅱ挡，S2、S3、S7 闭合，S1 断开使 2KM1 失电，制动器支路 2KM1 常闭触头复位。S2 闭合使 2KM2 得电，S3 闭合使 2KM3 继续得电，控制线路分解为图 7.42。主电路 2KM1 断开 2KM2 闭合使三相交流电直接加在液压制动器电机 M2 上，制动器完全松开。S7 闭合使涡流制动器继续保持制动状态，2KM5、2KM6 依然闭合，电动机低速正转（上升）。

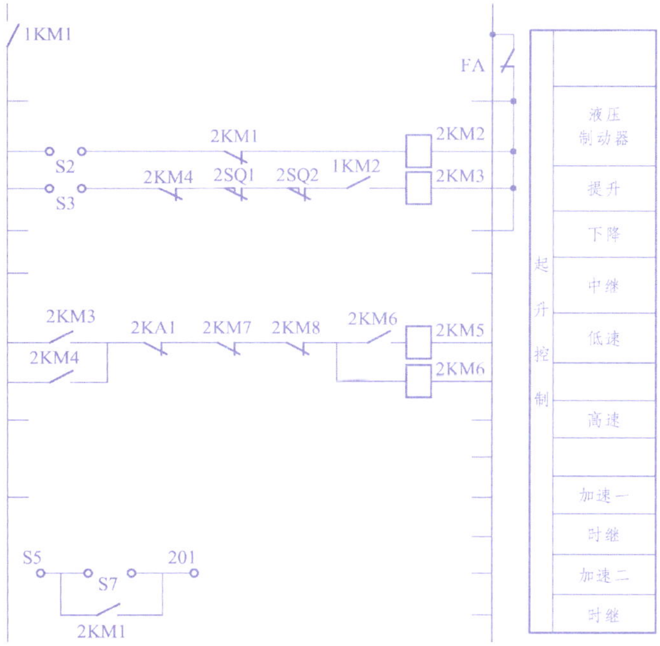

图 7.47　起升 Ⅱ 、Ⅲ 挡控制线路分解图

（3）Ⅲ挡起升控制。

当控制开关拨至第Ⅲ挡，S2、S3 闭合，除 S7 断开使涡流制动器断电松开而外，电路状态与Ⅱ挡一样。

（4）Ⅳ挡起升控制。

如图 7.48 所示，当控制开关拨至第Ⅳ挡，S2、S3、S6 闭合，S6 闭合使 2KM9 得电，时间继电器 2KT1 得电，触头延时闭合使 2KM10 得电继而使时间继电器 2KT2 得电。主电路电动机转子因 2KM9 和 2KM10 相继闭合使电阻 R_1、R_2 先后被短接，使电动机得到两次加速。中间继电器控制支路触头 2KT2 延时闭合，为下一步改变电动机定子绕组接法高速运转做好准备。

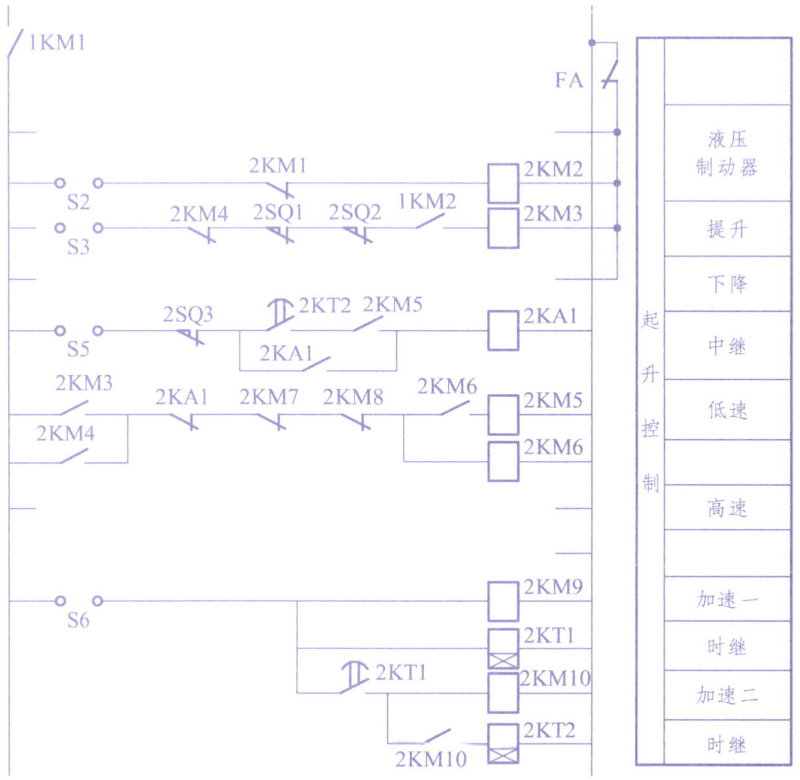

图 7.48　起升Ⅳ挡控制线路分解图

（5）Ⅴ挡起升控制。

当控制开关拨至第Ⅴ挡，S2、S3、S5、S6 闭合，S5 闭合使中间继电器 2KA1 得电自锁（触头 2KM5 在Ⅰ挡时完成闭合），其常闭触头动作切断低速支路，2KM5 失电，常闭触头复位接通高速支路，接触器 2KM8、2KM7 相继得电，如图 7.49 所示。

主回路转子电阻继续被短接，触头 2KM5 断开、2KM8 闭合，触头 2KM7 闭合，电动机高速运转。

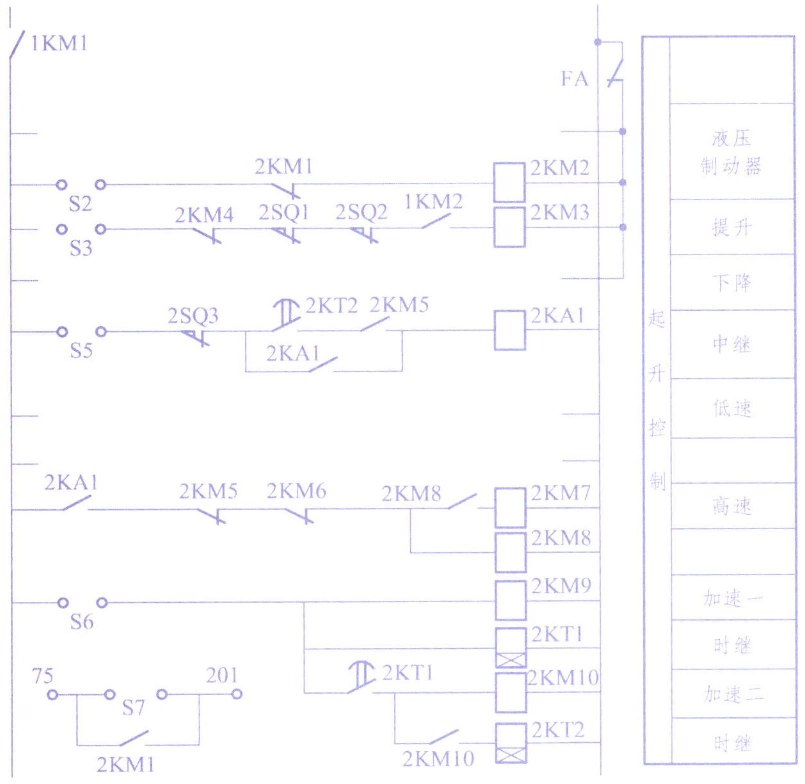

图 7.49　起升Ⅴ挡控制线路分解图

（6）线路保护。

提升控制线路中设有力矩超限保护 2SQ1、提升高度限位保护 2SQ2、高速限重保护 2SQ3，保护原理如下：

① 力矩超限保护。

力矩超限时 2SQ1 动作，切断提升线路，2KM3 失电，提升动作停止。同时总电源控制线路中单独设置的力矩保护接触器常开触头 1KM2 再次提供了力矩保护。

② 高度限位保护。

当提升高度超限，高度限位保护开关 2SQ2 动作，提升线路切断，2KM3 失电，提升动作停止。

③ 高速限重保护。

当控制开关在第Ⅴ挡，定子绕组 4 级接法，转子电阻短接，电动机高速运转，若起重量超过 1.5 t 时，超重开关 2SQ3 动作，2KA1 失电，2KM7、2KM8 相继失电，2KM6、2KM5 相继得电，电动机定子绕组由 4 级接法变为 8 级接法，转子电阻 R_1、R_2 接入，电动机低速运转。

提升控制线路中接有瞬间动作限流保护器 FA 常闭触头，当电动机定子电流超过额定电流时 FA 动作，切断提升控制线路中相关控制器件电源，电动机停止运转。

如遇突然停电，液压制动器 M2 失电对提升电动机制动，避免起吊物体荷重下降。

2．塔式起重机使用注意事项

（1）起重机任何部分或被吊物边缘与 10 kV 以下的架空输电线路的水平距离不得小于 2 m。

（2）塔式起重机的重复接地，应在轨道两端各设一组接地装置，两条轨道应做环形电气连接，轨道的接头处应做电气连接。对较长的轨道，每隔 30 m 应加一组接地装置。电气设备的金属外壳都应做可靠的安全接地或保护接零，并测试接地电阻应不大于 4 Ω，重复接地电阻应不大于 10 Ω。

（3）起重机高度在 20 m 及以上时，应设防雷保护装置。

（4）塔式起重机的供电电缆不得拖地行走，运行中的电源线应通过能自行卷放的电缆卷筒引入，电缆承受的最大拉应力不得超过 20 MPa。移动的电源电缆应采用重型橡套电缆，所有导线必须采用多股铜芯导线，其截面积应能满足载流量和允许的电压降要求。塔身上悬挂的电缆，每隔 20 m 应设一个电缆网套，在高度较大时，还应设支承钢丝绳索。当塔顶升加高时，应设中间接线盒。

（5）需要夜间工作的塔式起重机，应设置正对工作面的投光灯。塔身高于 30 m 时应在塔顶和臂架端部装设防撞红色信号灯。

（6）在强电磁波源附近工作的塔式起重机，应在吊钩与机体间采取隔离措施；总电源电路应有短路保护和切断总电源的紧急按钮'以及双向的通信系统；绕线式电动机应有过电流保护；电源应有欠电压及过电压报警装置；电源电路中应有供错相及断相保护装置。

（7）主电路和控制电路对地绝缘电阻应不小于 0.5 Ω；电阻箱防护等级应不低于 IP23，配电箱不低于 IP44。

（8）每日工作前必须对外用电梯的行程开关、限位开关、紧急停止开关、驱动机构和制动器等进行空载检查，正常后方可使用。检查时必须有防坠落的措施。

3．塔式起重机常见故障及其处理

塔式起重机常见故障及处理方法见表 7.13。

表 7.13　塔式起重机机常见故障及处理方法

常见故障	产生原因	排除故障
线路接触器不能接通	（1）总开关没合上。 （2）紧急停止按钮未复位。 （3）电源未接通。 （4）无电压或电压过低。 （5）控制线路保险烧坏。 （6）接线错误或断线。 （7）接触器线圈损坏。 （8）控制线路接点氧化或接触不良。 （9）操作手柄不在零位	（1）合上总开关。 （2）复位急停按钮开关。 （3）接通电源。 （4）更换保险，检查接线并按图纠正、更换、清洁、调整。 （5）将操作手柄恢复在零位

续表

常见故障	产生原因	排除故障
主接触器合上后控制回路开关跳闸	单相或相间短路	用仪表找出接地点，并清除
操作主令开关时过流继电器动作	（1）过流继电器整定值不符。 （2）定子电路接地。 （3）机械卡住。 （4）制动器未打开	（1）调整继电器电流整定值。 （2）查出绝缘损坏地方并排除。 （3）检查机械部分并排除。 （4）检查制动器及电路
操作主令开关电机不启动	（1）控制线路接线错误。 （2）线路中无电压或电压过低。 （3）保险丝烧断。 （4）接触器或主令开关接触不良。 （5）转子线路断线。 （6）定子绕组断路。 （7）负载过大传动机构故障	（1）检查接线按图纠正。 （2）检查电压并恢复正常。 （3）检修使接触良好。 （4）用万用表检查，接好三相电源，检修故障，减少负载
电机仅能向一个方向转动	（1）限位开关发生故障。 （2）终端开关接触不良。 （3）定子线路接触不良。 （4）接线错误	（1）检修限位开关并恢复接触。 （2）检查接触情况并清除。 （3）检查调整使其接触良好
限位器动作电机不断电	（1）限位开关电路短路。 （2）接至主令开关接线错误	（1）检查开关接线和到开关的导线。 （2）检查接线系统
电动机外壳有电	（1）电源引接线绝缘破损与机壳接触。 （2）接线板绝缘强度降低。 （3）起痕，绝缘能力降低。 （4）绕组主绝缘击穿	（1）更新引线。 （2）干燥或更新绝缘板。 （3）用兆欧表查出击穿点。 （4）用同种材料修补
电动机达不到全速	（1）线路电压过低、频率过低。 （2）制动器没有完全松开。 （3）转子、定子回路接触不良。 （4）定子绕组接线错误	（1）停止运转。 （2）调整制动间隙。 （3）检修回路或更换碳刷。 （4）正确接线
电动机异响、振动	（1）电动机缺相运行。 （2）定子绕组匝间短路（啸叫声）。 （3）转子不平衡。 （4）轴承缺油或磨损。 （5）电机轴与减速器轴不同心。 （6）某相与外壳超短路。 （7）电动机超负荷运行。 （8）通风不良。 （9）轴承松动，定、转子摩擦	（1）正确接线。 （2）检查定子绕组。 （3）调整或更换。 （4）加油或更换轴承。 （5）调整使其同心。 （6）检查并排除。 （7）避免超载运行。 （8）改善通风条件。 （9）换轴承，检查定、转子间隙

续表

常见故障	产生原因	排除故障
电机均匀发热或过热冒烟	（1）持续率超过额定值。 （2）在低电压下工作。 （3）被传动机械故障而过载发热。 （4）负载过大。 （5）两相运行。 （6）定子转子摩擦。 （7）电机绕组接地或匝间相间短路。 （8）通风不良，内部灰尘太多	（1）按规定运行。 （2）检查电源电压并纠正。 （3）检查传动机构。 （4）减小负载。 （5）测三相电压、电流，恢复三相供电。 （6）检查装配质量及轴承磨损情况。 （7）改善通风，清洁电机内腔
轴承过热	（1）轴承损坏。 （2）润滑脂过多或过少。 （3）轴承装配质量差，过松或过紧	（1）更换轴承。 （2）按规定装填润滑脂。 （3）重新装配，调整
接触器噪声	（1）衔铁表面太脏。 （2）磁铁系统歪斜。 （3）线圈过负荷	（1）清除脏污。 （2）校正。 （3）减小触头间的压力

项目八 触电防护与急救

任务一 常用电器安全工具

知识目标

- 了解常用电器安全工具及其应用场合。
- 了解常用电器安全工具的试验方法。
- 了解常用电器安全工具使用注意事项。

能力目标

- 能够认识常用的电器安全工具。
- 能够根据规范进行常用电器安全工具试验。
- 能够正确使用常用的电器安全工具。

任务导入

在电工作业中，为了避免因带电体与其他带电体、导电体或人体等接触而发生短路、触电等事故，无论是带电作业或是停电作业，都必须使用绝缘防护用具。绝缘防护用具按绝缘性能及使用条件，分为基本安全用具和辅助安全用具两大类。基本安全用具是绝缘强度能长期承受工作电压和过电压的安全用具；辅助安全用具的绝缘强度不能承受电气设备或线路的工作电压，只能加强基本安全用具的保护作用。只有了解这些常用绝缘防护用具的类型及使用方法，才能够避免意外事故的发生，保证施工安全。

学习指引

为了避免施工过程中的意外安全事故，需要了解常用安全防护用具的种类、使用前试验及使用注意事项。

知识链接

基本安全用具的绝缘能力按设备运行电压设计制造，且通常外形尺寸较长，确保操作者与带电体间有足够的安全距离。辅助安全用具的绝缘能力不足以较长时间触及设备运行电压，且其外形尺寸较短，不能保证操作者与带电体间有足够的安全距离。

《电力建设安全工作规程》要求，在使用基本安全用具高压操作时，必须佩戴辅助安全用具（如进行高压验电时必须戴绝缘手套，穿绝缘靴），以便在遭遇过电压或基本安全用具突发性损伤时，能依靠辅助安全用具确保操作者的安全。辅助安全用具除辅助基本安全用具完成高压操作任务外，还可用于防止一般电气事故中产生接触电压和跨步电压对操作者造成的危险。

一、基本安全用具的试验及使用

基本安全用具有绝缘杆、绝缘挡板、绝缘罩、绝缘夹钳、验电笔、核相器电阻管、绝缘绳等。

1. 绝缘杆

绝缘杆可用来操作未装杠杆传动的隔离开关、跌落式熔断器，投入或切断电气设备、测量或核对相位等。绝缘杆是以绝缘材料制成，由工作部分、绝缘部分、握手部分组成，如图 8.1 所示。

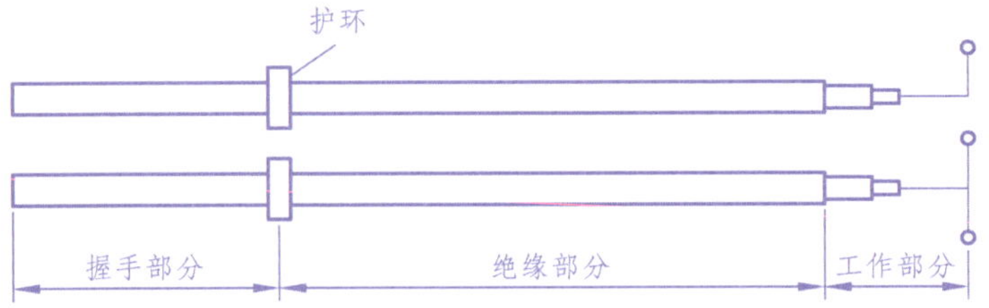

图 8.1　绝缘杆结构

工作部分。根据不同操作目的，可采用金属制成各种形状的针、钩、环、叉等。其长度在满足工作需要的情况下，应尽量缩短，一般为 5 ~ 8 cm，避免由于过长而在操作时造成相间或接地短路。

绝缘部分。它是用耐压强度高、吸湿性小、加工容易的环氧树脂玻璃丝等材料制成。

握手部分。采用与绝缘部分相同的材料制成。绝缘和握手部分由护环隔开，由环氧玻璃布管制成，其直径必须大于握柄 20 ~ 30 mm，长度根据电压等级使用场所的不同而确定。

绝缘杆各部分的最小长度见表 8.1，其中绝缘部分的长度，不包括与金属镶接的那段长度。

表 8.1　绝缘杆各部分的最小长度　　单位：m

电气设备的额定电压	户内使用		户外使用	
	绝缘部分	手握部分	绝缘部分	手握部分
10 kV 及以下	0.70	0.30	1.10	0/40
35 kV 及以下	1.10	0.40	1.40	0.60

1）绝缘棒的交流耐压试验

（1）试验前外观检查。

对绝缘棒主要是外观检查，检查的重点是它的绝缘部分。绝缘棒一般用电木、胶木或其他硬质木材经过处理而制成，它的表面应光滑无裂纹和无深的划痕或硬伤。用木质材料制成的，其表面涂刷的绝缘漆层应完好。在外观检查中，如发现零件不全、棒体缺损或有裂纹等缺陷时，应进行修复且经试验合格后方可使用。

（2）交流耐压试验。

定期对绝缘棒进行交流耐压试验，可以确定绝缘棒的绝缘状况是否良好，是否能作为基本绝缘安全用具使用，试验接线如图 8.2 所示。试验时，在工作部分与握手部分之间施加试验电压，将握手部分包以铝箔，然后串接于并联的交流毫安表和单相刀开关而接地。试验接线中的交流毫安表可指示泄漏电流，用作监视试验之用，泄漏电流没有规定标准。

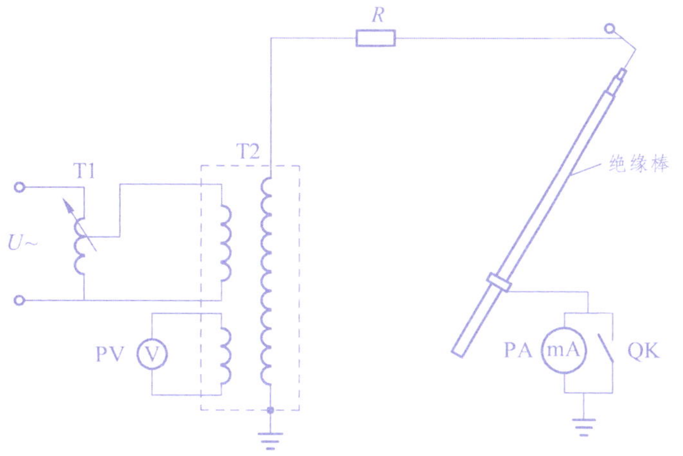

T1—单相调压器；T2—试验变压器；R—限流电阻；QK—单相刀开关；
PV—交流电压表；PA—交流毫安表

图 8.2　绝缘棒交流耐压试验接线图

试验注意事项：

① 同时对多根绝缘棒进行耐压试验时，若其中有一根发生闪络或放电等现象时，应立即停止试验，剔出异常的绝缘棒，对其余的继续试验，但耐压需重新计时。

② 若试验设备电压低于耐压电压值时，可对绝缘棒进行分段试验，试验时用软裸导线或铝箔按尺寸比例将绝缘棒的绝缘部分分为 2～4 段（不宜超过 4 段），

分段试验耐压值按长度比例并增加 10%～20% 计算而得。

③ 对户外雨天使用的绝缘棒，需在人造雨中进行交流耐压试验。

④ 在耐压试验中，如果不发生击穿、闪络、燃烧冒烟和爆裂声，试验后绝缘棒应无放电、灼伤痕迹用手抚摸也没有发热现象，即可认为绝缘棒耐压试验合格。如试验时发生上述现象，应根据原因进行修复处理，处理后试验合格方可使用。

2）绝缘棒使用注意事项

（1）绝缘棒应定期进行试验，使用前应先检查是否超过有效试验期，检查绝缘棒的表面是否完好，各部分的连接是否可靠。

（2）操作前，棒表面用清洁的干布擦拭干净，使棒表面干燥、清洁。

（3）绝缘棒的规格必须符合被操作设备的电压等级，切不可任意取用。

（4）为防止绝缘受潮而产生较大的泄漏电流，危及操作人员的安全，在使用绝缘棒拉开隔离开关时，均应戴绝缘手套。

（5）操作者的手握位置不得超过护环。

（6）雨天使用绝缘棒时，应在绝缘部分安装一定数量的防雨罩，以便阻断顺着绝缘棒流下的雨水，使其不致形成连续的水流柱，而大大降低湿闪电压。同时可保持一定的干燥表面，保证湿闪电压合格。使用时人体应与带电设备保持安全距离，并注意防止绝缘杆被人体或设备短接，以保持有效的绝缘长度。

另外，雨天使用绝缘棒操作室外高压设备时，还应穿绝缘靴。

（7）当接地网接地电阻不符合要求时，晴天操作也应穿绝缘靴，以防止接触电压、跨步电压的伤害。

（8）绝缘棒应统一编号，存放在特制的木架上，为防止其弯曲，最好垂直悬挂在专用挂架上。

2. 绝缘夹钳

绝缘夹钳用于带电安装和拆卸高压熔断器、放置橡皮罩和执行其他类似的带电工作，它是 35 kV 以下电气设备上的基本安全用具。操作 35 kV 以上的电气设备，不准使用绝缘夹钳。

1）结构、原理

绝缘夹钳的构造与绝缘杆相似，也分工作部分（铰夹）、绝缘部分和握手部分，如图 8.3 所示。

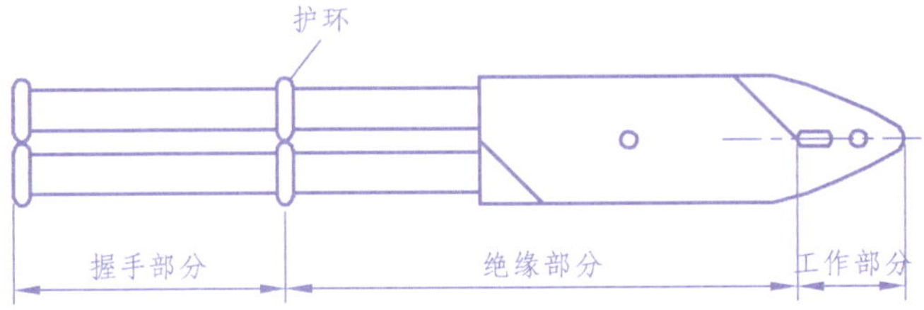

图 8.3 绝缘夹钳

2）交流耐压试验

绝缘夹钳的外观检查内容和要求与绝缘杆相同，交流耐压试验接线如图 8.4 所示，试验电压施加于工作部分铰夹和护环之间。外观检查和耐压试验结果的分析判断与绝缘杆的要求一样。

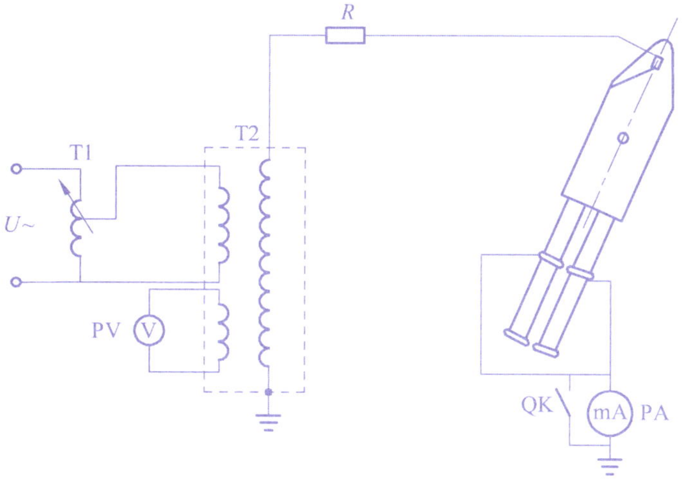

T1—单相调压器；T2—试验变压器；R—限流电阻；QK—单相刀开关；
PV—交流电压表；PA—交流毫安表。

图 8.4　绝缘夹钳交流耐压试验接线图

3）使用注意事项

（1）绝缘夹钳应定期进行试验，使用前应测试绝缘夹钳的绝缘电阻。

（2）作业人员工作时，应带护目眼镜、绝缘手套，穿绝缘靴或站在绝缘台（垫）上，手握绝缘夹钳时要精力集中并保持平衡。

（3）使用绝缘夹钳时，不允许装接地线，以免在操作时由于接地线在空中晃荡而造成接地短路和触电事故。

（4）在室外操作时，应使用带有防雨罩的绝缘夹钳。

（5）绝缘夹钳应放置在室内干燥、通风的工具架上，以防受潮和磨损。

3．绝缘板

当停电检修设备时，如果邻近有带电设备，应在两者之间放置绝缘隔板，以防止检修人员接近带电设备。

绝缘隔板一般用环氧玻璃布板制成，用于 10 kV 电压等级的绝缘隔板厚度应不小于 3 mm，用于 35 kV 电压等级的绝缘隔板厚度应不小于 4 mm；尺寸大小应满足一定的安全要求。

在母线带电时，若分路断路器停电检修，在该开关的母线侧隔离开关闸口之间放置绝缘隔板，防止刀刃由于机械故障或自重而自由下落，导致向停电检修部分误送电。在断开的 6～10 kV 隔离开关的动、静触头之间放置绝缘隔板，以防止检修设备突然来电。绝缘隔板的安装使用有两种，一种是和带电设备直接接触（如隔离开关动、静触头间），在放绝缘隔板时，应使带电体到绝缘隔板边缘距离不小于 20 cm。在工作中，工作人员不得和绝缘板接触（这种操作只限于 35 kV 及以下）。另一种是和带电导体保持一定的安全距离，此时绝缘隔板的大小应根据带电体的外围尺寸和工作人员的活动范围而定，以保证工作人员在工作中不会造成对带电 体的危险靠近。

使用注意事项：

（1）绝缘隔板应定期进行试验，使用前应检查绝缘隔板是否完好，是否超过有效试验周期。

（2）使用绝缘隔板前，应先擦净绝缘隔板的表面。如表面有轻度擦伤，应涂绝缘漆处理。

（3）绝缘隔板只允许在 35 kV 及以下电压的电气设备上使用，并应有足够的绝缘和机械强度，其厚度应满足要求。现场带电安放绝缘隔板时，应戴绝缘手套、使用绝缘操作杆，必要时可用绝缘绳索将其固定。

（4）绝缘隔板应使用尼龙挂线悬挂，不能使用胶质线，以免造成接地或短路。

（5）绝缘隔板应统一编号，存放在室内干燥的工具架上或柜内，离地面 200mm 以上的架上或专用的柜内。

二、辅助安全工具的试验及使用

绝缘靴、鞋，绝缘手套，绝缘垫等均属辅助安全工具。

1. 绝缘靴、鞋

在任何电压等级的电气设备上，绝缘靴均可作为辅助绝缘安全用具；而绝缘鞋仅在 1 000 V 以下的电气设备上，才可作为辅助绝缘安全用具。此外，绝缘鞋还可以在 1 000 V 以上户外变电所内用以防止跨步电压。

1）交流耐压试验

对绝缘靴、鞋进行交流耐压试验，可以确定其是否能作为绝缘安全用具使用。

在耐压试验中，如绝缘靴、鞋被击穿，电流异常摆动或泄漏电流超过规定标准（即绝缘靴超过 7.5 mA；绝缘鞋超过 2.5 mA），则认定不合格，应禁止用作绝缘安全用具。

2）使用注意事项

（1）绝缘靴、鞋在每次使用前应进行外观检查，外观检查主要是检查是否存在破裂、磨损或硬伤致使橡皮层严重损坏等缺陷，外观检查不合格的绝缘靴、鞋，禁止用作绝缘安全用具。

（2）绝缘靴、鞋应定期进行试验，使用前应检查绝缘靴是否完好，是否超过有效试验周期。

（3）绝缘靴、鞋不得当作雨鞋或作其他用，也禁止将普通防雨或其他用途的橡皮靴、鞋用作电气设备的绝缘安全用具。

（4）绝缘靴、鞋应统一编号，并应存放在干燥、阴凉的地方，或存放在专用的柜内，要与其他工具分开放置，其上不得堆压任何物件。

（5）绝缘靴、鞋不允许放在过冷、过热、阳光 直射和有酸、碱、药品的地方，以防胶质老化，降低绝缘性能。

2．绝缘手套

绝缘手套用耐酸橡胶特制而成，有长、短绝缘手套两种：短手套应长于 30 cm；长手套应长于 40 cm。手套的宽度应能将大衣袖口塞入手套内。

使用注意事项：

（1）使用绝缘杆时，戴上绝缘手套，可提高绝缘性能，防止泄漏电流对人体的伤害。

（2）绝缘手套应定期试验，使用前应检查是否超过有效试验周期。

（3）使用前，应进行外观检查，查看橡胶是否完好，查看表面有无损伤、磨损或破漏、划痕等。手套胶破损或漏气的检查方法，是从手套口开始朝着手指方向卷曲，当卷到一定程度时，内部空气因体积减小、压力增大，手指若鼓起，为不漏气，即为良好。

（4）操作高压隔离开关、高压跌落式熔断器，装、拆接地线时均应戴绝缘手套。不应将绝缘手套作其他用途，其他用途的橡皮手套，也不得用作电气设备的绝缘安全用具。

（5）使用绝缘手套时，应将外衣袖口放入手套口内，即戴上后至少应超出手腕 10 cm。

（6）绝缘手套使用后应擦净、晾干，最好洒上一些滑石粉，以免粘连。

（7）绝缘手套应统一编号，存放在干燥、阴凉的地方，或存放在专用的柜内，与其他工具分开放置，其上不得堆压任何物件，以免刺破手套。

（8）绝缘手套不允许放在过冷、过热、阳光直射和有酸、碱、药品的地方，以防橡胶老化，降低绝缘性能。

3．绝缘垫

绝缘垫一般铺在配电室等地面上以及控制屏、保护屏和发电机、调相机的励磁机的两侧，其作用与绝缘靴基本相同。当进行带电操作开关时，可增强操作人员的对地绝缘，避免或减轻发生单相接地或电气设备绝缘损坏时接触电压与跨步电压对人体的伤害。在低压配电室地面上铺绝缘垫，可增强绝缘作用，但在 1 kV 以上时，仅作辅助安全用具。绝缘垫是由特种橡胶制成的，表面有防滑条纹或压花，绝缘垫的厚度不应小于 4 mm。

使用绝缘垫的注意事项:

（1）绝缘垫应每半年用低温肥皂液清洗一次。

（2）绝缘垫应每两年试验一次，其标准见表 8.2。

表 8.2　绝缘垫的试验标准

绝缘垫厚度/mm	4	6	8	10	12
试验电压/kV	15	20	25	30	35
试验时间/min	2	2	2	2	2

（3）在使用过程中，应保持绝缘垫干燥、清洁，注意防止与酸、碱及各种油类物质接触，以免受腐蚀后老化、龟裂或变黏，从而降低其绝缘性能。

（4）使用过程中要避免锐利金属划刺，且应经常检查绝缘垫有无裂纹、划痕等，发现有问题时立即禁用，并及时更换新垫。

（5）绝缘垫应避免阳光照射，存放时应避免与热源距离太近，以防加剧老化变质，从而使绝缘性能下降。

任务二　电力安全标志

知识目标

- 了解电力安全色的含义及用途。
- 了解电力安全标志的组成及分类。
- 了解安全遮栏的使用场合及使用安全事项。

能力目标

- 能够具备安全施工意识。
- 能够识别电力安全标志。

任务导入

安全色是表示安全信息含义的颜色。采用安全色可以使人的感官适应能力在长期生活中形成和固定下来，以利于生活和工作，目的是使人们通过特定的色彩能够迅速发现和分辨安全标志，提醒人们注意，防止事故发生。

在电力系统中相当重视色彩对安全生产的影响，因色彩标志比文字标志明显，不易出错。在实际中，安全色常采用其他颜色（即对比色）做背景色，以制作安全标志，使其更加醒目，以提高辨别度。《电业安全工作规程（发电厂和变电所电气部分）》明确规定了悬挂标示牌和装设遮栏的不同场合的用途，在检修场地装设临时安全遮栏可以防止发生检修人员误入带电间隔、误登带电设备或误接近邻近带电设备而造成电击事故，同时也可以防止非检修人员进入施工的危险区域内被碰伤、砸伤。

学习指引

电力安全标志包括安全色、安全标示牌和安全围栏（遮栏）。为了正确识别，并正确设置电力安全标志，需要了解电力安全标志的含义及使用场合。

知识链接

一、安全色

为了防止发生事故，应根据《安全色》（GB 2893—2008）和《安全色使用导则》（GB 6527.2—86）的要求，正确使用安全色，将危险因素、有害因素控制在安全范围内，以达到警告、提示、禁止、指令的预期效果。

安全色是传递安全信息的颜色，它能够使人们迅速发现或分辨安全标志和提醒人们注意，以防发生事故。

1. 安全色的含义

（1）安全色是传递安全信息的颜色，表示禁止、警告、指令、提示等。

（2）对比色是使安全色更加醒目的反衬色。

2. 安全色与对比色

（1）一般安全色是红、蓝、黄、绿等视觉颜色，其含义和用途见表 8.3。

表 8.3　安全色的含义及用途

颜色	含　义	用途举例
红色	禁止或停止	禁止标志 停止信号，如机器、车辆上的紧急停止手柄或按钮，禁止触动的部位、仪表运行极限
	消防	表示防火、灭火器
蓝色	指令必须遵守的规定	指令标志，如必须佩戴个人防护用具，道路上指引车辆和行人行驶方向的指令
黄色	警告或注意	警告标志 警戒标志，如厂内危险的机器或坑池边周围的警戒线，行车道中线，安全帽、当心触电、注意安全
绿色	提示安全状态或通行	提示标志，如“在此工作”“已接地” 车间内的安全通道 行人和车辆通行标志 消防设备和其他安全防护设备的位置
黑色	警告	多用于图形、文字、符号

（2）对比色为黑白两种颜色，黑色用于安全标志的文字、图形符号和警告标志的几何图形。白色作为安全标志红、蓝、绿色的背景色，也可用于安全标志的文字和图形符号。

（3）红色和白色、黄色和黑色、蓝色与白色间隔条纹，是较醒目的标示。

3．照明要求

（1）安全色不能用有色的光源照明。低于《建筑照明设计标准》（GB 50034—2013）的允许照度，则应增加适当照明。

（2）安全色不能使人眩目。

4．常用导体色标

裸母线及电缆芯线的相序或极性标志见表 8.4，表中列出了新旧两种颜色标志。

表 8.4　导体标注

色标	导体相别						
	交流电路			直流电路			接地线
	L1	L2	L3	N	正极	负极	
旧	黄	绿	红	黑	红	蓝	黑
新	黄	绿	红	浅蓝	棕	蓝	绿/黄双色线

二、安全标志

安全标志是引起人们对不安全因素的注意，预防发生事故的标志。它不能替代安全操作规程和防护措施。

安全标志是由安全色、几何图形、图形符号和文字构成，用以表达特定的安全信息。补充标志是安全标志的文字说明，它必须与安全标志同时使用。

安全标志分为禁止标志、警告标志、指令标志、提示标志四类。

（1）禁止标志。禁止标志是不准或制止人们的某种行动，其几何图形是带斜杠的圆环，如图 8.5（a）所示。

（a）禁止标志　（b）警告标志　（c）指令标志　（d）提示标志

图 8.5　四类安全标志

（2）警告标志是使人们注意可能发生的危险，其几何图形是正三角形，如图 8.5（b）所示。

（3）指令标志是必须要遵守的规则，其几何图形是圆形，如图 8.5（c）所示。

（4）提示标志是示意目标的方向，其几何图形是长方形，如图 8.5（d）所示。

常用的电力安全标志见表 8.5。

表 8.5　常用电力安全标志

标志类别	安全标志
禁止类	
警告类	
指令类	
提示类	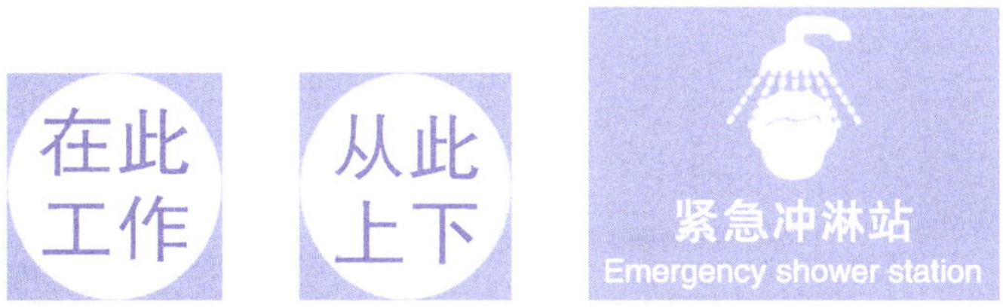

三、安全遮栏（围栏）

在电气设备和线路检修工作时，在检修场地装设临时安全遮栏是为了防止发生检修人员误入带电间隔、误登带电设备或误接近邻近带电设备而造成电击事故，同时也可以防止非检修人员进入施工的危险区域内被碰伤、砸伤。

安全遮栏是用来限定检查人员、运行值班人员的活动范围，以防止无意碰到或过分接近带电体。当被检修的设备安全距离不足时，也可采用安全遮栏作为安全隔离装置。

使用安全遮栏的注意事项：

（1）在现场检修工作中，会遇到有些设备部分带电、部分停电的工作，装设临时遮栏主要是防止工作人员误碰带电设备而造成伤害。临时遮栏的安装距离应符合安全规定。部分停电的工作，安全距离小于规定距离（10 kV 及以下为 0.7 m；35 kV 为 1.0 m；110 kV 为 1.5 m；220 kV 为 3.0 m）内的未停电设备应装设临时遮栏。临时遮栏与带电部分的距离不得小于的规定数值（10 kV 及以下为 0.35 m；35 kV 为 0.6 m；110 kV 为 1.5 m；220 kV 为 3.0 m），以确保工作人员在工作中始终保持对带电部分有一定的安全距离。对 35 kV 及以下设备的临时遮栏，如因特殊需要，可用试验合格的绝缘挡板与带电部分直接接触来替代。

（2）在室外高压设备上工作时，应在工作地点四周装设围栏，并在其上朝向围栏里面悬挂“止步，高压危险”的标示牌，出入口悬挂“从此进出！”的标示牌。

若室外配电装置的大部分设备停电，只有个别地点保留有带电设备而其他设备无触及带电体的可能时，可在带电设备周围装设封闭或网状遮栏，并具有独立支柱，不得利用设备的构架作为围网支柱。围网应设置出入口，朝向围栏外面悬挂“止步，高压危险！”的标示牌。

（3）临时遮栏不得随便移动或拆除。工作人员如因工作需要必须变动时，应征得工作许可人的同意。设备检修完毕后，应将遮栏存入室内固定地点。

任务三　触电急救

知识目标

- 掌握现场抢救的原则。
- 了解触电急救的原则及基本操作。
- 了解伤员脱离电源后的处理。

能力目标

- 具备触电急救的基本能力。
- 能够进行触电急救的基本操作。

任务导入

触电急救是急救过程中的关键环节，及时正确地处理能挽救伤员的生命。但是不管实际情况，不采取任何措确，将伤员送往医院抢救或单纯的等待医务人员到来，就会失去抢救的机会可能带来不可弥补的损失。触电急救时应该注意什么问题？不同触电情况应该如何采取措施？

学习指引

为了避免施救者触电，保证触电急救的有效性和安全性，应该掌握现场触电急救的基本原则、基本操作，了解伤员脱离电源后如何处理等相关知识。

知识链接

一、现场抢救的原则

现场抢救必须做到迅速、就地、准确、坚持，其含义如下：

（1）迅速就是要争分夺秒、千方百计地使触电者脱离电源，并将受害者放到安全地方，这是现场抢救的关键。

（2）就地就是争取时间，在现场（安全地方）就地抢救触电者。

（3）准确就是抢救的方法和施行的动作姿势要合适得当。

（4）坚持就是抢救必须坚持到底，直至医务人员判定触电者已经死亡，已再无法抢救时，才能停止抢救。

二、触电急救

1．触电急救的原则

触电急救必须分秒必争，立即就地迅速用心肺复苏法进行抢救，并坚持不断地进行。同时，应尽早与医疗部门联系，争取医务人员尽早接替救治。在医务人员未接替救治前，不应放弃现场抢救，更不能只根据没有呼吸或脉搏擅自判定伤员死亡，放弃抢救。只有医生才有权做出伤员死亡的诊断。

2．脱离电源

（1）触电急救，首先要使触电者迅速脱离电源，越快越好。因为电流作用的时间越长，伤害越重。

（2）脱离电源就是要把触电者接触的那一部分带电设备的开关、刀开关或其他断路设备断开；或设法将触电者与带电设备脱离。在脱离电源的过程中，救护人员既要救人，也要注意保护自己。

（3）触电者未脱离电源前，救护人员不准直接用手触及伤员，以防触电。

（4）触电者位于高处时，应采取必要的预防措施，以防解脱电源后摔伤。

（5）触电者触及低压带电设备，救护人员应设法迅速切断电源。例如，拉开电源开关或拔除电源插头等，或使用绝缘工具、干燥的木棒、木板、绳索等不导电的材料解脱触电者；也可抓住触电者干燥而不贴身的衣服，将其拖开，切记救护人员要避免碰到金属物体和触电者裸露的身躯，也可戴绝缘手套或将手用干燥的衣物等包起绝缘后再解脱触电者；救护人员也可站在绝缘垫上或干木板上，把自己绝缘好后再进行救护。

为使触电者与导电体解脱，最好用一只手进行。如果电流通过触电者入地，并且触电者紧握电线，可设法用干木板塞到其身下，与地隔离；也可用干木把斧子或有绝缘柄的钳子等将电线剪断。剪断电线要一根一根地分相剪断，并尽可能站在绝缘物体或干木板上。

（6）触电者触及高压带电设备，救护人员应迅速切断电源，或用适合该电压等级的绝缘工具（如戴绝缘手套、穿绝缘靴并用绝缘棒）解脱触电者。救护人员在抢救过程中，应注意自身与周围带电部分留有足够的安全距离。

（7）触电发生在架空线杆塔上，如系低压带电线路，若可能立即切断线路电源的，应迅速切断电源，或者由救护人员迅速登杆，系好自己的安全带后，用带绝缘胶柄的钢丝钳、干燥的不导电物体或绝缘物体将触电者拉离电源；如系高压带电线路又不可能迅速切断电源开关的，可采用抛挂足够截面的适当长度的金属短路线方法，使电源开关跳闸。抛挂前，应将短路线一端固定在铁塔或接地引下线上，另一端系重物。抛掷短路线时，应注意防止电弧伤人或断线危及人员安全。不论是何等级的电压线路上触电，救护人员在使触电者脱离电源时，要注意防止发生高处坠落和再次触及其他有电线路的可能。

（8）触电者触及断落在地上的带电高压导线，如尚未明确线路是否有电，救护人员在未做好安全措施（如穿绝缘靴或临时双脚并紧跳跃地接近触电者）前，不能接近断线点周围 8 ~ 10 m 范围内，以防跨步电压伤人。触电者脱离带电导线后，应被迅速带至安全区域，并立即开始触电急救。只有在确实证明线路已经无电，才可在触电者离开触电导线后，立即就地进行抢救。

（9）救护触电伤员切除电源时，有时会同时使照明失电，因此应考虑到事故照明、应急灯等临时照明。新的照明要符合使用场所防火、防爆的要求，但不能因此延误切除电源和进行抢救。

三、伤员脱离电源后的处理

（1）触电伤员如神志清醒者，应使其就地躺平，严密观察，暂时不要使其站立或走动。

（2）触电伤员如神志不清者，应就地仰面躺平，且确保气道通畅，并呼叫伤员或轻拍其肩部，以判定伤员是否丧失意识。禁止摇动伤员头部呼叫伤员。

（3）需要抢救的伤员，应立即就地坚持正确抢救，并设法联系医疗部门接替救治。

（4）呼吸、心跳情况的判定。

触电伤员如丧失意识，应用看、听、试的方法判定伤员呼吸、心跳情况，如图 8.6 所示。

看——看伤员的胸部、腹部有无起伏动作。

听——用耳贴近伤员的口鼻处，听有无呼气声音。

试——试测口鼻有无呼气的气流，再用两手指轻试一侧（左或右）喉结旁凹陷处的颈动脉有无搏动。

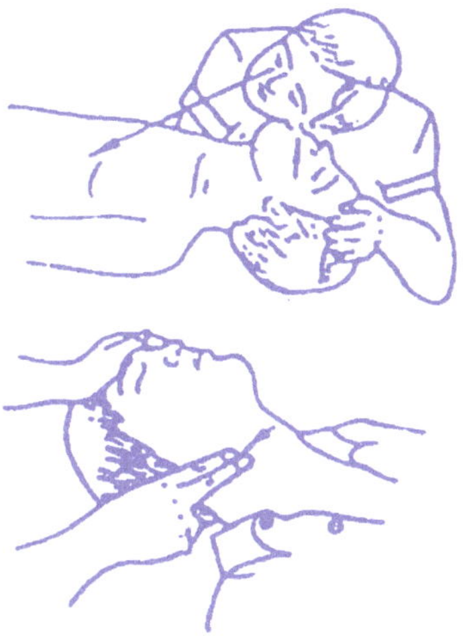

图 8.6　看、听、试判定法

若看、听、试，既无呼吸又无颈动脉搏动，则可判定为呼吸、心跳停止，应立即采用的肺复苏法。

（5）心肺复苏法。

触电伤员的呼吸和心跳均已停止时，应立即按心肺复苏法支持生命的三项基本措施，正确进行就地抢救。三项基本措施：

① 畅通气道。

触电伤员呼吸停止，重要的是应始终确保气道通畅。如发现伤员口内有异物，可将其身体及头部同时侧转，并迅速用一个手指或用两手指交叉从口角处插入，取出异物。操作中要注意防止将异物推到咽喉深部。

通畅气道可采用仰头抬颏法，如图 8.7 所示。用一只手放在触电者前额，另一只手的手指将其下颌骨向上抬起，两手协同将头部推向后仰，舌根随之抬起，气道即可通畅（气道是否通畅见图 8.8）。

图 8.7　仰头抬颏法

（a）气道畅通　　（b）气道堵塞

图 8.8　气道情况

严禁用枕头或其他物品垫在伤员头下，头部抬高前倾，会加重气道的阻塞，且使胸外按压时心脏流向脑部的血流减少，甚至消失。

② 口对口（鼻）人工呼吸。

口对口（鼻）人工呼吸如图 8.9 所示，在保持伤员气道通畅的同时，救护人员用放在伤员额头上的手指，捏住伤员的鼻孔或鼻翼下端，防止气体从口腔内经鼻孔逸出，在救护人员深吸气后，与伤员口对口紧合，在不漏气的情况下，先连续大口吹气两次，如两次吹气后试测颈动脉仍无搏动，可判断心跳已经停止，要立即同时进行胸外按压。

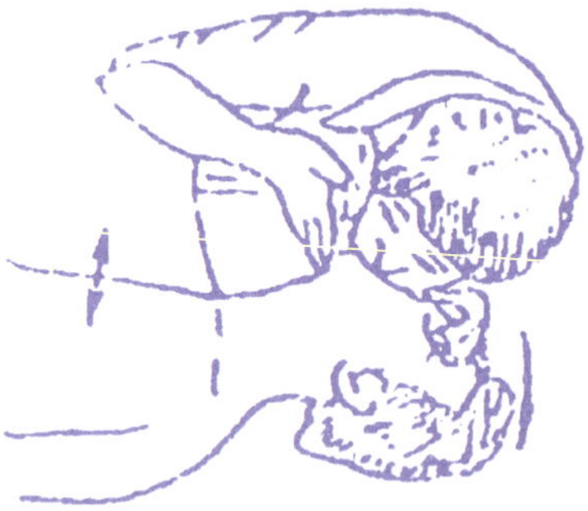

图 8.9 口对口（鼻）人工呼吸

除开始时大口吹气两次外，正常口对口（鼻）呼吸的吹气量不宜过大，以免引起胃膨胀。吹气和放松时要注意伤员胸部应有起伏的呼吸动作。吹气时如有较大阻力，可能是头部后仰不够，应及时纠正。

触电伤员如牙关紧闭，可口对鼻进行人工呼吸。口对鼻人工呼吸吹气时，要将伤员嘴唇紧闭，防止漏气。

③ 胸外按压。

正确的按压位置是保证胸外按压效果的重要前提。确定正确按压位置的步骤：

a. 右手的食指和中指沿触电伤员的右侧肋弓下缘向上，找到肋骨和胸骨接合处的中点。

b. 两手指并齐，中指放在切迹中点（剑突底部），食指平放在胸骨下部。

c. 另一只手的掌根紧挨食指上缘置于胸骨上，即为正确的按压位置，如图 8.10 所示。

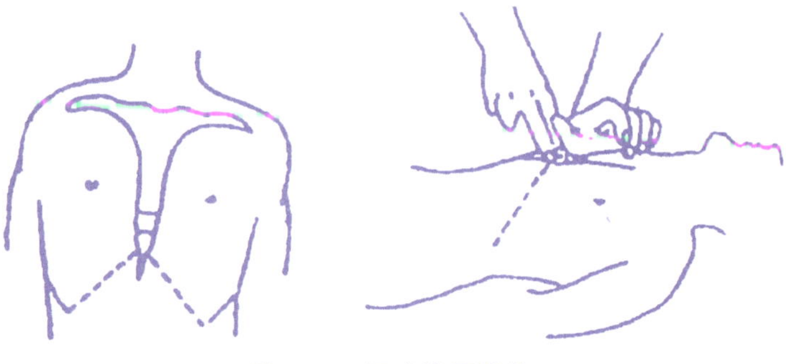

图 8.10 正确按压姿势

正确的按压姿势是达到胸外按压效果的基本保证，正确的按压姿势为：使触电伤员仰面躺在平硬的地方，救护人员站立或跪在伤员一侧肩旁，两肩位于伤员胸骨正上方，两臂伸直，肘关节固定不屈，两手掌根相叠，手指翘起不接触伤员胸壁；以髋关节为支点，利用上身的重力，肩手保持垂直用力向下按压，下压深度为 5 ~ 6 cm，按压频率为 100 ~ 120 次/min，按压与放松时间大致相等。对儿童进行闭胸心脏按压时，按压部位与按压频率与成人相同，但按压深度为胸部前后径的 1/3，4 ~ 5 cm，动作要平稳，不可用力过猛。如胸外心脏按压的对象是婴儿，其操作与成人及儿童有一定区别。婴儿的按压部位在胸骨上两乳头连线与胸骨正中线交界点下一横指，抢救者用中指和无名指按压，不可用力过猛，如图 8.11 所示。

图 8.11　按压姿势与用力方法

（6）抢救过程中的再判定。

按压吹气后 1 min 后（相当于单人抢救时做了 4 个 15：2 压吹循环），应用看、听、试方法对伤员呼吸和心跳是否恢复的再判定。

若判定颈动脉已有搏动但无呼吸，则暂停胸外按压，而再进行口对口人工呼吸；若未恢复，则继续坚持心肺复苏法抢救。在抢救过程中，要每隔数分钟再判定一次，每次判定时间 5 ~ 7 s，抢救人员不得放弃现场抢救。

（7）抢救过程中伤员的移动与转院。

心肺复苏应在现场就地坚持进行，不要为方便而随意移动伤员，如确实需要移动时，抢救中断时间不应超过 5 s。

移动伤员或将伤员送往医院时，应使伤员平躺在担架上，移动伤员最好使用由医院提供的常用担架，如无此条件，则应自制临时担架，并在其背部垫以平硬阔木板，如图 8.12 所示。还应继续抢救，心跳呼吸停止者应继续用心肺复苏技术抢救，并做好保暖工作，直至医护人员接替。

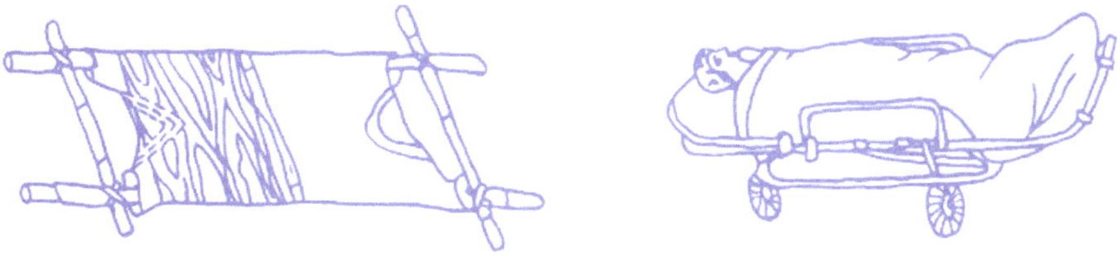

图 8.12　搬运伤员的方法

在转送伤员去医院前，与有关医院取得联系，请求做好接收伤员的准备，同时应对触电伤员的其他合并伤，如骨折、体表出血等做相应处理。

（8）伤员好转后的处理。

如伤员的心跳和呼吸经抢救后均已恢复，则可暂停心肺复苏操作，但心跳呼吸恢复后的早期有可能再次骤停，应严密监护，不能麻痹，要随时准备再次抢救。

（9）杆上触电急救。

① 发现杆上有人触电时，应争取时间及早在杆上开始进行抢救，救护人员登高时应随身携带必要的绝缘工具以及牢固的绳索等，并紧急呼救。

② 救护人员应在确认触电者已脱离电源，且救护人员本身所涉环境安全距离内无危险电源时，方能接触伤员进行抢救，并应注意防止发生高空坠落的可能性。

③ 高处抢救。

a. 触电伤员脱离电源后，应将伤员扶卧在自己的安全带上（或在适当地方躺平），并注意保持伤员气道通畅。

b. 救护人员迅速判定伤员的反应、呼吸和循环情况。

c. 如伤员呼吸停止，应立即进行口对口（鼻）吹气 2 次，再测试颈动脉。颈动脉如有搏动，则每 5 s 继续吹气一次；如无搏动，则可用空心拳头叩击心前区 2 次，促使心脏复跳。

d. 高处发生触电，为使抢救更为有效，应立即设法将伤员营救至地面抢救。在完成上述措施后，应立即用绳索迅速将伤员送至地面，或采取可能迅速有效的措施送至平台上，如图 8.13（a）所示。

i. 单人营救法。首先在杆上安装绳索，将 0.5 英寸（11.6 mm）粗绳子的一端固定在杆上，固定时绳子要绕 2 ~ 3 圈，绳子的另一端放在伤员的腋下，绑的方法是先用柔软的物品垫在腋下，然后用绳子环绕一圈，打三个靠结，绳头塞进伤员腋旁的圈内并压紧，绳子的长度应为杆的 1.2 ~ 1.5 倍，最后将伤员的脚扣和安全带松开，再解开固定在电杆上的绳子，缓缓将伤员放下，具体操作方法如图 8.13（b）所示。

ii. 双人营救法。该方法基本与单人营救方法相同，只是绳子的另一端由杆下人员握住缓缓下放，此时绳子要长一些，应为杆高的 2.2 ~ 2.5 倍，营救人员要协调一致，防止杆上人员突然松手，杆下人员没有准备而发生意外，具体操作方法如图 8.13（c）所示。

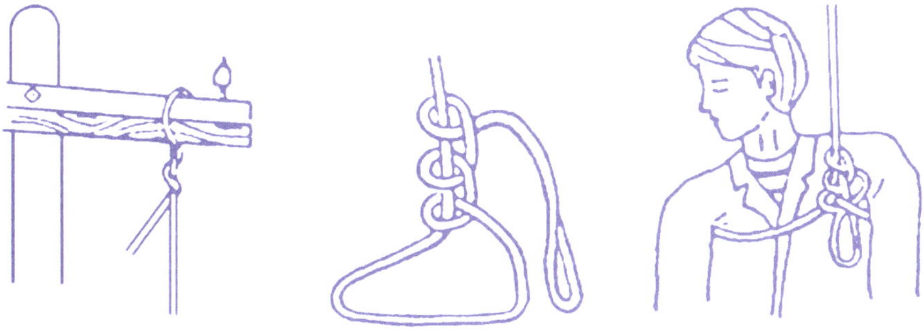

(a) 绳索捆绑法

(b) 单人营救法

(c) 双人营救法

图 8.13　营救杆上触电人员的方法

e. 在将伤员由高处送至地面前，应再进行口对口（鼻）吹气 4 次。

f. 触电伤员送至地面后，应立即用心肺复苏术坚持抢救。

（10）现场抢救用药。

现场触电抢救，对采用肾上腺素等药物治疗应持慎重态度。如没有必要的诊断设备和条件及足够的把握，不得乱用。在医院内抢救触电者时，由医务人员经医疗仪器设备诊断后，根据诊断结果再决定是否采用。

任务实施

触电伤害事故演练

为了提高安全意识，并通过演练使每位同学清楚认识到安全的重要性。当发生意外触电事故时，做到临危不惧，保持清醒头脑，尽快按触电急救方法和步骤进行合理施救，避免死亡事故的发生。

演练事件背景：生产操作工因操作失误破坏了电线绝缘层，在没发现危险的情况下直接接触电线裸露处，导致触电事故的发生。

一、演练成员以及职责分工

（1）总指挥。负责应急演练方案的审批，演练进度的监督和控制，演练后的点评。

（2）现场指挥。负责事故演练预案的编制、演练准备工作、现场监督管理工作、演练时的现场全面指挥，向总指挥及时汇报工作。

（3）救援队长。负责演练伤员具体人的确定（1人），抬担架人员的确定（2名），现场维护人员的确定（2名），与现场指挥的配合等。

（4）现场断电人员。

（5）现场急救人员。

二、演练具体步骤

（1）一名生产操作工没注意防护，破坏了电线绝缘层，走在后面的工人在没发现危险的情况下直接接触电线裸露处导致触电倒地。

（2）与扮演触电者在一起的同事随即大呼“触电啦！”并马上通知生产操作当班班长。

（3）当班班长立即赶往事故现场，并迅速到配电箱处将电源开关断开，同时电话通知总指挥。

（4）总指挥接到消息后，马上赶往现场。在赶往事故地点的途中，联系救援队长，让其安排临时救援小分队和司机马上赶往事发地点。

（5）总指挥赶到现场，验明确认无电后，救援人员用干木棒将触电者身上的电线挑开，并将其平放于地上。

（6）应急救援小分队迅速赶到，立即检查触电者全身情况，特别是呼吸和心跳。发现呼吸、心跳停止时，应立即就地抢救， 对其进行心肺复苏。同时班组人员拨打120急救电话求救。对电击灼伤处进行消毒包扎，防止伤口感染。本次演练对象为呼吸心跳停止者。

注：①轻症患者，即神志清醒，呼吸心跳均存在者。让伤员就地平卧，暂时不要站立或走动，防止继发休克或心衰，同时严密观察。②呼吸心跳停止者，立即对其进行心肺复苏。双人进行，每按压胸部5次，吹气一次，反复进行直至恢复心跳和呼吸。

（7）“触电者”恢复心跳和呼吸后，继续平躺着观察其精神状态，待医生赶到后，用担架平抬送医院继续救治。

参考文献

[1] 王洪德，李钰. 施工现场临时用电安全技术[M]. 北京：中国建筑工业出版社，2005.
[2] 刘震，范建华. 施工现场临时用电[M]. 北京：中国电力出版社，2017.
[3] 罗良武，渠秋会. 建筑工程临时用电实例教程[M]. 北京：机械工业出版社，2011.
[4] 郑惠忠. 新编施工临时用电[M]. 上海：同济大学出版社，2015.
[5] 程周. 电工电子技术与技能[M]. 北京：高等教育出版社，2014.